Datenbasen Datenbanken Netzwerke

Praxis des Information Retrieval

Herausgegeben von Rainer Kuhlen

Band 3 Nutzung und Bewertung von Retrievalsystemen

K·G·Saur
München · New York · London · Paris 1980

CIP-Kurztitelaufnahme der Deutschen Bibliothek

Datenbasen, Datenbanken, Netzwerke : Praxis d. Information Retrieval / hrsg. von Rainer Kuhlen. – München, New York, London, Paris : Saur.

NE: Kuhlen, Rainer [Hrsg.]

Bd. 3. Nutzung und Bewertung von Retrievalsystemen. – 1980.
ISBN 3-598-10035-3

Druck / Binden: Hain-Druck KG, Meisenheim/Glan
Printed in the Federal Republic of Germany
ISBN 3-598-10035-3

Inhaltsverzeichnis

Vorwort

Im Vorwort zum ersten Band ist betont worden, daß die jetzt fertig vorliegenden drei Bände zur Praxis des Information Retrieval in Deutschland kein Ersatz für eine umfassende Monographie zum Thema 'Information Retrieval' sein sollen. Das Ziel war, durch Erfahrungs- und Werkstattberichte aus Praxis und Forschung des IuD-Gebietes Bausteine für ein solches Vorhaben zu liefern. Hoffentlich wird bald gebaut. Sicherlich sind in den drei Bänden nicht alle Systeme, Vorhaben und Institutionen angesprochen worden. Jedoch ist hoffentlich der Anspruch des repräsentativen Überblicks nicht zu unbescheiden gewesen, auch wenn in allen drei Bänden zusammen die Datendokumentation entgegen ihrer Bedeutung eher unterrepräsentiert ist.

In diesem Band stehen Fragen der Nutzung und Bewertung von Retrievalsystemen im Vordergrund, nachdem der erste Band mehr mit der Inhaltserschließung und der zweite mehr mit dem Datenbankaufbau und den Retrievalsprachen sich beschäftigt haben.

Yrla M.Labouvie wertet in ihrem Beitrag Erfahrungen bei der Umsetzung von Benutzeranfragen aus der psychologischen Fachwelt in die Möglichkeiten des Freitextsystems STAIRS aus. Manfred Roesler berichtet ergänzend über die Einsatzmöglichkeiten eines ursprünglich mehr deskriptororientierten Systems, GOLEM, in einem Informationssystem mit hoher Änderungsintensität. Über die Retrievalfunktionen beider Systeme - sowie über die von DIRS, TELDOK, ORBIT, DIALOG, DSS und Z.A.R. - wurde schon in den ersten beiden Bänden berichtet. Gleichsam ein Nachruf auf PRIMAS stellt der Artikel von Walter Claassen dar. Es ist aber anzunehmen, daß manche der offenbar als nützlich eingeschätzten Möglichkeiten von PRIMAS in das ebenfalls in Band 2 angesprochene System DOMESTIC aufgenommen werden. Gleichsam als Nachtrag zum ersten Band greift Udo Schützsack noch einmal das Thema der Datenbasen auf und diskutiert den Aufbau und die welt weite Nutzung einer großen Datenbasis am Beispiel von Food Science and Technology Abstracts, vielleicht die Datenbasis, an der sich am intensivsten die Forschung zum automatischen Indexing gerieben hat.

Zwei Artikel widmen sich dezidiert den Bewertungsproblemen bei Information-Retrieval-Systemen. Hierbei ist es als glücklich für die Forschungssituation anzusehen, daß zwei unterschiedliche, vielleicht gar entgegengesetzte Standpunkte vertreten werden. Peter Bollmann und Vladimir S.Cherniavsky forschen in Anknüpfung an Ergebnisse der Meßtheorie aus systemorientierter Sicht, theoretisch die Arbeiten von Salton, Cleverdon und Lustig fortsetzend, während Malte Möhr in genuiner Tradition der früheren Studiengruppe für Systemforschung, jetzt ebenfalls als SfS Sektion für Systementwicklung in der GID, die benutzerorientierte Sicht durch Einführen neuer Bewertungsparameter in den Vordergrund schiebt.

Die folgenden drei Artikel greifen schon etwas in die Zukunft. Norbert Henrichs deutet etwas von der Forschungsarbeit an, die im Zusammenhang der Informationswissenschaft in Düsseldorf bei der Bemühung um die effektivere Nutzung eines Retrievalsystems bei heterogenem, der geschichtlichen Entwicklung unterworfenem Fachgebiet wie der Philosophie geleistet wurde und hoffentlich auch weiter geleistet wird. Nandakishore Banerjee unternimmt den Versuch einer umfassenden Darstellung von CONDOR/Siemens - das System, das als Ganzes oder in einigen seiner ausgereifteren Komponenten die Situation des Information Retrieval in den Mittachtzigern sicherlich mitbestimmen wird. Gleiches wird man vermutlich von USL/IBM sagen können. Hierzu entwickelt Jürgen Krause einige Vorstellungen der Bewertung von Frage-Antwort-Systemen mit weitgehend natürlichsprachigem Zugriff. Die für die Nutzung von Retrievalsystemen zentralen Ausbildungsfragen werden in dem Beitrag der Autoren Heinz Habermann, Klaus Sailer, Thomas Seeger, Detlef Skalski und Dietmar Strauch behandelt. Erfahrungen aus dem FIABID- bzw. FIABID/DV-Projekt sind hier eingeflossen.

Natürlich dominiert zur Zeit das Thema der Netzwerke die Fachdiskussion. Dabei sollte nicht vergessen werden, daß - vernachlässigt man einmal die Organisations- und Wirtschaftlichkeitsaspekte - die Grundprobleme des Information Retrieval durch die Nutzung über überregionale Netze sich kaum verändert haben. Hans Bauer zeigt den letzten Stand bei der Einführung von EURONET DIANE. Es sollte jetzt jedermann wissen, daß man zwischen dem technischen Netz - hier EURONET - und dem dokumentarischen Verbundnetz - hier DIANE - unterscheiden muß. Einen zentralen Punkt des Service eines Informationsverbundes, den die Europäer gegenüber den Amerikanern noch nicht vollkommen im Griff haben, greift Ernst Lukas auf: Wie und mit welchem Erfolg ist bislang die von der EG offiziell geförderte Common Command Language in den verschiedenen Retrievalsystemen einsatzbereit ? Über Retrievalerfahrungen mit den zur Zeit konkurrierenden, später vielleicht komplettierenden amerikanischen Systemen Lockheed und SDC, die Pioniere und erste Nutznießer mit ensprechender Erfahrung, berichtet Rolf Jansen, exemplarisch auch für die Nutzung von Datenbanksystemen in der Industrie.

Im Referenz-Retrieval sind einige Weiterentwicklungen zu erwarten. Die Themen der Literaturversorgung, der Vereinheitlichung von Retrievalsprachen, des mehrsprachigen Zugriff, des Überwechselns in andere Datenbanken bei heterogenen Dokumentationssprachen und sicherlich weiterhin die Untersuchungen zur Automatisierung der Inhaltserschließung und die Arbeiten am mehr oder weniger beschränkten natürlichsprachigen Zugriff zu Datenbanken werden die Informationswissenschaft und -praxis ausreichend beschäftigen. Sind die technischen Probleme des Datenbankaufbaus, der Hardware-Kompatibilitäten und der Netzwerkorganisation eher für IuD-Zwecke zufriedenstellend gelöst, wenn auch an ihnen weitergearbeitet werden muß, so bleiben die rechtlichen, politischen und ökonomischen, auch die psychischen und kommunikativen Aspekte der Nutzung von Retrievalsystemen in Netzwerken offensichtlich noch länger Dauerthemen der Informationswissenschaft, zumal dann, wenn die ursprünglich dokumentationsbezogenen Datenbanksysteme ihren Service in neuere Publikumsinformationssysteme der Kommunikationstechnologien (Bildschirmtext und Zweiwegkabelfernsehen) einbringen wollen.

Auch dieses Vorwort schließt mit dem Dank. Danken möchte ich den Autoren, deren geleistete Arbeit Anreiz zu neuer sein möge. Danken möchte ich auch dem LID, welches das Vorhaben auch dann noch organisatorisch unterstützt hatte, als der Herausgeber seinen Arbeitsplatz dort nicht mehr offiziell hatte. Fräulein Hehle hat erneut den Großteil der Schreib- und Korrekturarbeiten geleistet. Der Verlag hat geduldig auf den dritten Band gewartet. Diese Arbeit ist nun zu Ende. Wissenschaftliche Arbeiten haben das aber häufig an sich, daß sie in der Regel mehr neue Probleme hervorbringen als alte lösen.

Der Herausgeber, im Juli 1980

Yrla M. Labouvie

STAIRS-Erfahrungen und Benutzerbewertung retrospektiver Recherchen in einer Datenbank psychologischer Literatur

Zusammenfassung

Es wird berichtet über dreieinhalbjährige Erfahrungen der Zentralstelle für Psychologische Information und Dokumentation (ZPID) bei der Bearbeitung von Literaturanfragen, die online mit der Abfragesprache STAIRS in einer psychologischen Datenbank (Datenbasis: Psychological Abstracts) durchgeführt wurden. Besonders eingegangen wird auf Aspekte der Formulierung von eingegangenen Anfragen (Komplexität, Spezifität, Eindeutigkeit), auf die Suchstrategien der Bearbeiter (Anfrageverkürzung, -beibehaltung, -erweiterung, -ver allgemeinerung) und auf die Bewertung der Suchergebnisse durch die Endnutzer (unter anderem Relevanz, Vollständigkeit).

Abstract

This article reports on three and a half years' experience at the Zentralstelle für Psychologische Information und Dokumentation (Center for Psychological Information und Documentation) with the handling of requests for literature, which are carried out online (data basis: Psychological Abstracts). Particular attention is paid to aspects related to the formulation of questions (complexity, specifity, non-ambiguity), to search strategies used (abbreviating, maintaining, enlarging, generalizing requests) and to the evaluation of search results by the end user (relevance, completeness, etc.).

Problem

Von Juni 1975 bis Dezember 1978 sind von der Zentralstelle für Psychologische Information und Dokumentation an der Universität Trier (ZPID) nahezu 6000 Literaturanfragen mit der Datenbank Psychologie (1) bearbeitet worden. Diese über STAIRS (Storage and Information Retrieval System) (2) zugängliche Datenbank basiert auf dem Dokumentenmaterial der "Psychological Abstracts" (PA), dem derzeit größten internationalen Referateorgan der Psychologie (3). Das recherchierbare Dokumentenmaterial ist in dem oben genannten Zeitraum auf rund 300.000 Dokumentationseinheiten angewachsen. Die ausschließlich in englischer Sprache abgefaßten Einheiten enthalten neben den wichtigsten bibliographischen Elementen eines jeden Dokumentes (unter anderem Autor, Titel, Quelle) als inhaltliche Elemente Phrasen, Deskriptoren (4) und Klassifikationscodes. Nahezu jedes verzeichnete Dokument ist darüber hinaus mit einer Kurzzusammenfassung (Abstract, in der Regel 75 bis 175 Wörter umfassend) oder mit einer sonstigen, ein bis zwei Sätze umfassenden Annotation versehen.

Die in der ZPID eingehenden retrospektiven Literaturanfragen sind vom Anfragenden (im folgenden Benutzer genannt) in der Regel auf einem hierfür entwickelten Literaturanfragebogen formuliert. Die Bearbeitung der Anfragen am Terminal wird von eigens für diese Tätigkeit ausgebildeten Diplom-Psychologen (im folgenden Bearbeiter genannt) besorgt. Das Bearbeitungsergebnis wird, normalerweise etwa zehn Tage nach Eingang der Anfrage, dem Benutzer als Computerausdruck zugeschickt.

Der nahezu tägliche Umgang mit der Datenbank vermittelt dem Bearbeiter einen Eindruck von der "Bearbeitbarkeit" der Literaturanfragen, worauf vor allem Kommentare bei Durchsicht neu eingegangener Anfragen (Beispiele: "Diese Anfrage ist kaum bearbeitbar"; "diese Anfrage ist auf unser System genau zugeschnitten") hinweisen. Von der psychologischen Fachkompetenz der Bearbeiter abgesehen, spielen bei der Entstehung derartiger Eindrücke in erster Linie die im Laufe der Zeit erworbenen Kenntnisse über die Datenbasis und über die Abfragesprache STAIRS eine Rolle.

In der vorliegenden Studie, die als ein erster Erfahrungsbericht verstanden werden soll, wird nun zunächst versucht, die in der ZPID anfallenden Literaturanfragen zu beschreiben. Sodann wird versucht, einen Eindruck davon zu vermitteln, wie die Anfragen in der Regel vom Bearbeiter behandelt und wie die Bearbeitungsergebnisse vom Benutzer bewertet werden. Den Zusammenhängen zwischen diesen verschiedenen Aspekten wird besondere Aufmerksamkeit geschenkt.

M e t h o d e

Klassifikation der Benutzeranfragen: Benutzeranfragen lassen sich nach unterschiedlichen Gesichtspunkten klassifizieren. Die für diese Studie entwickelte Klassifikation orientiert sich an den Schwierigkeiten, denen sich der Bearbeiter der Anfragen ausgesetzt sieht. Die hauptsächlichen Schwierigkeiten beziehen sich auf den Grad der Komplexität der Anfrage, auf die Anfrage-Spezifität und auf die Eindeutigkeit ihrer Beschreibung.

Die Komplexität einer Anfrage wird zunächst durch die Zahl der in ihr zusammengefaßten Themen bestimmt. So lassen sich unithematische von bithematischen und multithematischen Anfragen unterscheiden. Die im Anfragethema zum Ausdruck gebrachte Beziehung zwischen einzelnen thematischen Elementen läßt die Anfrage darüber hinaus in ihrer Komplexität variieren. Als sehr einfach erscheinen Anfragen, die lediglich einen einzigen, hinreichend definierten Sachverhalt beschreiben (Beispiel 1: Tests for visual imagery; Beispiel 2: Literatur zu altruism und helping behavior). Anfragen hingegen, die korrelative Beziehungen zum Inhalt haben, werden als komplexer angesehen (Beispiel 3: The relation between anxiety and achievement). Als am komplexesten schließlich gelten Anfragen, in denen Kausalbeziehungen zum Ausdruck gebracht werden (Beispiel 4: Influence of the birth of the first child on social roles in families). Je enger also die Beziehung zwischen den thematischen Elementen einer Anfrage ist, als desto schwieriger wird sie vom Bearbeiter wahrgenommen.

Die Spezifität einer Anfrage wird hier operational aus der (bei Freitextsuche) zu erwartenden Dokumentenmenge bestimmt. Anfragen, die zu weniger als fünf nachgewiesenen Literaturdokumenten führen, gelten als "zu spezifisch". Sie stellen den Bearbeiter vor das Problem: Soll die Thematik verallgemeinert werden und, wenn ja, auf welche Weise? Anfragen mit einer zu erwartenden Menge zwischen 5 und 120 Dokumenten werden als "angemessen" betrachtet, solche mit über 120 Dokumenten als "zu breit/zu allgemein". Letztere stellen den Bearbeiter vor das Problem einer sinnvollen thematischen Einengung der Anfrage.

Die Eindeutigkeit einer Anfrage bezieht sich auf den Zusammenhang zwischen zwei Aspekten einer Anfrage, die der Benutzer in dem Literaturanfragebogen der ZPID anzugeben hat: inhaltliche Beschreibung der Fragestellung und Angabe treffender Suchstichwörter. Der Grad der Übereinstimmung zwischen diesen beiden Sachverhalten kann den Bearbeiter in Schwierigkeiten bringen. Suchstichwörter, die im Vergleich zur Fragestellung zu grob/zu breit sind, die einengende Aspekte der Fragestellung unberücksichtigt lassen oder die Fragestellung gänzlich verfehlen, werfen Probleme auf. Unproblematisch erscheinen demgegenüber eindeutige Anfragen, Anfragen also, bei denen sich die gewählten Suchstichwörter relativ eng an der Fragestellung orientieren.

<u>Analyse der Suchstrategien:</u> Die Analyse der vom Bearbeiter entwickelten Suchstrategie, die zur Qualifikation der Dokumente für den Computerausdruck führt, kann nach sehr einfachen Kriterien erfolgen. Zum einen kann festgestellt werden, welche Kategorienebenen (zum Beispiel Freitext, Deskriptoren, Titel, Phrase) der Bearbeiter bei der Suche berücksichtigt hat, zum anderen, welche Operatoren (AND, OR, NOT, WITH, SAME, ADJ, XOR) in der Suchstrategie zur Anwendung gekommen sind. Diese Feststellungen erlauben, einen globalen Eindruck davon zu erhalten, in welchem Ausmaß der Bearbeiter die von STAIRS angebotenen Suchmöglichkeiten tatsächlich eingesetzt hat.

Angesichts der oben genannten Schwierigkeiten erscheint es schließlich auch als lohnend, die Suchstrategien in bezug auf ihre Übereinstimmung mit dem vom Benutzer formulierten Anliegen zu beurteilen. Hierzu ist ein mehrdimensionales Beurteilungsschema entwickelt worden, über das die weiter unten zu findende Tabelle 3 ausschnittsweise orientiert.

<u>Bewertungsfragebogen:</u> Jedem Computerausdruck, der als Bearbeitungsergebnis die ZPID verläßt, wird ein Bewertungsfragebogen beigefügt (siehe hierzu die spätere Tabelle 4), durch den der Bearbeiter eine Rückmeldung des Benutzers über das Bearbeitungsergebnis erhalten soll.

<u>Untersuchungsmaterial:</u> Zur Klassifikation der Benutzeranfragen sowie zur Analyse der Suchstrategien wurde aus der Gesamtmenge

der 4710 Anfragen, die in der Zeit von Januar 1976 bis August 1978 in der ZPID eingegangen waren, eine Zufallsstichprobe von 250 Anfragen gezogen. Von diesen 250 Anfragen mußten diejenigen 21 Anfragen eliminiert werden, zu denen entweder vom Benutzer kein oder kein hinreichend vollständig beantworteter Bewertungsfragebogen eingegangen war oder zu denen die vom Bearbeiter zur Anwendung gebrachte Suchstrategie nicht vollständig genug vorlag. Es blieb also eine - allenfalls geringfügig beeinträchtigte - Zufallsstichprobe von 229 Anfragen. In die Ermittlung der Benutzerbewertungen gingen 2000 Bewertungsfragebogen ein.

Auswertungsverfahren: Die Auswertung erfolgte mittels des "Statistical Package for the Social Sciences" (NIE et al. 1970[2]) am Rechenzentrum der Universität Trier. Sie beschränkt sich auf die Ermittlung von Häufigkeiten mit anschließender Umrechnung in Prozentanteile sowie auf die Berechnung von Mittelwerten.

E r g e b n i s s e

Kennzeichnung der Benutzeranfragen: Tabelle 1 zeigt, mit welcher Häufigkeit die verschiedenen Beschreibungsklassen (Komplexität, Spezifität, Eindeutigkeit) mit Benutzeranfragen belegt sind und wie sich die mit Hilfe des Bewertungsfragebogens ermittelten Relevanzwerte (Trefferquoten) über diese Klassen verteilen. Trefferquoten von rund 50 Prozent und mehr können als zumindest befriedigend angesehen werden, während niedrige Relevanzwerte als problematisch gelten können. Der Blick auf Tabelle 1 zeigt, daß offenbar ein Zusammenhang zwischen dem vom Bearbeiter erlebten Schwierigkeitsgrad der Anfrage und der Relevanzbewertung durch den Benutzer besteht. Bei den vergleichsweise schwierigen unithematischen Anfragen mit Kausalbeziehung und den bi- und multithematischen Anfragen sowie bei den "zu spezifischen" Anfragen sind jedenfalls relativ niedrige Relevanzwerte aufzufinden. Auch die Interpretationsschwierigkeiten, die sich beim Bearbeiter bei "zu groben" oder an der Frage "vorbei" gewählten Suchstichwörtern einstellen, scheinen das Bearbeitungsergebnis negativ zu beeinflussen; wegen der niedrigen Anfrage-Häufigkeiten in diesen beiden Anfrage-Klassen ist diese Annahme allerdings noch nicht genügend gesichert.

Tabelle 1

Häufigkeitsverteilung und Verteilung der Relevanzbeurteilungen der nach drei Beschreibungsklassen klassifizierten Benutzeranfragen (Zufallsstichprobe von 229 Benutzeranfragen)

Nähere Kennzeichnung der Anfrage	Häufigkeit (Prozent)	Relevanzbeurteilung[a]
	Komplexität	
Unithematisch		
Einzelsachverhalt	62	54
Korrelative Beziehung	9	52
Kausale Beziehung	14	42
Bi-/multithematisch	15	43
	Spezifität	
Zu allgemein	22	58
Angemessen	47	53
Zu spezifisch	30	44
	Eindeutigkeit[b]	
Suchstichwörter an Frage orientiert	60	49
Suchstichwörter im Vergleich zur Frage zu grob	4	38
Suchstichwörter an Frage "vorbei" gewählt	5	39
Suchstichwörter nicht alle Aspekte der Frage berücksichtigend	22	51

[a]Arithmetisches Mittel aus den von den Benutzern angegebenen prozentualen Trefferquoten.

[b]In acht Prozent der Anfragen waren keine Suchstichwörter angegeben worden.

Weitere interessante Einblicke in die Zusammenhänge zwischen Anfrageart und Relevanzbeurteilung erhält man, wenn man die Anfragen einzelner Unterklassen in sich aufschlüsselt. Tabelle 2 zeigt exemplarisch eine entsprechende Aufschlüsselung für die unithematischen Anfragen, in denen Einzelsachverhalte beschrieben werden.

Tabelle 2

Häufigkeitsverteilung und Verteilung der Relevanzbeurteilungen bei unithematischen, Einzelsachverhalte beschreibenden Benutzeranfragen unter Zugrundelegung der Dimension "Spezifität"

Grad der Spezifität	Häufigkeit (Prozent)	Relevanzbeurteilung[a]
Zu allgemein	16	64
Angemessen	30	57
Zu spezifisch	15	39

[a]Arithmetisches Mittel aus den von den Benutzern angegebenen prozentualen Trefferquoten.

Auch hier sind die zu spezifischen Anfragen mit der niedrigsten Trefferquote versehen.

Auswertung der Suchstrategien: Bei einer Suchstrategie läßt sich für jeden einzelnen Suchbegriff die abzusuchende Kategorienebene definieren (Beispiel: reinforcement.title.). In der hier zur Frage stehenden Stichprobe von Suchstrategien tauchten die Freitextsuche und die auf die Kategorien "Titel/Deskriptor/Phrase" beschränkten Suchen am häufigsten auf. Weniger häufig war die ausschließliche Suche in der Kategorie "Deskriptor", und noch seltener fand sich die ausschließliche Suche in einer der Kategorien "Titel" oder "Abstract". Das letztere ist sicherlich auf den allzu frei gewählten Wortschatz in diesen Kategorien zurückzuführen. Von den Operatoren kamen AND, OR und ADJ in den Suchstrategien am häufigsten zur Anwendung. Die Operatoren NOT und WITH wurden nur äußerst selten und SAME und XOR überhaupt nicht gebraucht. Dies erklärt sich teilweise aus einer Besonderheit der Datenbank. Der

Operator WITH wirkt in der Datenbank in der gleichen Weise wie der Operator SAME. Dadurch nämlich, daß in der Datenbank der grammatikalische Satz künstlich mit 225 Wörtern definiert ist, ein Abstract aber in der Regel nur bis zu 175 Wörter enthält, wird nur in wenigen Dokumentationseinheiten die Ebene erreicht, auf der der Operator WITH wirksam ist.

Bei der Umsetzung der Benutzeranliegen (freie Beschreibung der Anfragethematik und Vorgabe von Suchstichwörtern) in die Suchstrategien überwogen bei den Bearbeitern die in Tabelle 3 zusammengestellten Verfahrensweisen. Eine Abhängigkeit dieser Verfahrens-

Tabelle 3

Rangplatz	Verfahrensweise	
	Schlagwort	Beschreibung
1	Verkürzung	Weglassen einzelner als unwichtig erachteter Suchstichwörter und Nichteinbeziehung einzelner zur Anfrage "passender" Operator-Verknüpfungen zwischen Suchstichwörtern
2	Beibehaltung	Übernahme aller vorgegebenen Suchstichwörter und Einbeziehung aller "passenden" Operator-Verknüpfungen zwischen den Suchstichwörtern
3	Erweiterung	Einführung von Synonyma/Quasisynonyma und/oder Unterbegriffen von Suchstichwörtern und Einbeziehung von zusätzlichen Operator-Verknüpfungen zwischen einzelnen Suchstichwörtern
4	Verallgemeinerung	Bildung von Oberbegriffen aus den vorgegebenen Suchstichwörtern

Anmerkung: Als einfaches Beispiel kann eine Anfrage genommen werden, in der lediglich nach Literatur über Agoraphobien und Klaustrophobien bei alten Menschen gefragt wird. Die Verfahrensweise "Beibehaltung" würde lauten: (agoraphobia OR claustrophobia) AND old age. "Verkürzt" wäre die Verfahrensweise zum Beispiel, wenn "old age" nicht eingegeben würde, also nur (agoraphobia OR claustrophobia). Um "Erweiterung" würde es sich handeln, wenn zusätzlich zu "old age" noch "seniors", "elderly" eingeführt würden, also (agoraphobia OR claustrophobia) AND (old age OR seniors OR elderly). "Verallgemeinerung" wäre bei der Eingabe von "phobia" statt "agoraphobia" und "claustrophobia" gegeben, also: phobia AND old age.

Tabelle 4

Bewertung der Bearbeitungsergebnisse durch die Benutzer, basierend auf den Daten aus 2000 Bewertungsfragebogen

Fragenummer	Frageformulierung und Fragekriterien	Prozent
1	Wie wertvoll war das Bearbeitungsergebnis Ihrer Literaturanfrage für Sie?	
	nahezu wertlos	12
	brauchbar	34
	wertvoll	35
	sehr wertvoll	18
2	In welcher Hinsicht hat Ihnen die Bearbeitung genützt?[a]	
	Zeitersparnis/Arbeitsersparnis	76
	Hinweise, die sonst wahrscheinlich nicht gefunden worden wären	55
	Rasche Einarbeitung in neues Gebiet	18
3	Schätzen Sie den Prozentsatz an relevanten Nachweisen in Ihrem Computerausdruck:	50[b]/80[c]
4	Schätzen Sie den Prozentsatz an Nachweisen in Ihrem Computerausdruck, den Sie tatsächlich brauchen konnten:	31[b]
5	Sind Ihnen relevante Literaturtitel (mit Erscheinungjahr nach 1967) bekannt, die in dem Computerausdruck fehlen?	
	Ja	29
	Nein	61
	(keine Antwort)	9
6	Wie erklären Sie sich den Anteil an unrelevanten Literaturtiteln?	–[d]
7	Beurteilen Sie die Form der Informationsdarbietung:	
	mangelhaft	1
	ausreichend	5
	befriedigend	21
	gut	71
8	Beurteilen Sie die Bearbeitungsdauer der Anfrage:	
	zu lang	5
	angemessen	88
	(keine Antwort)	7

Anmerkung: In Prozentwerte umgerechnete Häufigkeitsverteilungen der Benutzerbeurteilungen bei den Fragen 1, 2, 5, 7 und 8. Arithmetische Mittel bzw. Modalwerte aus den von den Benutzern angegebenen Prozentschätzungen bei den Fragen 3 und 4.

[a] Mehrfachankreuzungen waren möglich, deshalb Summe der Prozentwerte größer als 100.

[b] Arithmetisches Mittel der Prozentschätzungen.

[c] Modalwert der Prozentschätzungen.

[d] Offene Frage. Ergebnis siehe Textteil.

weisen, insbesondere von der Spezifität der Benutzeranfragen, konnte bei einer entsprechenden Überprüfung bestätigt werden. Die Verfahrensweise "Beibehaltung" fand sich vorrangig bei "zu breiten/zu allgemeinen" Anfragen. Die Regulierung der Nachweisflut erfolgte hier in erster Linie über eine Einengung der PA-Berichtsjahre (STAIRS Select-Mode). Auch bei den "angemessenen" Anfragen herrschte die Verfahrensweise "Beibehaltung" noch geringfügig vor, doch kamen hier auch "Erweiterung" und "Verkürzung" relativ oft zum Einsatz. Bei den "zu spezifischen" Anfragen wurden die Verfahrensweisen "Verkürzung" und "Verallgemeinerung" bevorzugt. Offenbar ist die Abnahme der Relevanz mit zunehmender Spezifität der Anfrage nicht unabhängig von der Tendenz der Bearbeiter, je nach Anfragen-Spezifität andersartige Verfahrensweisen der geschilderten Art anzuwenden oder zu bevorzugen.

Auswertung der Bewertungsfragebogen: Tabelle 4 orientiert über den Bewertungsfragebogen und über die diesbezüglichen Rückmeldungen der Benutzer. Auf die Erörterung der meisten in Tabelle 4 aufzufindenden Sachverhalte kann hier verzichtet werden, weil die entsprechenden Daten für sich sprechen (Fragen 1, 2, 4, 7 und 8). Auch auf die Frage 3 muß hier nicht mehr eingegangen werden, weil die Antworten der Benutzer auf diese Frage als Grundlage für die in den vorhergehenden Abschnitten behandelten Relevanzbeurteilungen gedient haben. Von Interesse sind hier also noch die Fragen 5 und 6.

Die Antworten zu Frage 6 zeigen, daß die Benutzer drei Relevanzquellen (bzw. Unrelevanzquellen) als solche erkennen. An erster Stelle nennen sie die Qualität ihrer eigenen Benutzeranfrage, die zumeist mit dem Prädikat "unpräzise" versehen wird. Allem Anschein nach gehen viele Benutzer zum Zeitpunkt ihrer Anfrageformulierung von der Annahme "Fremdwahrnehmung gleich Eigenwahrnehmung" aus, und erst im nachhinein erkennen sie, daß ihre Anfrage vom Bearbeiter nicht in derselben Weise hat verstanden werden können, in der sie intendiert war. Als nächst häufige Relevanz-Determinante wird von den Benutzern der Bearbeiter angeführt, dem zumeist - häufig zu Unrecht - eine zu starke Verallgemeinerung der Anfrage unterstellt wird. An dritter Stelle schließlich werden von den Benutzern Unzulänglichkeiten der Datenbasis bzw. des Thesaurus als mutmaßliche Ursachen für unrelevante Informationen genannt.

Tabelle 4

Bewertung der Bearbeitungsergebnisse durch die Benutzer, basierend auf den Daten aus 2000 Bewertungsfragebogen

Fragenummer	Frageformulierung und Fragekriterien	Prozent
1	Wie wertvoll war das Bearbeitungsergebnis Ihrer Literaturanfrage für Sie?	
	nahezu wertlos	12
	brauchbar	34
	wertvoll	35
	sehr wertvoll	18
2	In welcher Hinsicht hat Ihnen die Bearbeitung genützt?[a]	
	Zeitersparnis/Arbeitsersparnis	76
	Hinweise, die sonst wahrscheinlich nicht gefunden worden wären	55
	Rasche Einarbeitung in neues Gebiet	18
3	Schätzen Sie den Prozentsatz an relevanten Nachweisen in Ihrem Computerausdruck:	50[b]/80[c]
4	Schätzen Sie den Prozentsatz an Nachweisen in Ihrem Computerausdruck, den Sie tatsächlich brauchen konnten:	31[b]
5	Sind Ihnen relevante Literaturtitel (mit Erscheinungjahr nach 1967) bekannt, die in dem Computerausdruck fehlen?	
	Ja	29
	Nein	61
	(keine Antwort)	9
6	Wie erklären Sie sich den Anteil an unrelevanten Literaturtiteln?	–[d]
7	Beurteilen Sie die Form der Informationsdarbietung:	
	mangelhaft	1
	ausreichend	5
	befriedigend	21
	gut	71
8	Beurteilen Sie die Bearbeitungsdauer der Anfrage:	
	zu lang	5
	angemessen	88
	(keine Antwort)	7

Anmerkung: In Prozentwerte umgerechnete Häufigkeitsverteilungen der Benutzerbeurteilungen bei den Fragen 1, 2, 5, 7 und 8. Arithmetische Mittel bzw. Modalwerte aus den von den Benutzern angegebenen Prozentschätzungen bei den Fragen 3 und 4.

[a] Mehrfachankreuzungen waren möglich, deshalb Summe der Prozentwerte größer als 100.

[b] Arithmetisches Mittel der Prozentschätzungen.

[c] Modalwert der Prozentschätzungen.

[d] Offene Frage. Ergebnis siehe Textteil.

Wie aus Tabelle 4 (Frage 5) zu ersehen, gaben 29 Prozent der 2000 Rückmelder an, es wären ihnen Literaturtitel bekannt gewesen, die in ihrem Computerausdruck nicht enthalten gewesen wären. Von etwa der Hälfte dieser Rückmelder wurden außerdem Literaturtitel angegeben, die nach der Meinung der Rückmelder in den Psychological Abstracts ab dem Jahrgang 1967 verzeichnet sind, Titel also, die sich für den Computerausdruck hätten qualifizieren müssen. Dieses Problem wurde anhand der Daten der Stichprobe näher untersucht. Es zeigte sich, daß von den 229 in die Stichprobe eingegangenen Benutzern 63 Benutzer (28 Prozent) Frage 5 bejahend beantwortet hatten und 35 Benutzer (15 Prozent) einen entsprechenden Literaturtitel zitiert hatten. Von diesen 35 Titeln waren, wie eine Überprüfung ergab, 14 Titel in der Datenbank nicht enthalten, so daß 21 Titel verblieben, die sich hätten qualifizieren müssen, tatsächlich aber nicht qualifiziert hatten. Wie ist dieser für die Bearbeiter unerfreulich erscheinende Befund zu erklären? Detaillierte Vergleiche zwischen den betreffenden Benutzeranfragen, Suchstrategien und Dokumentationseinheiten ergaben, daß in der Mehrzahl der Fälle die Dokumente, die sich entgegen der Benutzererwartung nicht qualifiziert hatten, keinen unmittelbar einsichtigen thematischen Zusammenhang mit den betreffenden Anfragen erkennen ließen. Das heißt: die Benutzer hatten Relevanzaspekte erkannt, die sowohl von den Abstract-Verfassern als auch von den Indexierern bei der inhaltlichen Erschließung der betreffenden Dokumente nicht gesehen worden sind. Ob und inwieweit der Qualifizierungs-Verlust auf der Seite der Benutzer oder auf der Seite der Abstrahierer bzw. Indexierer zu verbuchen ist, kann ohne Einsicht der Publikationen, auf denen die Dokumentationseinheiten fußen, nicht entschieden werden. Leider konnte dieser zeitaufwendige Vergleich im Rahmen der hier vorgelegten Studie nicht mehr durchgeführt werden.

Diskussion

Relevanz und Vollständigkeit gelten zu Recht als die für die Beurteilung retrospektiver Literaturrecherchen wichtigsten Qualitätskriterien. Die hier mitgeteilten Relevanz- und Vollständigkeitswerte sind - obwohl sie, wie es scheint, den Vergleich mit entsprechenden Werten anderer Dokumentationsstellen nicht scheuen müssen

(5) - keineswegs als optimal anzusehen. Sie geben deshalb Anlaß, nach Möglichkeiten zu suchen, die zu ihrer Verbesserung führen können.

Eine grundlegende Verbesserungsmöglichkeit liegt darin, spezifischere, das heißt im wesentlichen operationalisiertere, über eindrucksmäßige Schätzungen der Benutzer hinausgehende Kriterien für die Beurteilung der Relevanz und Vollständigkeit von Literaturrecherchen zu entwickeln. Leider kann auf diese Probleme hier nicht näher eingegangen werden.

Naheliegendere Möglichkeiten zur Anhebung von Relevanz- und Vollständigkeitswerten liegen in der gezielten Schulung von Benutzern und Bearbeitern. Die Benutzer sollten vor allem dahingehend beeinflußt werden, bithematische und multithematische Anfragen stets in mehrere unithematische Anfragen aufzulösen. Darüber hinaus sollten sie zu einer größeren Präzisierung ihrer Fragestellungen und zu einer überlegteren Wahl ihrer Suchstichwörter angehalten werden. Zwecks besseren Verständnisses dieser Anforderungen sollten die Benutzer ausführlich über die Datenbank Psychologie und über die suchstrategischen Möglichkeiten orientiert werden. Hilfreich wäre vermutlich auch, wenn die vom Bearbeiter eingeschlagene Suchstrategie auf dem Computerausdruck automatisch im Klartext ausgedruckt würde. Die Bearbeiter andererseits sollten laufend darin geschult werden, ihre Suchstrategien so anzulegen, daß unerwünschte Nebeneffekte minimal bleiben.

Ein grundsätzliches Problem stellt sich in diesem Zusammenhang dann, wenn sich der Bearbeiter für Relevanz- oder für Vollständigkeitsverbesserung zu entscheiden hat. Wie aufgezeigt wurde, neigen die Bearbeiter mit den von ihnen bevorzugten Verfahrensweisen eher zur Verbesserung der Vollständigkeit als zur Anhebung der Relevanz. Dies erklärt sich einerseits aus dem grundsätzlichen Wunsch der Benutzer nach Literatur<u>übersichten</u>, andererseits aber auch aus den Kenntnissen der Bearbeiter über die Datenbasis.

Die PA-Datenbasis ist auf kognitive Tätigkeiten von Indexierern und Abstraktoren gegründet. Der Bearbeiter ist sich darüber im klaren, daß mit solchen Tätigkeiten Informationsverluste und Fehler verbunden sind. Hinzu kommen unzureichende (weil nicht publizierte) Informationen hinsichtlich der für die Erstellung der PA-Datenbasis geltenden Indexierungsregeln. Die maschinelle 'Indexierung', die STAIRS beim Aufbau der Datenbank vornimmt,und die damit gegebene Möglichkeit der Freitextsuche über die gesamte Dokumentationseinheit - eine Möglichkeit, die von den Bearbeitern auch häufig genutzt wird -, mögen diese Mängel der Indexierung abschwächen. Freitextsuche bedeutet jedoch in der Regel Anhebung der Vollständigkeit und Reduktion der Relevanz. Zwecks Reduktion allzu großen Ballastes bei Freitextsuche entscheidet sich der Bearbeiter für das Absuchen von Begriffen über die Kategorien "Titel/Deskriptor/Phrase", also für einen Kompromiß zwischen reiner Deskriptorsuche und reiner Freitextsuche. Eine reine Deskriptorsuche bei retrospektiven Recherchen ab dem PA-Berichtsjahr 1967 ist in der Datenbank Psychologie infolge der Thesaurus-Entwicklung (4) ohnehin nur begrenzt möglich. - Eine Anhebung der Relevanz ohne Verlust in bezug auf Vollständigkeit wäre auch durch eine präzisere manuelle Indexierung möglich, etwa durch Einführung von Beschreibungselementen, in denen beispielsweise die Art der dokumentierten Studie (Kausalstudie und ähnliches) sowie, im Falle von experimentellen Arbeiten, die abhängigen und unabhängigen Variablen mitgeteilt würden. Auswertungselemente dieser Art sind zwar in den Phrasen der Dokumentationseinheiten (AMERICAN PSYCHOLOGICAL ASSOCIATION 1978) oft in übersichtlicher Form implizit enthalten, doch sind sie nicht so explizit gekennzeichnet, daß sie beim Aufbau der Suchstrategie direkt verwertbar sind. Sie stellen lediglich Entscheidungshilfen bei der Relevanzprüfung im (STAIRS-) Browse-Mode dar. - Die Relevanzprüfung am konkreten Computerausdruck, der dem Bearbeiter etwa sechs Tage nach Bearbeitung der Anfrage am Terminal vorliegt, dient lediglich der grundsätzlichen Entscheidung "für oder gegen den Versand". Da die laut Suchstrategie qualifizierten Dokumentationseinheiten auf Computer-Endlospapier fortlaufend ausgedruckt werden, wäre es dem Bearbeiter nur bei Tolerierung von erheblichem Zeitaufwand möglich, einzelne unrelevante Einheiten aus dem Ausdruck herauszulösen oder zu kennzeichnen. Die Entscheidung für den Versand eines mit Ballast versehenen Computerausdruckes ist natürlich zugleich auch eine Entscheidung, von der der Bearbeiter schon im vorhinein weiß, daß sie sich in der Relevanzschätzung des Benutzers in negativer Weise niederschlägt.

Auf die Vorzüge der maschinellen 'Indexierung' bei STAIRS wurde bereits hingewiesen. Leider ermöglicht STAIRS nur einen über die Worttrankierung erreichbaren und somit beschränkten Einblick in das bei dieser Indexierung entstandene Wörterbuch. Ein "Wörterbucheinblick" mit der Möglichkeit, potentielle Suchbegriffe zu markieren, darüber hinaus auch der Zugriff auf eine Thesaurus-Hilfsdatei, würde das Bearbeitungsergebnis zweifelsohne positiv beeinflussen. Die einseitige Bevorzugung der von STAIRS angebotenen Verknüpfungsoperatoren durch die Bearbeiter ist wahrscheinlich mitunter auf den vorherrschenden Trend, Anfragen auf Vollständigkeit hin zu bearbeiten, zurückzuführen.

Der von BRÜHL & MEDER (1977) erstellte Funktionskatalog nennt eine Reihe von Anforderungen, die hier unerwähnt geblieben sind, deren Einsatz in der STAIRS-Abfragesprache jedoch durchaus denkbar wäre (6). Zuvor bliebe jedoch zu prüfen, ob die hierdurch erreichte "komfortablere" Abfragesprache bei den zu erwartenden Benutzeranfragen und dem vorliegenden Dokumentenmaterial sinnvoll und ausgiebig eingesetzt werden könnte.

Anmerkungen

(1) Zum Funktionskatalog bei STAIRS vergleiche BARTH in Band 2 des vorliegenden Sammelwerkes.

(2) Der Aufbau der Datenbank Psychologie erfolgte in der Zentralstelle für Maschinelle Dokumentation, neuerdings Sektion für Technik in der Gesellschaft für Information und Dokumentation, Frankfurt am Main (ZENTRALSTELLE FÜR MASCHINELLE DOKUMENTATION 1977). Beim Aufbau der Datenbank kamen die von der Sektion entwickelten Zusatzprogramme und Prozeduren zur Anwendung (ZENTRALSTELLE FÜR MASCHINELLE DOKUMENTATION 1974).

(3) Psychological Abstracts. Washington, D.C. [Herausgebende Körperschaft: American Psychological Association (APA)]. Neben der gedruckten Ausgabe werden von der APA ab dem Berichtsjahr 1967 monatlich Magnetbänder im Austauschformat (Psychological Abstracts Magnetic Tape Records) erstellt.

(4) Die in der Datenbasis erfaßten Dokumente aus den PA-Jahrgängen 1967 bis 1972 sind mit Schlagwörtern aus einer 800 Begriffe umfassenden Wortliste versehen worden. Vom Berichtsjahr 1973 an ist für die Indexierung der rund 3800 Deskriptoren enthaltende "Thesaurus of Psychological Index Terms" zugrunde gelegt worden. Ab 1978 ist der Thesaurus um 203 Deskriptoren erweitert worden (AMERICAN PSYCHOLOGICAL ASSOCIATION 1977²).

(5) Zur Problematik der Bewertung vergleiche LANCASTER 1977; vergleiche ebenso BOLLMANN & CHERNIAVSKY sowie MÖHR im vorliegenden Band.

(6) Zur Weiterentwicklung des Freitext-Retrieval vergleiche BRÜHL & MEDER im vorliegenden Band.

Literaturhinweise

AMERICAN PSYCHOLOGICAL ASSOCIATION. 1977². Thesaurus of psychological index terms. Washington, D.C.: American Psychological Association.

AMERICAN PSYCHOLOGICAL ASSOCIATION. 1978. Psychological abstracts information services. Users reference manual. Washington, D.C.: American Psychological Association.

BRÜHL, Gertraude & MEDER, Werner. 1977. Funktionskatalog. Benutzungsseitige Anforderungen an Information-Retrieval-Systeme (= ZMD-A-30) Berlin: Beuth.

LANCASTER, F.W. 1977. The evaluation of machine readable data bases and of information services derived from these data bases. In: LANCASTER, F.W. & CLEVERDON, C.W. (Ed.) Evaluation and scientific management of libraries and in information centres. Leyden: Nordhooff.

NIE, Norman H., HULL, C. Hadlai, JENKINS, Jean G., STEINBRENNER, Karin & BENT, Dale H. 1970². SPSS. Statistical package for the social sciences. New York: McGraw-Hill.

ZENTRALSTELLE FÜR MASCHINELLE DOKUMENTATION. 1974. Zusatzprogramme für den Einsatz von STAIRS im I&D-Bereich (= ZMD-A-27) Berlin: Beuth.

ZENTRALSTELLE FÜR MASCHINELLE DOKUMENTATION. 1977. Benutzer-Handbuch für die Datenbank Psychologie. [Stand:] 01.08.1977. Frankfurt am Main: [Zentralstelle für Maschinelle Dokumentation] (unveröffentlichte Loseblatt-Sammlung).

B 2

LITERATURANFRAGEBOGEN

zur Benutzung des Literaturinformationsdienstes der
Zentralstelle für Psychologische Information und Dokumentation an der Universität Trier

5500 Trier, Schneidershof, Postfach 3825, Telefon (06 51) 71 62 21

Diese Rubriken bitte freilassen

Nummer

Eingangsdatum

Version	Bearbeiter	Zeit	Zahl

Anschrift Titel, Name und Beschäftigungsinstitution

Ausland PLZ Ort

Straße

Telefonisch zu erreichen unter der Nummer: ( ) ....

Angaben zur Person

☐ weiblich ☐ männlich ☐ Berufsausübender ☐ Doktorand ☐ Studierender

☐ Diplompsychologe ☐ Promovierter Psychologe ☐ Nichtpsychologe, und zwar ....

1. Genaue inhaltliche Beschreibung der Fragestellung, möglichst in englischer Sprache

2. Suchstichworte aus dem THESAURUS OF PSYCHOLOGICAL INDEX TERMS - ersatzweise Indexbände der Psycholocal Abstracts

3. Zusätzliche Suchstichworte in englischer Sprache

4. Zusätzliche Angaben

a) Species: ☐ Mensch ☐ Tier ☐ besonderes Tier, und zwar ....

b) Altersgruppe: ☐ Kleinkinder ☐ Schulkinder ☐ Jugendliche ☐ Erwachsene ☐ Senioren

c) Erscheinungszeitraum der Publikationen (gegenwärtig enthält die Datenbasis Einträge der „Psychological Abstracts" ab 1967) von .... bis ....

5. Verwendungszweck

☐ Zeitschriftenartikel
☐ Vorbereitung einer Lehrveranstaltung
☐ Erstellen einer Monographie
☐ Definition eines Projektes, Antrag auf Forschungsbeihilfe
☐ Übersichtsartikel/Sammelreferat
☐ Dissertation
☐ Diplomarbeit
☐ Erstellen einer Bibliographie

☐ Sonstiges, und zwar ....

6. Vorschlag des Anfragenden bei Bearbeitungsschwierigkeiten. Falls zu viele Nachweise aufgefunden werden, soll

☐ die Frage zurückgereicht werden; sie wird neu formuliert

☐ der Erscheinungszeitraum der Publikationen auf aktuelle Jahrgänge eingeschränkt werden

☐ nur ein Teil der Literaturinformation (z. B. keine Abstracts) ausgedruckt werden

12 16 18 20 22 24 27 30 33 35 37 39 41 43 47 50 53 55 57 60 65 69 71 73 75 77 78

Original an Zentralstelle

Die Zentralstelle für Psychologische Information und Dokumentation (ZPID)

bietet der interessierten Öffentlichkeit hiermit die Möglichkeit, Zusammenstellungen von Literaturnachweisen psychologischer Fachliteratur zu erhalten. Die auf dem umseitigen Literaturanfragebogen an die Zentralstelle eingereichte Literaturanfrage wird mit Hilfe eines Computers von einem Suchspezialisten bearbeitet. Die Datenbasis besteht aus den Literaturdokumenten, die – beginnend mit dem Jahrgang 1967 – in die Psychological Abstracts aufgenommen worden sind; das sind mittlerweile über 200 000, in der Regel jeweils mit einer Kurzzusammenfassung versehene Dokumente. Modelliert nach dem PASAR-System (Psychological Abstracts Search and Retrieval) der AMERICAN PSYCHOLOGICAL ASSOCIATION, erlaubt das von der Zentralstelle für ihren Literaturinformationsdienst verwendete Programmsystem recht differenzierte und komplizierte Suchstrategien im Mensch-Maschine-Dialog. Für eine erfolgreiche Bearbeitung ist eine möglichst präzise und ausführliche (englischsprachige) Beschreibung des Forschungsvorhabens oder des Projektes, zu dessen Bearbeitung die Nachweise gewünscht werden, auf dem umseitigen Literaturanfragebogen durch den Anfragenden erforderlich.

Zum Ausfüllen des umseitigen Literaturanfragebogens:

Es sollte darauf geachtet werden, grundsätzlich auf einem Literaturanfragebogen nur Literatur zu einem einzigen, gut umgrenzten Sachverhalt zu erfragen. Für den Bearbeiter ist es sehr hilfreich, wenn als Anlage zu der Anfrage wenigstens eine Publikation genannt wird, die den Inhalt der Suchanfrage genau trifft.

Punkt 1: Genaue inhaltliche Beschreibung der Fragestellung

Hier sollte das Projekt, zu dem Literaturnachweise gewünscht werden, möglichst detailliert beschrieben werden. Gegebenenfalls ist auch die Angabe von abhängigen und unabhängigen Variablen angebracht.

Beispiel: The effects of socioeconomic status, educational level, or birth order on career motivation in women.

Punkt 2: Suchstichworte aus dem THESAURUS OF PSYCHOLOGICAL INDEX TERMS* – ersatzweise Indexbände der Psychological Abstracts

Hier sollte eine Reihe von englischen Stichworten aus dem oben angeführten kontrollierten Wortschatz angegeben werden. Die Begriffe sind so auszuwählen, daß der inhaltliche Schwerpunkt der Literaturanfrage für den Bearbeiter unmittelbar einsichtig wird.

Beispiel: Career motivation career preference career aspirations

Punkt 3: Zusätzliche Stichworte

Hier sollte eine Liste von englischen Stichworten gegeben werden, die genauer auf den Inhalt der Frage abzielen.

Beispiel: Socioeconomic status social class educational level birth order women female

Punkt 4: Zusätzliche Angaben

Sobald die Anfrage inhaltlich hinreichend genau beschrieben ist, kann eine Spezifizierung hinsichtlich der Population und des Zeitraumes von Erscheinungsdaten sinnvoll sein. Manchmal sind solche Angaben von grundlegender Bedeutung für die Formulierung einer Anfrage. Allerdings ist hierbei eine gewisse Vorsicht anzuraten, damit die Anfrage nicht durch solche Angaben unnötig stark eingegrenzt wird

Punkt 5: Verwendungszweck

Geben Sie bitte den von Ihnen beabsichtigten Verwendungszweck (Mehrfachankreuzungen sind möglich) der Ergebnisse an.

Punkt 6: Vorschlag des Anfragenden bei Bearbeitungsschwierigkeiten

Die ZPID ist bemüht, jede Anfrage in der eingereichten Form zu bearbeiten. Analysen von Anfragen haben jedoch gezeigt, daß Anfragende häufig Literaturnachfragen so allgemein fassen, daß allzu viele Dokumente aufgefunden werden. Oft kann erst auf Grund der Kenntnis der Datenbasis abgeschätzt werden, wie groß die Ergebnismenge sein wird. Da das Bearbeiten und Ausdrucken von sehr umfangreichen Datenmengen zeit- und kostenaufwendig ist, werden hier neben dem üblichen Verfahren des Zurückreichens von solchen Anfragen die beiden auf der Vorderseite aufgeführten weiteren Möglichkeiten zur Auswahl durch den Benutzer angeboten.

Die Benutzung des Literaturinformationsdienstes ist noch kostenlos und steht jedermann aus dem deutschen Sprachraum offen. Die Bearbeitungszeit beträgt zwischen drei und acht Wochen. Die ZPID erwartet von jedem Anfragenden eine Rückmeldung über die Brauchbarkeit der Nachweise durch Beantwortung eines kurzen Fragebogens, der jeweils zusammen mit der bearbeiteten Anfrage an den Benutzer gesandt wird. Zusätzliche Literaturanfragebögen können von der ZPID angefordert werden.

* KINKADE, ROBERT G. (Ed.) 1974. Thesaurus of psychological index terms. Washington, D.C.: American Psychological Association (zum Preis von $ 12 über: American Psychological Association – Publication Sales Department, 1200 17th street, N. W., Washington, D. C. 20036).

E6

B3

BEWERTUNGSFRAGEBOGEN Literaturinformationsdienst der Zentralstelle für Psychologische Information und Dokumentation an der Universität Trier 55 Trier, Schneidershof, Postf. 3825, Tel.(0651)716 221	Diese Rubriken bitte freilassen

Eingangsdatum			
Bezug zum Literaturanfragebogen			
No.	Eingang	Ausgang	Output
Version		Bearbeiter	

Name: ______________________________

Institution: ______________________________

Anfragethema: 21 31 34

1. Wie wertvoll war das Bearbeitungsergebnis Ihrer Literaturanfrage für Sie?

☐ nahezu wertlos ☐ brauchbar ☐ wertvoll ☐ sehr wertvoll 39

2. In welcher Hinsicht hat Ihnen die Bearbeitung genutzt?

(a) Zeitersparnis/Arbeitsersparnis .... ☐ 40

(b) Sie ergab Hinweise, die sonst wahrscheinlich nicht gefunden worden wären .... ☐

(c) Die Ergebnisse haben zur raschen Einarbeitung in ein neues Gebiet beigetragen ..... ☐

(d) Sonstiges 43

3. Schätzen Sie den Prozentsatz an relevanten Nachweisen in Ihrem Computerausdruck: 44

4. Schätzen Sie den Prozentsatz an Nachweisen in Ihrem Computerausdruck, den Sie tatsächlich brauchen können: 49

5. Sind Ihnen relevante Literaturtitel (mit Erscheinungsjahr nach 1967) bekannt, die in dem Computerausdruck fehlen? ☐ ja ☐ nein 53

Wenn ja, nennen Sie bitte einen dieser Titel, von dem Sie annehmen, daß er in den Psychological Abstracts (nach 1967) registriert ist:

....

....

6. Wie erklären Sie sich den Output an unrelevanten Literaturtiteln?

....

....

7. Beurteilen Sie die Form der Informationsdarbietung:

☐ mangelhaft ☐ ausreichend ☐ befriedigend ☐ gut 59

8. Beurteilen Sie die Bearbeitungsdauer der Anfrage: ☐ zu lang ☐ angemessen 61

Bemerkungen:

80

(Fragen, Neuformulierungen und Hinweise, auf die Sie eine Antwort erwarten, erbitten wir mit getrennter Post.)

Sofern Sie nach Durchsicht des Computerausdruckes eine Modifizierung und Neubearbeitung Ihrer Fragestellung veranlassen möchten, übertragen Sie unbedingt die auf der ersten Seite des Computerausdruckes handschriftlich notierte vierstellige Bearbeitungsziffer auf Ihr neues Anfrageformular (möglichst in die freie erste Kopfzeile außerhalb der Umrandung). Durch Angabe dieser Ziffer kann von den Bearbeitern der ZPID auf das Ihnen jetzt vorliegende Ergebnis zurückgegriffen werden.

Manfred Roesler

Retrieval mit GOLEM in einer Datenbank über technische Regeln

1 Einleitende Bemerkung
2 Normeninformationsbank - Überlegungen zum Datenbankkonzept -
3 Datenbankkonzept der Normeninformationsbank
4 DITR-Datenbanken
5 GOLEM-Übersicht
6 GOLEM-Anwendung im Deutschen Informationszentrum für technische Regeln (DITR)
7 GOLEM-Retrieval
8 GOLEM-Ausgabe
9 GOLEM-Thesaurusausgabe
10 GOLEM-Save-Anweisung
11 GOLEM-Common Command Set (CCS)
GOLEM-Standard Command Set (SCS)
12 Benutzerumfragen
13 Ausblick

Zusammenfassung

Die intensiven Anpassungs- und Änderungsprozesse bei technischen Regeln erfordern ein flexibles Datenbanksystem, mit dessen Hilfe nicht nur retrospektive Recherchen durchgeführt, sondern auch konventionelle Informationsdienstleistungen wie Kataloge und Bibliographien produziert werden können. Es werden die Datenbankkonzepte der Normeninformationsbank und der Datenbank für technische Regeln vorgestellt, die im Deutschen Institut für Normung e.V. über GOLEM2 realisiert werden. Es wird eine Übersicht über die GOLEM-Möglichkeiten und die vielfältigen Anwendungen gegeben: Retrieval (ab GOLEM BS 2000 Version 3.0 auch im Common Command Set), Ausgabe, Thesauruspflege, SDI. Perspektiven im Rahmen internationaler Netze werden skizziert.

Abstract

The intensive processes of adaptation and change involved in technical rules require a flexible data bank system with the help of which it is possible not only to carry out retrospective searches, but also to provide conventional information services such as catalogues and bibliographies. The data bank concepts of the Information Bank for Norms and the Data Bank for Technical Rules, which have been established at the German Institute for Norms (Deutsches Institut für Normung e.V.) via GOLEM2, are presented. A survey of the possibilities with GOLEM and of numerous applications is provided : retrieval (starting with GOLEM BS 2000 Version 3.0 in the Common Command Set as well), display, thesaurus updating, SDI. Perspectives within the framework of international networks are sketched.

1 Einleitende Bemerkungen

DIN-Normen sind Technische Regeln. Technische Regeln unterscheiden sich von anderen Dokumenten durch:

- Änderungsintensität. Regeln müssen ständig an den Stand der Wissenschaft und Technik angepaßt werden.

- Weitgehende Redundanzfreiheit. Gleiche Sachverhalte werden normalerweise nicht in weiteren Regeln festgelegt.

- Unvollständigkeit. Sachverhalte werden nicht vollständig in einer technischen Regel festgelegt. Die Vollständigkeit wird durch Zitieren anderer Regeln erreicht.

- Unverbindlichkeit. Ausnahmen bilden die Technischen Regeln, deren Verbindlichkeit zwischen Vertragspartnern vereinbart worden ist, oder die in Gesetzen oder Verordnungen des Bundes und/oder der Länder eingebunden sind.

Das DIN-Normenwerk umfaßt zur Zeit etwa 22.000 DIN-Normen, DIN-Vornormen und DIN-Norm-Entwürfe. Durch die ständig steigenden Anforderungen an den technischen Fortschritt und die damit verbundene Kurzlebigkeit von technischen Erkenntnissen ist das DIN Deutsches Institut für Normung e.V. gezwungen, die DIN-Normen ständig dem Stand der Wissenschaft und Technik anzupassen. Die wachsende Bedeutung der DIN-Normen im nationalen, europäischen und internationalen Bereich und der ständige Anpassungsprozeß an den Stand der Wissenschaft und Technik sowie die Verflechtung von DIN-Normen untereinander und/oder mit anderen Technischen Regeln, ihre Einbindung in das gültige Recht durch Gesetze und Verordnungen des Bundes und/oder der Länder erfordern ein IR-System, das den Anwendern von Technischen Regeln und dem Regelwerkersteller schnell, genau und tagesaktuell Auskunft geben kann. Das DIN Deutsches Institut für Normung e.V. entschloß sich 1971 nach genauer Analyse der Dokumente, des Änderungsablaufes, der Änderungsmenge und der auf dem Markt angebotenen IR-Systeme für das IR-System GOLEM2 (Großspeicherorientierte, listenorganisierte Ermittlungsmethode) von SIEMENS. Welche Überlegungen im einzelnen zu dem Entschluß führten, GOLEM2 im DIN einzusetzen, sollen hier nicht noch einmal ausführlich erläutert werden (siehe hierzu Grothstück, Band 2). Ausschlaggebend für die Entscheidung zugunsten GOLEM2 war u.a. die Möglichkeit, die ständig anfallenden Änderungen im DIN-Normenwerk tagesaktuell und ohne Reorganisationsläufe der Datenbank vornehmen zu können.

Änderungen im DIN-Normenwerk entstehen durch die Anpassung der DIN-Normen an den Stand der Wissenschaft und Technik. DIN-Normen werden überarbeitet, durch andere DIN-Normen ersetzt oder ersatzlos aus dem DIN-Normenwerk gestrichen. Änderungen können aber auch DIN-Normen sein, die über neue Entwicklungsprozesse Aussagen enthalten, wie z.B.

- Umweltschutz
- Mensch-Maschine-Verhalten
- Gestaltung von Bildschirmarbeitsplätzen
- Gestaltung von Arbeitsplätzen allgemein
- verstärktes Sicherheitsbewußtsein für den Endverbraucher
- Verbraucherorientierung

Jährlich werden ca. 4.000 DIN-Normen dem Anpassungs- und Änderungsprozeß unterworfen. Diese ca. 4.000 veränderten DIN-Normen ziehen ca. 60.000 Einzeländerungen nach (siehe Grothstück, Band 2).

2 Normeninformationsbank - Überlegungen zum Datenbankkonzept -

Neben den schon erwähnten Anforderungen mußten bei dem Aufbau der Normeninformationsbank (NIB) weitere Bedingungen berücksichtigt werden:

- Der DIN-Katalog muß aus der Datenbank erstellt werden können. Sein optisches Bild, seine drucktechnische Aufbereitung und eine 100%ige originale Wiedergabe aller im herkömmlichen Bleisatz verwirklichten Schriftarten und Sonderzeichen (griechische Buchstaben, mathematische Symbole) muß gewährleistet sein.

- Die monatlichen Ergänzungshefte zum DIN-Katalog müssen trotz des Änderungsumfanges unter den Bedingungen für den DIN-Katalog termingerecht erscheinen.

- Die fachgebietspezifischen Bibliographien müssen unter den Bedingungen des DIN-Katalogs aus der Datenbank abgerufen werden können.

- Statistiken über den Bestand des DIN-Normenwerkes und über Bereiche müssen möglich sein.

- Listen über Teile der Dokumentationseinheit müssen bedarfsorientiert erstellt werden können.

- Den Ansprüchen der über 120 (Fach-)Normenausschüsse des DIN, die mit ihren DIN-Normen den großen Rahmen der "Technik" (mit) abdecken, muß entsprochen werden können.

- Aufgaben grundsätzlicher Bereiche der Technik, wie z.B.
  - -- Kerntechnik und Schmuck
  - -- Landwirtschaft und Medizin
  - -- Maschinenbau und Ergonomie
  - -- Schwingungstechnik und Bibliotheks- und Dokumentationswesen

  um nur einige zu nennen, müssen unterstützt werden.

- Es existieren zwar fachgebietsspezifische Thesauri, aber kein allgemeingültiger Thesaurus "Technik", der z.B. die oben angeführten gegensätzlichen Bereiche befriedigend abdeckt.

- Unterschiedlichste Anforderungen von Benutzern an eine Datenbank über Technische Regeln müssen erfüllt werden können, z.B.
  - -- tagesaktuell die Änderungen im DIN-Katalog zu erfahren
  - -- Verknüpfungen der DIN-Normen untereinander

(Zitate, Verweisungen, einschließlich Veränderungen)
- -- schnell und erschöpfend Auskunft über gestellte Probleme zu erhalten
- -- Verweise auf andere Regelwerkersteller zu erhalten, wenn DIN-Normen den Fragenkomplex nur teilweise oder gar nicht abdecken.

Diese geforderten, z.T. auch selbst gestellten Bedingungen erforderten ein flexibles IR-System. Das DIN entschied sich für GOLEM2 von SIEMENS.

3 Datenbankkonzept der Normeninformationsbank

Die unterschiedlichen Anforderungen an die Normeninformationsbank führten zu einer (gedanklichen) Teilung der einzelnen Dokumentationseinheit (Zielinformation) in den bibliographischen und den inhaltserschließenden Bereich. Diese Bereiche sind wiederum in mehrere Teilbereiche (Kategorien) unterteilt worden. Diese Teilbereiche erhielten aus Datenerfassungs- und Retrievalgründen Kategoriennummern und eindeutig lesbare Kategoriennamen (Aspektnamen). Das Kategorienschema der Normeninformationsbank umfaßt mehr als 40 Kategorien je Dokumentationseinheit. Die relativ große Anzahl von einzelnen Kategorien je Dokumentationseinheit war für die Aussagefähigkeit der Normeninformationsbank wesentlich und ermöglicht gleichzeitig die detaillierte Wiedergabe des Dokumentes (Kategorienschema siehe Grothstück, Band 2).

Die ständig steigenden Anforderungen der Benutzer der Datenbank und des Datenbankbetreibers erfordern eine schnelle und problemlose Änderung oder Erweiterung des Kategorienschemas. GOLEM2 ermöglicht die nachträgliche Änderung oder Erweiterung des Kategorienschemas ohne kosten- und zeitintensive Reorganisationsläufe. Mit GOLEM2 ist der für Technische Regeln spezifische große Änderungsanfall problemlos und tagesaktuell zu verarbeiten.

Zur Bewältigung der großen Änderungsmengen und für die Datenerfassung ist für das DITR ein Online-Erfassungs- und Änderungsprogramm entwickelt worden.

Das Programm Online erfüllt nachfolgende Funktionen:

- Datenerfassung und Umsetzung der Daten in die GOLEM Konventionen.

- Parallelarbeiten im Online und GOLEM

- Generierung von Änderungsanweisungen für die GOLEM Änderungsprozeduren.

- Generierung von Änderungsanweisungspaketen für ständig wiederkehrende Änderungsarten (Maskenverarbeitung).

4 DITR-Datenbanken

Am 1. Oktober 1979 ist nach langer Planungsphase das Deutsche Informationszentrum für technische Regeln (DITR) im DIN Deutsches Institut für Normung e.V. gegründet worden. Aufgrund der Erfahrungen mit GOLEM2 und dem Änderungsdienst für die Normeninformationsbank konnten die gestellten Anforderungen an eine Datenbank über technische Regeln erfüllt werden. Diese neue Aufgabe umfaßt neben den DIN-Normen alle weiteren technischen Regeln der über 200 privatrechtlichen bzw. öffentlich-rechtlichen Regelwerkersteller in Deutschland. Die unterschiedliche Struktur dieser technischen Regeln erforderten zwangsläufig eine Änderung des Datenbankkonzepts. Reichten für DIN-Normen ca. 40 Aspekte aus, so werden für die DITR-Datenbank über 70 einzeln ansprechbare Aspekte benötigt. Aspektbereiche mußten gebildet werden, z.B.

- Bibliographische Daten (Titel, Ausgabedatum, Autor u.a.)

- Verarbeitungsdaten (Hinweise für die Katalogerstellung)

- Verbindlichkeitshinweise (für Gesetze, auf Gesetze, aktuell und ggf. historisch, VDE, UVV, Zitate u.a.)

- Inhaltserschließende Daten (Deskriptoren (Schlagwörter), Begriffe, DK (Dezimalklassifikation))

- Erläuterungen (Warnvermerke für den Anwender, Anwendungshinweise)

Sind in der Normeninformationsbank jährlich ca. 60.000 Einzeländerungen angefallen, wird nach Ende der fünfjährigen Aufbauphase für DITR-Datenbanken mit mehr als 150.000 Einzeländerungen pro Jahr gerechnet. Neben diesem großen Änderungsanfall müssen selbstverständlich alle Bedingungen, die für die Normeninformationsbank galten, auch in DITR-Datenbanken erfüllt werden. Ab GOLEM BS 2000 Version 3.0 bietet SIEMENS einen Online- Änderungsdienst (GOLOAD-Online-Änderungsdienst) als GOLEM-Bestandteil an.

5 GOLEM-Übersicht

Das IR-System GOLEM (Großspeicherorientierte listenorganisierte Ermittlungsmethode) ist ein dialogorientiertes System zur Speicherung und schnellen Wiedergewinnung großer Datenmengen.

- Aufbau und Pflege der Datenbank, datenbestandsverändernde Prozeduren einschließlich Bestands- und Prozedurüberwachung erfolgen über Standardprogramme bzw. sind Bestandteil von Standardprogrammen.

- GOLEM hat eine Online-Änderungsprozedur (ab GOLEM BS 2000 Version 3.0).

- Reorganisationsläufe sind bei GOLEM nach Änderungsläufen (Neueinspeicherung von Daten oder Änderung des gespeicherten Datenbestandes) nicht nötig.

- GOLEM ist durch den Common Comand Set oder Standard Comand Set problemlos auf ODIN, EURONET usw. aufschaltbar (ab GOLEM BS 2000 Version 3.0).

- GOLEM bietet durch die SAVE-Prozedur das Sichern von Sucharqumenten über einen unbegrenzten Zeitraum (ab GOLEM BS 2000 Version 3.0).

- GOLEM bietet zwei Benutzerschnittstellen (Lese- und/oder Schreibschnittstelle) für die Weiterverarbeitung von in GOLEM abgespeicherten Daten durch den Betreiber über eigene Programme.

- Dateien beliebigen Formats, Inhalts und beliebiger Länge können von GOLEM gespeichert und verarbeitet werden.

- GOLEM Aufbau- und Änderungsläufe können beliebig oft unterbrochen werden. Der Wiederanlauf der Aufbau- und Änderungsläufe erfolgt als Warmstart.

- Ein fünfstufiger Datenschutz (Schlüssel, Poolname, Prozedur, Dokument- und Abschnittsbefugnis) sichert in GOLEM die Datenbestände vor Mißbrauch und unerlaubtem Zugriff.

- GOLEM erlaubt den Zugriff auf die Datenbank gleichzeitig über mehrere Datensichtstationen.

- GOLEM bietet einen Dialogmitschnitt mit oder ohne anschließende statistische Auswertung an ab GOLEM BS 2000 Version 3.0

- GOLEM ermöglicht die Selektion von Dokumenten (Zielinformationen) über mehrdimensionale Verknüpfung von Suchargumenten (Deskriptoren).

- GOLEM baut beim Aufbau der Datenbank (oder Einspeicherung neuer Dokumente in die Datenbank) die Wörterbuchdatei (Thesaurus) u.a. über die dem Dokument zugeordneten Deskriptoren auf.

- Für den Datenbankaufbau erlaubt GOLEM die intellektuell vom Benutzer dem Dokument zugeordnete Vergabe von Deskriptoren oder die automatische Selektion von Deskriptoren durch das Programm PASSAT (Programm zur automatischen Selektion von Stichworten).

- Mehrdeutige Deskriptoren können durch die Bindung an einen Aspekt eindeutig gekennzeichnet werden.

- GOLEM unterliegt keinem Zwang eines vorgegebenen Wörterbuchs (Thesaurus) und ist nicht den Einschränkungen hierarchisch aufgebauter Codesysteme unterworfen.

- GOLEM ist nicht nur auf die Indexierungsmethode nach dem Freitextprinzip beschränkt, sondern ermöglicht auch die Vorgabe eines Wörterbuchs, den Aufbau von Relationen und Strukturierungen des Wörterbuchs.

- Die Dateistruktur von GOLEM erlaubt die schnelle Verarbeitung einer großen Anzahl von Deskriptoren bei minimaler Zugriffshäufigkeit durch poolbezogenes Wörterbuch, Sub-Wörterbuch und Zielinformationsdatei.

- GOLEM bietet dem Rechercheur Hilfsanweisungen an (Auskunft).

6 GOLEM-Anwendung im Deutschen Informationszentrum für technische Regeln (DITR)

Das DITR im DIN nutzt die vielseitigen Möglichkeiten, die GOLEM bietet, für z.T. nicht dafür gedachte Arbeiten aus. Über den fünfstufigen Datenschutz (Schlüssel, Poolname, Prozedur, Dokument- und Abschnittsbefugnis) werden Daten für den Online Änderungsdienst oder für weiterverarbeitende Programme selektiert ausgegeben und verändert oder weiterverarbeitet.

Aus den über 70 Kategorien (Aspekten) der DITR-Datenbanken werden über die Befugniseinschränkung immer nur die Aspekte selektiert, die unbedingt für die Weiterverarbeitung nötig sind. Z.B. für den DIN-Katalog werden aus DITR-Datenbanken (aktuelle Daten) Aspekte ausgegeben, wie:

DIN-Nummer
Teil-Nummer
Normart
Ausgabedatum
DIN-Norm-Titel (deutsch)
DIN-Norm-Titel (englisch)
Übersetzungshinweise
DIN-Kataloggruppe
Preisgruppe

aus "DITR-Datenbanken (historische Daten)" Aspekte mit Änderungshinweisen, wie:

DIN-Nummer
Ersatzvermerke
Vorgängerhinweise

aus dem Pool "DIN-Kataloggruppen" (Überschriften im DIN-Katalog) Aspekte wie:

Gruppen-Nummer	Sachgruppentitel (deutsch)
DK-Zahl der Gruppe	Sachgruppentitel (englisch)

Diese eingeschränkte Ausgabe von Aspekten über die Befugnisbeschränkung für die Weiterverarbeitung von Daten ist nur für ständig wiederkehrende Aufgabenstellungen wie Katalogerstellung oder Listenerstellung (Produktionsstatistiken, Deskriptoren eines Fachgebiets, Begriffslisten eines Fachgebiets usw. und für größere Änderungsarbeiten interessant. Für die Auflistung von Rechercheergebnissen reichen die GOLEM eigenen Ausgabemöglichkeiten aus.

Bibliographische, verwaltungstechnische und z.T. inhaltserschließende Dokumentelemente werden Aspekten zugeordnet. Die Aspektliste (Kategorienschema) ist für jedes Dokument gleich, nur die zugeordneten Inhalte ändern sich je Dokument. Dadurch ist im Retrieval jedes Dokumentelement leicht ansprechbar und auswertbar.

Über die Benutzerschnittstelle werden die vorher aus den verschiedenen Pools selektierten Daten für die Erstellung von DIN-Katalogen, des monatlichen Ergänzungsheftes zum DIN-Katalog und der Spezialbibliographien an benutzereigene Programmpakete zur drucktechnischen Aufbereitung für den Lichtsatz übergeben.

Über die Benutzerschnittstelle können vorher über GOLEM selektierte Daten über Zusatzprogramme an FIDAS (Formularorientiertes interaktives Datenbanksystem von der GMD) übergeben und entsprechend den Vorgaben der Benutzer mit anderen Daten (Pool-Kopplung) gemischt und für die listenmäßige und/oder statistische Ausgabe aufbereitet und ausgegeben werden.

Die Änderungen im DIN-Normenwerk und der anderen technischen Regeln werden im GOLEM tagesaktuell verarbeitet und durch das Programm Online (siehe Grothstück, Band 2) oder durch GOLOAD

(GOLEM-Online-Änderungsdienst ab GOLEM BS 2000 Version 3.0) ausgeführt.

Neben dem Retrieval für hausinterne Zwecke (Katalogerstellung, Ergänzungshefte zum Katalog, Spezialbibliographien und Listen) wird GOLEM hauptsächlich für den Recherchedienst des DIN eingesetzt. Im Recherchedienst werden z.Z. monatlich mehr als 1000 Anfragen (telefonisch und schriftlich) über DIN-Normen speziell, über andere technische Regeln allgemein, über neue Entwicklungsprozesse usw. bearbeitet. Für die Beantwortung dieser Anfragen stehen den Rechercheuren mehrere Pools mit unterschiedlichen Aussagen zur Verfügung. Die Rechercheure können, ohne die Suchfrage jedesmal neu aufzubauen, in mehreren Pools nacheinander suchen. Im Wörterbuch eines Pools nicht enthaltene Suchargumente werden mit der Häufigkeit "Ø" in die Deskriptorenliste aufgenommen. Dadurch bleibt die Suchargumentauflistung über alle Pools erhalten.

7 GOLEM-Retrieval

- unterschiedliche Struktur der Technischen Regeln
- starke Verknüpfung von Technischen Regeln untereinander
- großer Änderungsaufwand
- weitgehende Redundanzfreiheit
- kein allgemeingültiger Thesaurus "Technik"
- benutzerorientierte Anforderungen

und die hausinternen Anforderungen an die Datenbanken zwangen das Deutsche Informationszentrum für technische Regeln (DITR) im DIN Deutsches Institut für Normung e.V., seine Dokumentationseinheiten in kleinste Elemente (Aspekte) zu zerlegen.
Das Kategorienschema für die DITR-Datenbanken enthält über 70 unterschiedliche Aspekte. Bibliographische, verwaltungstechnische und z.T. inhaltserschließende Dokumentelemente werden den Aspekten als (gebundene) Deskriptoren zugeordnet. (Aspekt und gebundener Deskriptor = zusammengesetzter Deskriptor). Weitere inhaltserschließende Dokumentelemente werden als freie Deskriptoren (Suchworte) aufgeschlossen.
Rollenindikatoren und Indizierung ermöglichen, unterschiedliche Dokumentelemente (Aspekt mit gebundenem Deskriptor, freie Deskriptoren) miteinander inhaltlich zu verbinden.

Relationen, Verweise und Strukturen werden weitgehend berücksichtigt und in den Thesaurus (Wörterbuchdatei) eingebunden. Eine Dokumentationseinheit entspricht einer Zielinformation. Jedem Textabschnitt können ein oder mehrere Deskriptoren (SUCH-Deskriptoren) zugeordnet werden. GOLEM-intern besteht eine Zielinformation aus dem Deskriptorenteil (Auflistung der freien Deskriptoren und der Aspekte mit ihren gebundenen Deskriptoren) und dem Textteil. Beide Teile werden wiederum in Abschnitte aufgeteilt. Der Textteil kann beim Aufbau der Zielinformation wie bei DITR-Datenbanken geschehen, aus Dokumentelementen des Deskriptorenteils generiert werden und/oder aus selbständigen Dokumentelementen, die nicht im Deskriptorenteil enthalten sind, aufgebaut werden.

Bei Recherchen (Grobrecherchen) können für den Aufbau der Suchargumenteliste (Deskriptorenliste) alle oder Teile der

- Aspekte mit (und ohne) gebundenen Deskriptor
- Freie Deskriptoren
- SUCH-Deskriptoren
- im Thesaurus (Wörterbuchdatei) markierte Deskriptoren (Beziehungen)

eingebaut werden. Die Deskriptorenliste kann einzelne und mehrere Deskriptoren, Deskriptorenbereiche, Deskriptorenfragmente (rechtsbündig trankiert) enthalten. Die Deskriptorenliste kann beliebig durch neue Suchargumente erweitert werden. Einzelne Suchargumente können gelöscht oder durch neue ersetzt werden. Zu dem Suchargument können seine im Thesaurus enthaltenen oder nur bestimmte Beziehungen mit in die Deskriptorenliste eingebunden werden. In die Deskriptorenliste aufgenommene Beziehungen können gelöscht werden. Die Deskriptorenliste kann generell innerhalb eines Dialoges gelöscht und wieder aufgebaut werden. Suchargumente einer Deskriptorenliste können durch logische Operatoren "und", "oder", "und nicht" miteinander verbunden werden. Die so ermittelten Ergebnisse können (als temporäre Deskriptoren geblockt) wieder in die Deskriptorenliste eingebunden oder ausgegeben werden. Bei der Feinrecherche kann das Ergebnis einer Suchfrage über Rollenindikatoren und Indizierung modifiziert werden. Grob eingegrenzte

Rechercheergebnisse können (im Textteil) nach einzelnen oder mehreren Wörtern oder links- und/oder rechtsbündig trankierten Wörtern (Therme) oder nach einem oder mehreren Zitaten zur Verfeinerung des Ergebnisses durchsucht werden (SATZ). Die Selektion des Textteils mittels Therme oder Satz kann beliebig unterbrochen werden und wieder fortgesetzt werden.

8 GOLEM-Ausgabe

Rechercheergebnisse können nach Aspekt und gebundenen Deskriptor (Sortierlänge des gebundenen Deskriptors max. 30 Zeichen) (einstufig) sortiert werden. DITR-Datenbanken generieren sich beim Aufbau der Zielinformationen aus verschiedenen Aspekten einen eindeutigen Sortieraspekt. Innerhalb des aufgezeigten Suchfrageergebnisses kann vorwärts und rückwärts geblättert werden.

Aus dem Rechercheergebnis kann man sich ausgeben lassen:
- Die gesamte Zielinformation (Deskriptoren- und Textteil)
- Abschnitte der Zielinformation
- Deskriptorenteil oder Abschnitte aus dem Deskriptorenteil
- Textteil oder Abschnitte aus dem Textteil
- Textteile, die durch einen oder mehrere SUCH-Deskriptoren gekennzeichnet sind
- Einzelne oder mehrere Aspekte mit ihren gebundenen Deskriptoren. Die Reihenfolge der Aspekteausgabe richtet sich nach der Reihenfolge der Eingabe der Aspekte nach dem Aufrufen der AUSG-Anweisung
- Alle aufgezeigten Ausgabemöglichkeiten lassen sich am Datensichtgerät abbilden oder über Schnelldrucker ausgeben. Schnelldruckerausgaben können im Ausgabeformat (Zeilen- und Zeichenzahl) modifiziert werden.
- DITR-Datenbanken können alle aufgezeichneten Ausgabemöglichkeiten über die Benutzerschnittstelle weiterverarbeitenden Programmen übergeben werden. (Z.B. Katalog der Statistikerstellung)

9 GOLEM-Thesaurusausgabe

GOLEM bietet die Möglichkeit, seine Wörterbuchdateien (Thesaurus) direkt anzusehen und ggf. auch ausdrucken zu lassen. Nachfolgende Thesaurusausgaben sind möglich:

- Auflistung aller Aspekte ohne ihre gebundenen Deskriptoren
- Auflistung aller Aspekte mit (allen) ihren gebundenen Deskriptoren
- Auflistung eines Aspektes mit seinen gebundenen Deskriptoren oder (gebundene) Deskriptorenbereiche. Aufsetzmöglichkeit an jede beliebige Stelle innerhalb der (gebundenen) Deskriptoren
- Auflistung aller freien Deskriptoren oder Deskriptorenbereiche. Aufsetzmöglichkeit an jede beliebige Stelle innerhalb der freien Deskriptoren
- Auflistung der Thesauruseinträge mit und ohne Verweisungen oder Verknüpfungen
- Auflistung des gesamten Thesaurus (aller Wörterbuchdateien)
- Markierung von Thesauruseinträgen für die Übernahme in die Deskriptorenliste

10 GOLEM Save-Anweisung

GOLEM BS 2000 Version 3.0 bietet die Möglichkeit,zur Vereinfachung ständig wiederkehrender Recherchearbeiten Deskriptorenlisten (Suchargumente) längerfristig abzuspeichern, die dann beliebig oft abgerufen und kurzfristig ergänzt werden können, ohne oder mit Abspeicherung der neuen Suchargumente. Abgebrochene Recherchen können wiederholt werden oder fortgesetzt werden. Mit der abgespeicherten Deskriptorenliste (Suchargumente) kann über verschiedene Pools gesucht werden. Die abgespeicherte Deskriptorenliste (Suchargumente) kann in den SDI (Selective dissemination of information) eingebunden werden. Der Save-Anweisung können alle GOLEM-spezifischen Aufbaumöglichkeiten einer Deskriptorenliste zugeordnet werden, wie die Einbindung von Relationen, Verweisungen und Strukturen, der Aufbau der Suchlogik einschließlich der Feinrecherche. (Im Gegensatz zur normalen Feinrecherche, wo der Suchintervall von 1 bis max. 500 Zielinformationen eingestellt werden kann,bis der Rechercheur das Kommando zum Weiterselektieren (wieder von 1 bis max. 500 ZI's usw.) geben muß, ist in der Save-Anweisung der Intervall auf max. 20 Zielinformationen je Intervall eingestellt.)

Die in einer Deskriptorenliste enthaltenen Relationen, Verweisungen und Strukturen, der Suchlogikaufbau einschließlich Feinrecherche können verändert werden, ohne die Deskriptorenliste neu aufzubauen.

11 GOLEM-Common Command Set -CCS
GOLEM-Standard Command Set - SCS

Ab GOLEM BS 2000 Version 3.0 bietet SIEMENS für GOLEM den Common Command Set (CCS) auf der Grundlage der Syntax des Standard Command (SCS) beschrieben, von A.E. Negus im EURONET Guideline: Standard Command for retrieval systems, Final report and study (Dezember 1977) an. (siehe Lukas in diesem Band)

Durch den CCS (SCS) bietet GOLEM allen Datenbankbetreibern die Möglichkeit, sich auf die nationalen oder europäischen Datennetze aufzuschalten und seine Datenbanken anzubieten. Für GOLEM Retrievalkenner bietet sich durch das CCS-Kommando OWN die Möglichkeit, in den GOLEM-Kommando-Modus mit seinem an einigen Stellen erheblich größeren Komfort umzuschalten.

GOLEM Common Command Set ermöglicht den schnelleren Aufbau von Datennetzen wie das für Technische Regeln ISONET (Internationale Organisation for Standardization Network). Ein Vertragswerk, das alle Mitgliedsländer (etwa 80 Länder der Erde) verpflichtet, nach gemeinsamen Regeln ihre Technischen Regeln aufzubereiten und für alle Kommunikationswege (Briefe, Telefon, Datennetze) bereitzuhalten.

12 Benutzerumfragen

Das Deutsche Informationszentrum für technische Regeln (DITR) setzt sich jeden Monat mit über 1000 schriftlichen oder telefonischen Anfragen auseinander. Seit August '78 wird eine Statistik über die Benutzer, die die DITR-Datenbanken Dienstleistungen in Anspruch nehmen, geführt. Eine erste Analyse ergab die zwingende Notwendigkeit einer Informationsstelle für technische Regeln. Darauf aufsetzende Fragebogenaktionen (z.Z. in der Anwendung) sollen die Bedürfnisse der Benutzer und deren Anforderungen, den Bedarf an Informationsdienstleistungen und die Art der Leistungen genauer ermitteln und eine Aussage über die räumliche regionale Verteilung und fachspezifische Zuordnung der Benutzer ergeben. Außerdem über die Art der Anfragen, welche technischen Regeln angewendet werden, für welchen Bereich die technischen Regeln eingesetzt werden (z.B. für Konstruktionen, Planung) und welche Benutzergruppen anfragen.

13 Ausblick

Das DIN Deutsches Institut für Normung e.V. hatte sich 1971 schon für GOLEM im BS 1000 entschieden. Wie es sich in den zurückliegenden Jahren zeigte, war diese Entscheidung richtig. Durch die Umstellung der SIEMENS-Betriebssysteme von BS 1000 auf BS 2000 im Hause DIN stellte sich automatisch die Frage: Ist GOLEM im BS 2000 (immer noch) auch das für die Probleme des Deutschen Informationszentrum für technische Regeln im DIN Deutsches Institut für Normung e.V., optimale IR-System auf dem Markt? Nach gründlicher Analyse der angebotenen IR-Systeme fiel wieder die Entscheidung zugunsten GOLEM. Das Deutsche Informationszentrum für technische Regeln (DITR) im DIN Deutsches Institut für Normung e.V. kann durch die Kombination BS 2000, GOLEM und FIDAS an die Problemlösungen herangehen, die sich durch die wachsende Bedeutung der deutschen technischen Regeln im nationalen, europäischen und internationalen Rahmen ergeben. Die zwingende Zusammenarbeit mit anderen nationalen, europäischen und internationalen Regelwerkerstellern über Datennetze wie ODIN, EURONET, SCANNET, ISONET usw. wird durch diese Kombination gewährleistet.

Der noch größer werdende Änderungsaufwand (bei ca. 40.000 nationalen Dokumenten auf dem sicherheitstechnischen Gebiet werden etwa 150.000 Einzeländerungen nötig), die Verflechtung der technischen Regeln untereinander und die Einbindung der technischen Regeln in Gesetze und Verordnungen des Bundes und/oder der Länder und z.T. der EG erfordern ein flexibles Informationszentrum mit einem auf Veränderungen schnell reagierenden IR-System.

Walter Claassen

Retrievalerfahrungen mit PRIMAS

Zusammenfassung

Die Literaturdatenbanken "Maschinenbau" und "Elektrotechnik" der Dokumentationsstellen DOMA (Dokumentation Maschinenbau e.V.) und ZDE (Zentralstelle Dokumentation Elektrotechnik e.V.) wurden in den Jahren 1976-1978 mit dem Information-Retrieval-System PRIMAS für den Online-Zugriff angeboten. Der Funktionsbereich "Information Retrieval" von PRIMAS wird mit seinen Möglichkeiten beschrieben. Ein wesentlicher Bestandteil ist die Möglichkeit der Bildung von "Klammern"; weitere interessante Funktionen sind die Vorschlagsfunktion und die Feinrecherche. Die beschriebenen Funktionen werden durch kurze Beispiele erläutert.

Abstract

PRIMAS was used as an Information Retrieval System (IRS) for the data bases "Mechanical Engineering" and "Electrical Engineering" of DOMA (Dokumentation Maschinenbau) and ZDE (Zentralstelle Dokumentation Elektrotechnik) from 1975 to 1978. Functions and features are described, especially the interesting functions of bracketing, proposal and string search. Short examples are given.

1. Vorbemerkungen

Dieser Bericht ist zugleich so etwas wie ein Nachruf: im Laufe des Jahres 1980 werden voraussichtlich die letzten Anwender von PRIMAS auf andere Information-Retrieval-Systeme "umsteigen". Dennoch sollten die Erfahrungen mit PRIMAS nicht ganz verlorengehen. Dieser Bericht will dazu einen kleinen Beitrag liefern.

Die Dokumentationsstellen DOMA und ZDE haben PRIMAS in den Jahren 1975-1978 als Information-Retrieval-System für ihre Literaturdatenbank "Maschinenbau" und "Elektrotechnik" eingesetzt; seit dem Jahreswechsel 1978/79 werden diese Datenbanken mit dem Information-Retrieval-System GRIPS/DIRS von DIMDI betrieben. DOMA und ZDE haben von 1976 bis 1978 in Offenbach a.M. ein eigenes Rechenzentrum betrieben; dort wurden PRIMAS von Montag bis Freitag jeweils für vier Stunden am Vormittag auf einer SIEMENS-Datenverarbeitungsanlage der Serie 4004, später 7.738, angeboten; für das Information Retrieval mit PRIMAS konnten die SIEMENS-Datensichtstationen 8150 und 8151 verwendet werden.

Benutzer der PRIMAS-Literaturdatenbanken von DOMA und ZDE waren

- die eigenen Mitarbeiter von DOMA und ZDE, die Auftragsrecherchen für externe Kunden und für interne Zwecke durchführten;
- Mitarbeiter externer Informationsvermittlungsstellen aus den Bereichen Maschinenbau und Elektrotechnik; hauptsächlich waren dies die Dokumentationsstellen größerer Firmen und Hochschulbibliotheken.

DOMA und ZDE bildeten den Nucleus des 1978 gegründeten Fachinformationszentrums Technik (FIZ Technik). Das FIZ Technik nahm seine Geschäftstätigkeit offiziell am 1. Januar 1979 auf. Zum selben Zeitpunkt wurden die Datenverarbeitungs-Aktivitäten vom eigenen Rechenzentrum in Offenbach a.M. auf das Rechenzentrum des Fachinformationszentrums Energie, Physik, Mathematik GmbH (FIZ 4) in Karlsruhe übergeleitet. In diesem Rechenzentrum werden die Literaturdatenbanken des FIZ Technik gemeinsam mit den Datenbanken des FIZ 4 sowie den Literaturdatenbanken INSPEC und COMPENDEX angeboten.

FIZ 4 hatte sich bereits früher entschieden, seine Datenbanken mit dem Information-Retrieval-System GRIPS/DIRS anzubieten. DOMA und ZDE schlossen sich Mitte 1978 dieser Entscheidung an. Die Literaturdatenbanken "Maschinenbau" und "Elektrotechnik" mußten deshalb in der zweiten Jahreshälfte 1978 vollständig neu aufgebaut werden; parallel dazu erfolgte in mehreren Seminaren die Umschulung der externen und internen Benutzer auf das neue Information-Retrieval-System GRIPS/DIRS2.

Der hier vorgelegte Bericht basiert also auf einem abgeschlossenen Erfahrungszeitraum von drei Jahren. Hinzu kommen mittlerweile Erfahrungen von mehr als einem Jahr mit dem Nachfolgesystem GRIPS/DIRS, die manche Vorzüge und Nachteile von PRIMAS noch deutlicher erkennen lassen.

2. PRIMAS und seine Funktionsbereiche

Für das Akronym PRIMAS gibt es in der Literatur verschiedene Langschreibweisen:

- EDV-Programm für das Analysieren und die Rückgewinnung von Dokumenten mit Maschinenhilfe (WESSEL 1970)
- Programmpaket zum Rückgewinnen und Indexieren mit Maschinenhilfe (AXHAUSEN, WESSEL 1972)
- Programm zum Rückgewinn und Indexieren mit Maschinenhilfe (GROSSE 1973)
- Programm für Recherchieren und Indexieren mit Maschinenhilfe (SAUL 1975)
- Programmsystem zur Informations-Rückgewinnung und Indexierung mit Maschinenhilfe (Quelle unbekannt)

Es wird deutlich, daß PRIMAS zwei große Funktionsbereiche abdeckt:

- das Information Retrieval (bei PRIMAS "Suchmodus" genannt)
- die Online-Eingabe, Inline-Indexierung und Online-Änderung (bei PRIMAS "Indexiermodus" genannt).

Als weitere Funktionsbereiche sind der Aufbau und die Fortschreibung von Datenbanken im Batch-Betrieb zu nennen. Darauf soll an dieser Stelle aber nicht weiter eingegangen werden. Der Funktionsbereich "Online-Eingabe und Online-Indexierung" wird von SEYDEL, STEIDLE 1979 in Band 1 ausführlich beschrieben. DOMA und ZDE begannen bereits 1972 mit der maschinellen Erfassung und Verarbeitung ihrer Literaturhinweise. Zu diesem Zweck wurde ein Austauschformat für Literaturhinweise auf Magnetband (das auf dem MARK II-Format basierende SABI-Format) entwickelt. Die im SABI-Format vorliegenden Literaturhinweise werden für die Erstellung von gedruckten Diensten (Referate- und Profildienste), für Magnetbanddienste und - nach entsprechender Formatkonvertierung - für den Aufbau und die Fortschreibung der Online-Literaturdatenbanken verwendet.

Die PRIMAS-Funktionen für die Online-Erfassung und Online-Indexierung wurden deshalb von DOMA und ZDE nicht routinemäßig eingesetzt, sondern nur in begrenztem Umfang für die Korrektur fehlerhafter Literaturhinweise und für die Erstellung und Bearbeitung von Online-Benutzer-Information verwendet. Diese Funktionen sollen hier ebenfalls nicht weiter betrachtet werden.

3. Information Retrieval mit PRIMAS

3.1 Struktur der Literaturdatenbanken von DOMA und ZDE

Befassen wir uns also mit dem Funktionsbereich "Information Retrieval" von PRIMAS. Er soll - des leichteren Verständnisses wegen - weitgehend in der Gegenwartsform dargestellt werden. PRIMAS verwendet - wie die meisten Information-Retrieval-Systeme - invertierte Listen. Mit ihrer Hilfe können dem Benutzer die Suchelemente in sortierter - meist also alphabetischer - Reihenfolge angeboten werden. Darüber hinaus erlaubt PRIMAS den Einsatz eines - strukturierten - Thesaurus.

Die PRIMAS-Literaturdatenbanken von DOMA und ZDE enthielten folgende Suchelemente in invertierter Form:

- Autorennamen
- Datenbasis-Kennzeichen
- Deskriptoren (Thesaurus-Deskriptoren und freie Deskriptoren)
- Fachordnungsnotationen (Klassifikationen)
- kooperative Verfasser
- Referent bzw. auswertende Stelle

- Sprache der Veröffentlichung
- Schlüssel für die Art der Themenbehandlung
- Schlüssel für die Art der Veröffentlichung
- interne Zeitschriften-Codes

DOMA und ZDE bearbeiten bereits seit mehreren Jahren Thesauri für ihre Fachgebiete Maschinenbau und Elektrotechnik. Für den Aufbau und die Pflege dieser Thesauri wird ein von der IDC (Internationale Dokumentations-Gesellschaft für Chemie mbH) entwickeltes Programmpaket verwendet. Diese strukturierten Thesauri standen in den mit PRIMAS angebotenen Literaturdatenbanken ebenfalls zur Verfügung. Daneben enthielten die Datenbanken selbstverständlich auch die Literaturhinweise selbst in einer für die Ausgabe auf dem Bildschirm geeigneten Form. Die hierin enthaltenen Textkategorien (Originaltitel, deutscher Übersetzungstitel, Inhaltsangabe etc.) konnten in einer begrenzten Menge von Literaturhinweisen nachträglich durch eine serielle Suche ("Feinrecherche") auf bestimmte Zeichenfolgen durchsucht werden.

3.2 Struktur der Kommandosprache

Die Kommandosprache von PRIMAS umfaßt aktive und markierende Kommandos. Aktive Kommandos werden in der Regel am Bildschirmanfang, markierende Kommandos am Anfang der Bildschirmzeile 2-19 eingegeben.

Aktive Kommandos werden unter anderem benötigt für

- das Blättern im Wörterbuch (I)
- das Blättern im Thesaurus (E)
- das Aufblättern von Klammern (K)
- das Löschen von Klammern (DK)
- das Formulieren und Starten von Suchfragen (SS, ST)
- das Löschen von Suchfragen (SN)
- das Aufblättern der Suchfrage (SF)
- das Formulieren und Starten einer Feinrecherche (FRSS)
- den Offline-Ausdruck eines Suchergebnisses (PS)
- das Starten und Beenden eines Dialogprotokolls (PA, PE).

Markierende Kommandos werden unter anderem benötigt für

- die Übernahme von Suchelementen in eine Klammer (1+...9+,A+...X+)
- die Übernahme von Suchelementen oder Klammern in eine Suchfrage (++, -, +)
- das Blättern im Suchergebnis (T, L).

Dabei ist der Übergang zwischen aktiven und markierenden Kommandos fließend; das Kommando E für das Blättern im Thesaurus kann beispielsweise auch als markierendes Kommando gebraucht werden.

3.3 Blättern in den Wörterbüchern und im Thesaurus

PRIMAS ermöglicht dem Benutzer das Blättern in den vorhandenen Wörterbüchern und - falls vorhanden - im Thesaurus. Mit dem Kommando I :MIKROPROZESSOR wird das (Standard-)Wörterbuch der Deskriptoren an der Stelle "MIKROPROZESSOR" aufgeblättert; die Antwort von PRIMAS lautet:

```
:MIKROPROZESSOR
07425  MIKROPROZESSOR....................................00130
:MIKRORISS...............................................00001
06977  MIKROSCHALTER.....................................00024
```

Dabei wird die Eingabe des Benutzers - ohne das eigentliche Kommandowort - in der ersten Bildschirmzeile wiederholt. Für das Aufblättern anderer Wörterbücher ist die Angabe des entsprechenden Kennbuchstabens erforderlich, zum Beispiel "A" für Autorennamen oder "F" für Fachordnungsnotationen.

Auf die Eingabe I :A MEYER antwortet PRIMAS mit

```
:A MEYER
:A MEYER, A. ...........................................00003
:A MEYER, B. ...........................................00001
:A MEYER, C. ...........................................00001
:A MEYER, D. ...........................................00009
:A MEYER, E. ...........................................00024
:A MEYER, H. ...........................................00007
```

Das Aufblättern des Thesaurus erfolgt durch das Kommando "E", hier als aktives Kommando benutzt; die Eingabe lautet: E :MIKROPROZESSOR und PRIMAS antwortet:

```
:MIKROPROZESSOR
07425  MIKROPROZESSOR....................................00130
07425  E MICROPROCESSOR..................................00130
02380  O MONOLITHISCH INTEGRIERTE SCHALTUNG...............00322
08766  O PROZESSOR.......................................00074
01623  V KLEINRECHNER....................................00097
```

3.4 Klammerbildung

Eine wichtige Rolle im Konzept von PRIMAS spielen die bereits mehrfach erwähnten "Klammern". Jede Klammer enthält ein oder mehrere Suchelemente,die untereinander beim Einstellen in die Klammer automatisch mit dem logischen Operator ODER verknüpft werden. Technisch bedeutet dies, daß die internen Zieladressen der zu diesen Suchelementen gehörenden Literaturhinweise im Klammerbereich abgespeichert werden. Jeder Benutzer kann insgesamt höchstens 33 Klammern aufbauen, die mit 0+ ... 9+ und A+ ... X+ gekennzeichnet werden. Eine mnemotechnisch günstige Kennzeichnung der Klammern ist also leicht möglich, zum Beispiel könnte die Klammer M+ Deskriptoren wie MIKROPROZESSOR und die Klammer H+ Deskriptoren wie HAUSGERAET enthalten. In der Klammer Z+ werden die Feinrecherche-Suchfragen abgespeichert; die Klammer Y+ ist für weitere Spezialfunktionen reserviert.

Suchelemente werden durch einfaches Markieren mit der Klammerkennzeichnung in die gewünschte Klammer übernommen.

Dem Benutzer wurde beispielsweise der folgende Ausschnitt aus dem Wörterbuch der Deskriptoren gezeigt:

```
:MIKROPROZESSOR
M+07425  MIKROPROZESSOR.................................00130
:MIKRORISS......................................................00001
S+06977  MIKROSCHALTER..................................00024
```

werden der Deskriptor MIKROPROZESSOR in die Klammer M+ und der Deskriptor MIKROSCHALTER in die Klammer S+ übernommen.

Daneben bietet PRIMAS auch die Möglichkeit der automatischen Gruppenbildung:

- durch Rechts-Truncation (Endemaskierung) werden alle Suchelemente aus einem bestimmten Wörterbuch, die mit der vorgegebenen Zeichenfolge beginnen, automatisch in die angegebene Klammer übernommen;
- alle Thesaurusbegriffe, die in einer bestimmten Relation zu dem angegebenen Thesaurusbegriff stehen (zum Beispiel alle Unterbegriffe), werden automatisch in die angegebene Klammer übernommen.

Für das Aufblättern und Löschen von Klammern stehen entsprechende Kommandos zur Verfügung:

K   Welche Klammern sind gespeichert?
K X+ Aufblättern der Klammer X+
DKAL Löschen aller Klammern
DKX+ Löschen der Klammer X+

Die Klammerbildung erfolgt - wie bereits erwähnt - durch die Abspeicherung aller zu den verschiedenen Suchelementen gehörenden internen Zieladressen in numerisch aufsteigender Form, dadurch wird auf einfache Weise die ODER-Verknüpfung innerhalb einer Klammer realisiert. Bei Suchelementen mit einer hohen Vergabehäufigkeit (zum Beispiel Sprachangaben) ergibt sich durch dieses Verfahren ein relativ hoher Speicherplatzbedarf; wegen der nicht so flexiblen Speicherplatzverwaltung durch das Betriebssystem kam es deshalb mitunter zu Schwierigkeiten durch "überlaufende" Klammern, von denen dann meistens mehrere oder gar alle Benutzer betroffen waren. Ungeachtet dieser Schwierigkeiten wurde das Klammer-Konzept von PRIMAS durch die Benutzer positiv beurteilt, da es ihrem Wunsch nach einer klaren und übersichtlichen Struktur der Suchfragen entsprach. Es sei deshalb an dieser Stelle ein kurzer Hinweis auf entsprechnede Funktionen in anderen Information-Retrieval-Systemen erlaubt:

- das Information-Retrieval-System DOMESTIC - entwickelt unter der Leitung des früheren PRIMAS-Spezialisten H.E. SEELBACH - soll wesentliche Teile dieses Klammer-Konzepts enthalten (siehe auch SIEGLER, SEELBACH 1979 in Band 2);
- das von A. SCHRODE entwickelte System PLIDOS (Persönliches Literaturinformations- und Dokumentations-System für 'Personal' Computer) verwendet in seinem Retrieval-Teil ein ähnliches Klammer-Konzept;
- die Version DIRS3 des Information-Retrieval-Systems GRIPS/DIRS eröffnet - durch ein geschicktes Numerierungs-Konzept - in Ansätzen ebenfalls die Möglichkeit einer deutlicheren Strukturierung der Suchfragen (siehe auch LUKAS 1980 in diesem Band).

3.5 Durchführung der Suche

PRIMAS kann nur eine Suchfragenformulierung pro Benutzer speichern. Der Benutzer kann eine vorhandene Suchfrage durch Einstellen weiterer Suchelemente, Klammern oder Datumsangaben aus einer anderen Formulierung erweitern. Das direkte Aufbewahren einer

Suchfrage ist dagegen nicht möglich. Die Suchfrage muß in diesem Fall zunächst gelöscht und dann neu aufgebaut werden. Die Ergebnisse einer gelöschten Suchfrage stehen im Normalfall nicht mehr zur Verfügung. Versuchsweise wurde die Möglichkeit eingeführt, das Ergebnis einer Suchfrage (nicht die Suchfragenformulierung) in einer Klammer abzuspeichern; eine Klammer enthält ja - wie bereits beschrieben - intern die Zieladressen der zutreffenden Literaturhinweise. Allerdings konnte dieses Verfahren für den Einsatz bei DOMA und ZDE nicht mehr zur zufriedenstellenden Reife entwickelt werden. Das Löschen einer Suchfrage erfolgt mit dem Kommando SN (Suche neu); die Durchführung der Suche erfolgt mit den Kommandos SS (Suche starten) oder versuchsweise ST (Suche Test); das Aufblättern der Suchfrage erfolgt mit dem Kommando SF (Such-Frage).

Suchelemente und Klammern müssen mit einem entsprechenden markierenden Kommando in die Suchfrage eingestellt werden; durch die Wahl des Kommandos wird gleichzeitig die Art der logischen Verknüpfung festgelegt:

```
++  logisches UND
-   logisches UND NICHT
+   Sortieroperator
```

In der folgenden Suchfrage

```
SNSS
++3+
++M+
- :S DE
+ :S EN
```

werden die Klammern 3+ und M+ mit UND verknüpft; aus der so gefundenen Schnittmenge werden alle Literaturhinweise mit der Sprachangabe DE (deutsch) ausgeschlossen. Innerhalb des so erzeugten Suchergebnisses werden alle Literaturhinweise mit der Sprachangabe EN (englisch) nach vorn sortiert.

Die zeitliche Einschränkung eines Suchergebnisses erfolgt bei PRIMAS durch eine relativ schnelle serielle Nachselektion. Für den Betreiber einer PRIMAS-Datenbank stehen maximal fünf Datumsangaben zur Verfügung. DOMA und ZDE haben die beiden Datumsangaben

- Erscheinungsjahr
- Auswerte-Datum

für die Nachselektion zur Verfügung gestellt. Die Angaben über die gewünschte zeitliche Einschränkung erfolgen innerhalb der Suchfrage. Die untere und die obere zeitliche Grenze sind für jede Datumsart gesondert anzugeben. Die oben formulierte Suchfrage könnte beispielsweise so erweitert werden:

```
SNSS
++3+
++M+
- :S DE
+ :S EN
V275
M277
```

In diesem Fall würden aus dem endgültigen Suchergebnis die Literaturhinweise als zutreffend selektieren, bei denen als Erscheinungsjahr 1975, 1976 oder 1977 angegeben ist (V = untere Grenze, von ...; M = obere Grenze, mit/bis ...; 2 = Datumsart 2, Erscheinungsjahr).

3.6 Blättern im Suchergebnis

Als Ergebnis einer Suche erhält der Benutzer zunächst die Zahl der insgesamt gefundenen Literaturhinweise und sogenannte "Kennungszeilen" der ersten 18 gefundenen Literaturhinweise:

```
02 SUCHFRAGE:  02++  00#  01+  01-   GEFUNDEN     32
  MIKROPROZESSOR, ANWENDUNG       EN    01 05  152152
  MESSWERTVERARBEITUNG, LABORAT   EN    01 07  136610
  MIKROCOMPUTER, ANALYTISCHE CH   EN    01 13  136602
  MIKROPROZESSOR, CHEMIE          EN    01 14  136593
  MIKROPROZESSOR                  EN    01 06  136132
  CODIERUNG, DATENUEBERTRAGUNG    EN    01 06  112887
  MIKROPROZESSOR                  EN    01 09   95828
  FREQUENZSYNTHETISATOR           EN    01 07   66322
  CHROMATOGRAMMAUSWERTUNG         EN    01 08    7648
  ELEKTRONENSTRAHLOSZILLOGRAPH    EN    01 05    6228
  NACHRICHTENSENDER-EMPFAENGER    EN    01 09    5442
  LSI-TECHNIK, TECHNOLOGIE, AN    EN    01 04    3227
  KLEINRECHNER, MOS-SPEICHER      EN    01 06    2973
```

```
  MIKROCOMPUTER, SYSTEMTECHNIK  FR     00 07  157388
  MIKROCOMPUTER, 8-BIT-KONZEPT  FR     00 09  152443
  MODULARER MIKROCOMPUTER       JA     00 06  148331
  MIKROPROZESSOR                PL     00 07  146398
  PROZESSOR, LSI                FR     00 09  144587
                                     ***1***2
```

Der Benutzer muß nun die Kennungszeilen der Literaturhinweise markieren, die er vollständig zu sehen wünscht.

```
02 SUCHFRAGE:  02++  00#  01+  01-   GEFUNDEN    32
T MIKROPROZESSOR, ANWENDUNG     EN     01 05  152152
  MESSWERTVERARBEITUNG, LABORAT EN     01 07  136610
  MIKROCOMPUTER, ANALYTISCHE CH EN     01 13  136602
  MIKROPROZESSOR, CHEMIE        EN     01 14  136593
T MIKROPROZESSOR                EN     01 06  136132
  CODIERUNG, DATENUEBERTRAGUNG  EN     01 06  112887
  MIKROPROZESSOR                EN     01 09   95828
  FREQUENZSYNTHETISATOR         EN     01 07   66322
  CHROMATOGRAMMAUSWERTUNG       EN     01 08    7648
  ELEKTRONENSTRAHLOSZILLOGRAPH  EN     01 05    6228
  NACHRICHTENSENDER-EMPFAENGER  EN     01 09    5442
  LSI-TECHNIK, TECHNOLOGIE, AN  EN     01 04    3227
  KLEINRECHNER, MOS-SPEICHER    EN     01 06    2973
T MIKROCOMPUTER, SYSTEMTECHNIK  FR     00 07  157388
T MIKROCOMPUTER, 8-BIT-KONZEPT  FR     00 09  152443
T MODULARER MIKROCOMPUTER       JA     00 06  148331
  MIKROPROZESSOR                PL     00 07  146398
  PROZESSOR, LSI                FR     00 09  144587
                                     ***1***2
```

Jeder Literaturhinweis besteht intern aus zwei Teilen:

- der Textinformation (T)
- der Liste der Suchelemente (L).

Diese beiden Teile können alternativ - also nicht gleichzeitig - mit den entsprechenden markierenden Kommandos T und L aufgeblättert werden. Im vorstehenden Beispiel wurden verschiedene Kennungszeilen mit T markiert; die gewünschten Literaturhinweise werden nun nacheinander auf dem Bildschirm gezeigt. Hier als Beispiel der erste Hinweis:

```
MIKROPROZESSOR, ANWENDUNG       EN       19  05  152152
MIKROPROZESSOR, ANWENDUNG
* THE APPLICATION OF MICROPROCESSORS FOR
MEASUREMENT PROBLEMS
(DIE ANWENDUNG VON MIKROPROZESSOREN IN DER
MESSTECHNIK)
* DIE AUTOREN BERICHTEN UEBER VIELVERSPRECHENDE
EINSATZMOEGLICHKEITEN FUER MIKROPROZESSOREN IN DER
MODERNEN MESSTECHNIK. ZAHLREICHE BILDER ERGAENZEN
DEN BERICHT.
* MEASURMENT TECHNOL. 63 (1977) 4, S.17-19, 3S,27B,
EN
                              REF-NR E77050123208
77-05-00/77-00-00/
```

Vor dem Aufblättern der nächsten Textinformation kann der Benutzer jetzt - durch Markieren der ersten Zeile mit L - die Liste der Suchelemente zu diesem Literaturhinweis aufblättern:

```
MIKROPROZESSOR, ANWENDUNG       EN       19  05  152152
07425  MIKROPROZESSOR .........................00130
06829  ANWENDUNG ..............................01035
07724  MESSTECHNIK ............................00625
:A ROGER, A. ..................................00002
:A SMITH, L. ..................................00004
:Z 0007234 ....................................00177
:F SFM ........................................01088
77-05-00/77-00-00/
```

Aus dieser Liste der Suchelemente kann der Benutzer durch die entsprechenden markierenden Kommandos weitere Suchelemente in die Suchfrage oder in eine Klammer übernehmen.

3.7 Vorschlagsfunktion

Die Vorschlagsfunktion wurde in erster Linie für die Online-Indexierung entwickelt, erwies sich aber auch beim Information Retrieval als hilfreich. Der Benutzer kann mit ihrer Hilfe die in der Indexierung vorhandene Heterogenität erkennen und seine Suchfrage entsprechend anpassen. Die Vorschlagsfunktion kann nach Durchführung einer Suche aufgerufen werden; die in dem aktuellen Suchergebnis enthaltenen Thesaurusdeskriptoren werden intern nach fallender Häufigkeit sortiert. Die 18 Deskriptoren mit der höchsten Vergabehäufigkeit werden dann - allerdings alphabetisch umsortiert - auf dem Bildschirm ausgegeben. Durch die entsprechenden markierenden Kommandos kann der Benutzer aus dieser Liste weitere Deskriptoren in die Suchfrage oder in Klammern übernehmen.

Das Kommando für den Aufruf der Vorschlagsfunktion heißt V; möglich sind insgesamt 9 Aufrufe der Vorschlagsfunktion. Beim zweiten bis neunten Aufruf muß die entsprechende Zahl nach dem V angegeben werden, also zum Beispiel

V7

für die siebte Fortführung der Vorschlagsfunktion.

3.8 Feinrecherche

Mit Hilfe der Feinrecherche kann der Text-Teil aller durch eine Suche gefundenen Literaturhinweise nachträglich auf das Vorhandensein - oder Nichtvorhandensein - einer beliebigen Zeichenfolge durchsucht werden; diese Suche erfolgt stets mit Links- und Rechts-Truncation (Front-Ende-Maskierung). Für die Feinrecherche wird eine eigene Suchfrage aufgebaut. Ihr formaler Aufbau entspricht im wesentlichen dem einer normalen Suchfrage. Es können die logischen Operatoren UND (++) und UND NICHT (-) sowie einzelne Suchelemente oder Klammern verwendet werden. Die zu suchenden Zeichenfolgen sind in Hochkommata eingeschlossen. Es wird jeweils nur eine begrenzte - vom Systemverwalter festzulegende - Menge von Literaturhinweisen durchsucht; der Benutzer erhält dann eine Zwischenmeldung; er kann die Feinrecherche sofort weiterführen lassen oder zunächst die bei der bisherigen Suche gefundenen Literaturhinweise mit dem markierenden Kommando T auf den Bildschirm holen, um die Suchfrage für die Feinrecherche überprüfen und ggf. modifizieren zu können.

Eine Suchfrage für eine Feinrecherche könnte beispielsweise so aussehen:

```
FRSS
++'INTEL 8080'
```

Mit dieser Feinrecherche würde das Ergebnis einer "normalen" Suche - zum Beispiel mit dem Deskriptor MIKROPROZESSOR - nachträglich in den Textkategorien auf die Zeichenfolge "INTEL 8080" durchsucht.

Die Feinrecherche wurde von den Benutzern der Datenbanken von DOMA und ZDE sehr positiv beurteilt, wenngleich der Benutzer bei der Formulierung der Suchfrage für die Feinrecherche die schwierige Aufgabe hat, die zu suchenden Zeichenfolgen exakt anzugeben (also auch eventuelle Leerstellen zu berücksichtigen) und fremdsprachige, in der Regel englische, synonyme Benennungen ebenfalls in der Feinrecherche anzugeben. Für den Benutzer ist die Feinrecherche kostenintensiv, weil ihre interne Bearbeitung im Rechner Zeit erfordert; diese Zeit wird dem Benutzer als Anschaltzeit in Rechnung gestellt. Erfahrungswerte für die Suchzeit einer einfachen Feinrecherche - ohne UND-Verknüpfung - lagen im Bereich von 35 Sekunden für 100 durchsuchte Literaturhinweise. Die Notwendigkeit des Einsatzes der Feinrecherche wird deshalb durch die verstärkte Bereitstellung von Freitext-Wörterbüchern immer mehr verringert.

3.9 Protokollfunktionen

PRIMAS bietet die Möglichkeit, alle Dialogschritte zu protokollieren; dieser Mitschnitt wird zunächst auf ein Magnetband geschrieben und später ausgedruckt. Dieses Dialogprotokoll leistet bei der Suche nach Fehlern im Information-Retrieval-System ebenso gute Dienste wie bei der Unterstützung ungeübter Benutzer, die anhand dieses Protokolls ihren Dialog nachvollziehen und verbessern können. Das Dialogprotokoll wird mit dem Kommando PE (Protokoll ein) eingeschaltet und mit PA (Protokoll aus) wieder ausgeschaltet. Die Ergebnisse einer PRIMAS-Recherche können mit dem Kommando PS für den Offline-Ausdruck im Rechenzentrum deponiert werden.

Nachstehend ein Muster eines offline ausgedruckten Literaturhinweises:

0000152152

SFM

MIKROPROZESSOR, ANWENDUNG

THE APPLICATION OF MICROPROCESSORS FOR MEASUREMENT PROBLEMS
(DIE ANWENDUNG VON MIKROPROZESSOREN IN DER MESSTECHNIK)

DIE AUTOREN BERICHTEN UEBER VIELVERSPRECHENDE
EINSATZMEGLICHKEITEN FUER MIKROPROZESSOREN IN DER MODERNEN
MESSTECHNIK. ZAHLREICHE BILDER ERGAENZEN DEN BERICHT.

MIKROPROZESSOR, ANWENDUNG, MESSTECHNIK

ROGER, A.; SMITH, L.

MEASUREMENT TECHNOL. 63 (1977) 4, S. 17-19, 3S, 27B, EN

REF-NR E77050123208

4. Schlußbemerkungen

PRIMAS ist den heute eingesetzten Information-Retrieval-Systemen in seinem Funktionsumfang durchaus ebenbürtig, im Bereich der Online-Eingabe, Online-Indexierung und Online-Änderung vermutlich sogar überlegen. Eine Anpassung an die heutigen Gegebenheiten im Bereich der Hardware und der Systemsoftware hätte aber mit Sicherheit erhebliche Aufwendungen erfordert. Diese Erkenntnis dürfte beim Hersteller von PRIMAS zu der Entscheidung geführt haben, die Pflege und Weiterentwicklung von PRIMAS einzustellen. Es bleibt zu hoffen, daß die von den PRIMAS-Benutzern besonders positiv beurteilten Funktionen auch in anderen Information-Retrieval-Systemen eingesetzt und angeboten werden.

5. Literaturverzeichnis

AXHAUSEN, WESSEL 1972
Axhausen, W.E.A.; Wessel, A.E.: Machine-aided indexing and analysis for document and fact retrieval. In: ISLIC (Israel Society of Special Libraries and Information Centres) International Conference on Information Science. Tel Aviv, 29.8.-3.9.1971. Proceedings, Vol. 2, Tel Aviv 1972, S. 761-767.

CLAASSEN, GRUBE 1976
Claassen, W.; Grube, A.: Anleitung für den Dialog mit PRIMAS. DOMA/ZDE, Frankfurt a.M. 1976

CLAASSEN 1978
Claassen, W.: Prinzip und System der Literatur-Recherche. In: Die Einbeziehung von Literaturdatenbanken in die betriebliche Praxis. Seminar der Technischen Akademie Esslingen, 19.10.1978. Esslingen 1978

GROSSE 1973
Grosse, U.: PRIMAS - Programm zum Rückgewinn und Indexieren mit Maschinenhilfe. Ein rechnergestütztes Erschließungs- und Recherchesystem mit strukturiertem Thesaurus. Referat anläßlich der Ersten Europäischen Tagung über Dokumentationssysteme und -netze, Luxemburg, 16.-18.5.1973

GROSSE 1975
Grosse, U.: Informationen zum Dokumentationssystem der Stiftung Wissenschaft und Politik. In: Stiftung Wissenschaft und Politik. Kurzinformationen. Ebenhausen 1975

HERING 1974
Hering, H.: Ein EDV-Dialogsystem für Analyse und Recherche. Untersuchung auf seine Anwendbarkeit im Deutschen Patentamt. In: Bericht der 16. Jahrestagung des Ausschusses für Patentdokumentation, München, 16.-17.5.1974. München 1974, S.111-132

SAUL 1975
Saul, G.: Literaturdokumentation in einem Großunternehmen mit dem Dialog-Auskunftssystem SOKRATES. Archiv und Wirtschaft (1975) 2/3, S. 57-62

SEELBACH 1973
Seelbach, H.E.: PRIMAS, ein Literaturdokumentationssystem. Programmbeschreibung. SIEMENS-ZFE-Bericht vom 10.5.1973. München 1973

SEELBACH, WESSEL 1975
Seelbach, H.E.; Wessel, A.E.: Computer-Software und einige Hardware-Erwägungen. In: Wessel, A.E.: Information Retrieval und Automatisierung. Neuwied 1975

SFS, SIEMENS 1970
Studiengruppe für Systemforschung e.V; SIEMENS AG: Dialogsystem PRIMAS für Indexierung und Recherche. In: Analyse des Arbeitsablaufes unter Verwendung elektronischer Datenverarbeitung. 3. Projektbericht: Januar-Dezember 1969. Heidelberg, München 1970, S. 31-32

SIEMENS 1975
SIEMENS AG: PRIMAS-Dialog. Hantieranweisung. Version vom 1.1.1975. München 1975

WESSEL 1970
Wessel, A.E.: PRIMAS, ein EDV-Programm für das Analysieren und die Rückgewinnung von Dokumenten mit Maschinenhilfe. In: Berichte der 12. Jahrestagung des Ausschusses für Patentdokumentation, 14.-15.5.1970. München 1970, S. 205-217

WESSEL 1975
Wessel, A.E.: Information Retrieval und Automatisierung. Perspektiven und Probleme. Neuwied 1975

WESSEL 1976
Wessel, A.E.: Information im Dienste der Gesellschaft. Besitz und Zugriff bei automatisierten Informationssystemen. Neuwied 1976

Udo Schützsack

Die vielfältigen Nutzungsmöglichkeiten einer Datenbasis am Beispiel von FSTA

1. Vorgeschichte
2. Organisation
3. Dienste
4. Fachgebiete, Scope
5. Arbeitsteilung
6. Retrieval
7. Vorteile und Nachteile multilateraler und internationaler Zusammenarbeit

Zusammenfassung

International Food Service (IFIS) wurde 1968 gegründet. Partner von IFIS sind Organisationen in den Vereinigten Staaten von Amerika, in den Niederlanden, in dem Vereinigten Königreich und in der Bundesrepublik Deutschland. Geschichte und Organisation von IFIS, sowie der wichtigste gedruckte Dienst 'Food Science and Technology Abstracts', werden beschrieben. Die Aufgaben werden arbeitsteilig gelöst. Der englische Partner ist für den Input auf weltweiter Basis sowie die Redaktion verantwortlich, der deutsche Partner für Datenaufnahme, Datenverarbeitung und den Druck. FSTA ist auf Host-Computern weltweit implementiert und online abfragbar.

Abstract

The International Food Information Service (IFIS) was founded in 1968 . Its partners are organizations in the United States of America, in the United Kingdom, in the Netherlands and in the Federal Republic of Germany. This paper deals with the history and organization of IFIS and describes its main product in printed form, Food Science and Technological Abstracts (FSTA). Details concerning the division of labor are given: the English partner is responsible for collecting and editing, the German partner for data processing, photocomposition and printing. FSTA is implemented on host computers all over the world and is available on-line.

1. Vorgeschichte

Im Jahre 1957 stellte die Referatezeitschrift "Food Science Abstracts" ihr Erscheinen ein. Diese Entscheidung wurde in Fachkreisen allgemein bedauert, so daß bald der Wunsch aufkam, für diesen Ausfall Ersatz zu schaffen. Man dachte dabei an ein Organ, das sämtliche Gebiete der Lebensmittelwissenschaften und Lebensmitteltechnologie umfaßt und das die bereits bestehenden Referatezeitschriften "Chemical Abstracts", "Nutrition Abstracts and Reviews" und "Biological Abstracts" sinnvoll ergänzen könnte.

Zunächst wurde als Grundlage für zukünftige Entscheidungen eine Studie über die Literatur auf dem Gebiet der Lebensmittelwissenschaften einschließlich ihrer Grundlagen erstellt (1). Sie sollte Aufschluß erteilen über die Anzahl der in den einschlägigen Zeitschriften publizierten dokumentationswürdigen Arbeiten. Im Vorgriff auf eine mögliche internationale Zusammenarbeit fand bei dieser Studie bereits eine Arbeitsteilung statt in der Hinsicht, daß die englischsprachige Literatur von dem Commonwealth Agricultural Bureaux (CAB) ausgewertet wurde, während die Auswertung der Literatur aus dem west- und osteuropäischen Raum in Händen des Instituts für Dokumentationswesen (IDW) lag, das seit 1978 in die Gesellschaft für Information und Dokumentation (GID) übergeleitet ist.

Unter Zugrundelegung der Ergebnisse dieser Studie und nach intensiven Diskussionen zwischen dem CAB, dem Institute of Food Technologists (IFT), Chicago/Illinois und dem IDW wurde im Frühjahr 1968 durch Austausch von Briefen eine Übereinkunft erzielt, in der Einzelheiten zur Realisierung eines internationalen Informationssystems auf dem Gebiet der Lebensmittelwissenschaften formuliert wurden. Dieses Übereinkommen hat in seinen Grundzügen noch heute Gültigkeit, obwohl es fortlaufend der finanziellen, organisatorischen und technischen Entwicklung angepaßt worden ist.

2. Organisation

In dem Übereinkommen ist festgelegt, daß die Organisation den Namen "International Food Information Service" (IFIS) tragen und von dieser eine Referatezeitschrift mit dem Namen "Food Science and Technology Abstracts" (FSTA) herausgegeben werden soll. Träger der Organisation IFIS waren zunächst das CAB, das IDW (heute GID) und das IFT. Später kam als vierter Partner das Centrum voor Landbouwpublikatie and Landbouwdocumentatie, Wageningen (PUDOC) Holland, hinzu (vgl. Abb. 1). Die Partner der vier Länder sind durch je zwei Mitglieder in einem "Management Committee" vertreten, das die Richtlinien für die Arbeit von IFIS festlegt, besonders auch im Hinblick auf die Verteilung der Aufgaben unter den Vertragspartnern, sowie die finanziellen und administrativen Verpflichtungen. Mindestens einmal im Jahr muß eine Vollsitzung des "Management Committee" einberufen werden, was nicht ausschließt, daß sich einzelne Mitglieder - beispielsweise die europäischen Partner - zu getrennten Sitzungen treffen.

Für die Erfüllung der in dem Abkommen festgelegten Aufgaben gibt es operationelle Einheiten in der Bundesrepublik und in England. Die Arbeitsteilung zwischen diesen beiden Einheiten sieht im wesentlichen so aus, daß die Erstellung des Manuskriptes dem englischen Partner übertragen ist, während der deutsche Partner für die technische Verarbeitung verantwortlich ist, wobei ihm in jüngster Vergangenheit eine besondere Rolle in bezug auf die Einbeziehung der Datenbasis in bestehende Netze zugefallen ist. Die Arbeiten werden teilweise von festangestelltem Personal, teilweise auf dem Wege der Vertragsvergabe durchgeführt. Dies trifft besonders für die Datenaufnahme und die Datenverarbeitung zu, die nach langen Jahren der Arbeit in der Zentralstelle für maschinelle Dokumentation (ZMD, heute SfT/GID) neuerdings einem Rechen-Zentrum in Westberlin übertragen worden ist (siehe Abschnitt 5).

Das Abkommen wurde zunächst auf 3 Jahre (1969-1971) begrenzt. Während dieser Zeit übernahmen die vier erwähnten Partner die volle Finanzierung in Form von Dienstleistungen in den eigenen Organisationen oder in Form von Bereitstellung von Geldern für Dienstleistungen durch andere Organisationen. In den Jahren 1972-1977 reduzierte sich die Förderung durch die Partner erheblich und beschränkte sich im wesentlichen auf administrative und personelle Beiträge des englischen und deutschen Partners. Seit 1978 sind auch diese Leistungen eingestellt worden. Die laufenden

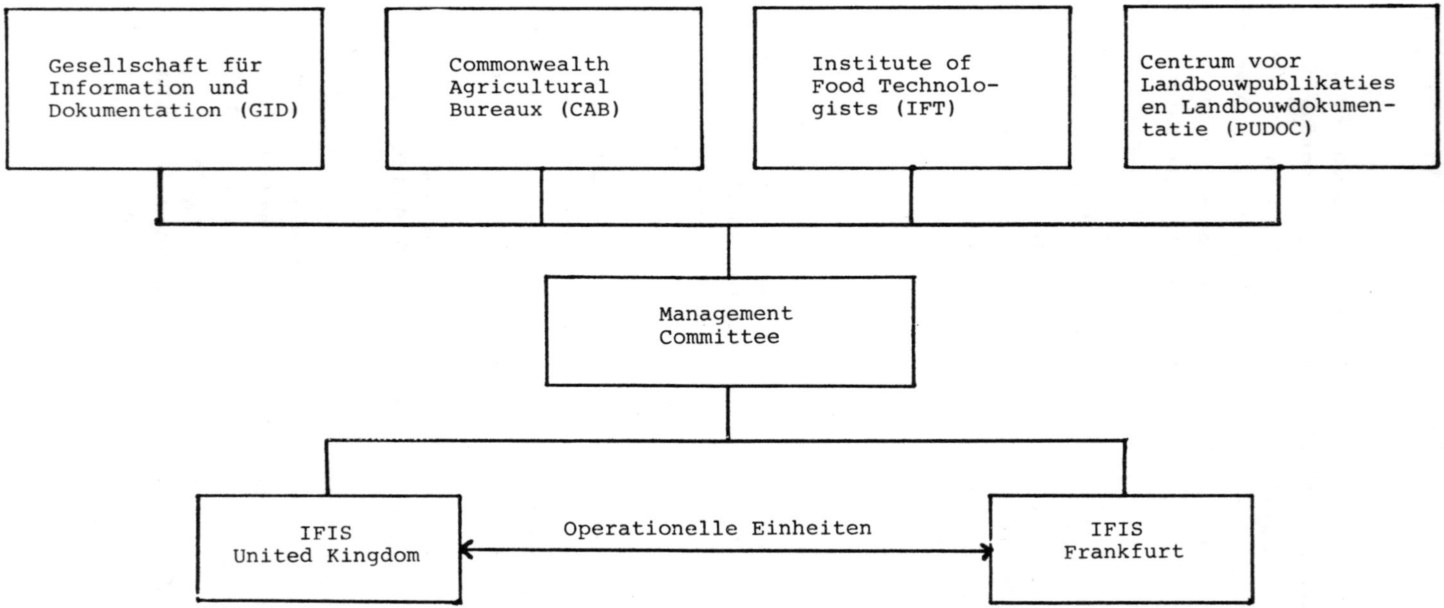

Abb. 1 : Organisation von IFIS

Kosten werden durch Einnahmen aus dem Verkauf der Referatezeitschrift, von Magnetbändern, von Spezialbibliographien und von anderen Informationsdienstleistungen gedeckt. Damit ist das Informationssystem IFIS auf eine wirtschaftliche Basis gestellt.

Diese neue Situation wird sicher eine Veränderung der Organisationsform von IFIS mit sich bringen. Gedacht ist, daß IFIS eine eigene Rechtspersönlichkeit wird, wodurch auch die Manövrierfähigkeit, z.B. im Hinblick auf mögliche zusätzliche Vertragspartner, wesentlich erhöht werden dürfte.

3. Dienste

Im Jahre 1968 wurde mit der Herausgabe einer Referatezeitschrift begonnen. Die entsprechenden Magnetbänder wurden nach der jeweiligen Drucklegung nicht gelöscht, sondern von Anfang an gespeichert, ohne daß damals zu überblicken war, welche Bedeutung, besonders auch in wirtschaftlicher Hinsicht, der maschinenlesbaren Datenbasis zukommen würde. Zunächst wurden die Magnetbänder lediglich als eine Art Nebenprodukt des Referateorgans angesehen, deren Einsatz für die lichtsatzgesteuerte Erstellung der Texte und der Sach- und Autorenregister erforderlich war. Inzwischen ist jedoch die Datenbasis als Magnetbandversion ein wichtiger wirtschaftlicher Faktor, was allein schon daraus hervorgeht, daß in verschiedenen Ländern die Einnahmen durch die aus dem Magnetband erstellten Dienste, besonders auch die Einnahmen über online Recherchen, bis zu 50% der Gesamteinnahmen ausmachen. (Abb. 2 zeigt die verschiedenen aus FSTA/IFIS aktuell ableitbaren Dienste)

4. Fachgebiete, Scope

Die Zeitschrift FSTA umfaßt, wie bereits im Titel zum Ausdruck gebracht wird, die Lebensmittelwissenschaften (Food Science) und die Lebensmitteltechnologie (Food Technology). Sie kommt dadurch den Wünschen der Grundlagenforschung entgegen, aber ist zugleich auch auf die Erfordernisse der angewandten Forschung abgestellt, und hier wieder sowohl auf diejenigen, die bei der Arbeit von den einzelnen Lebensmitteln, beispielsweise der Milch und dem Fleisch, ausgehen, als auch auf diejenigen, bei denen die Verfahren, bei-

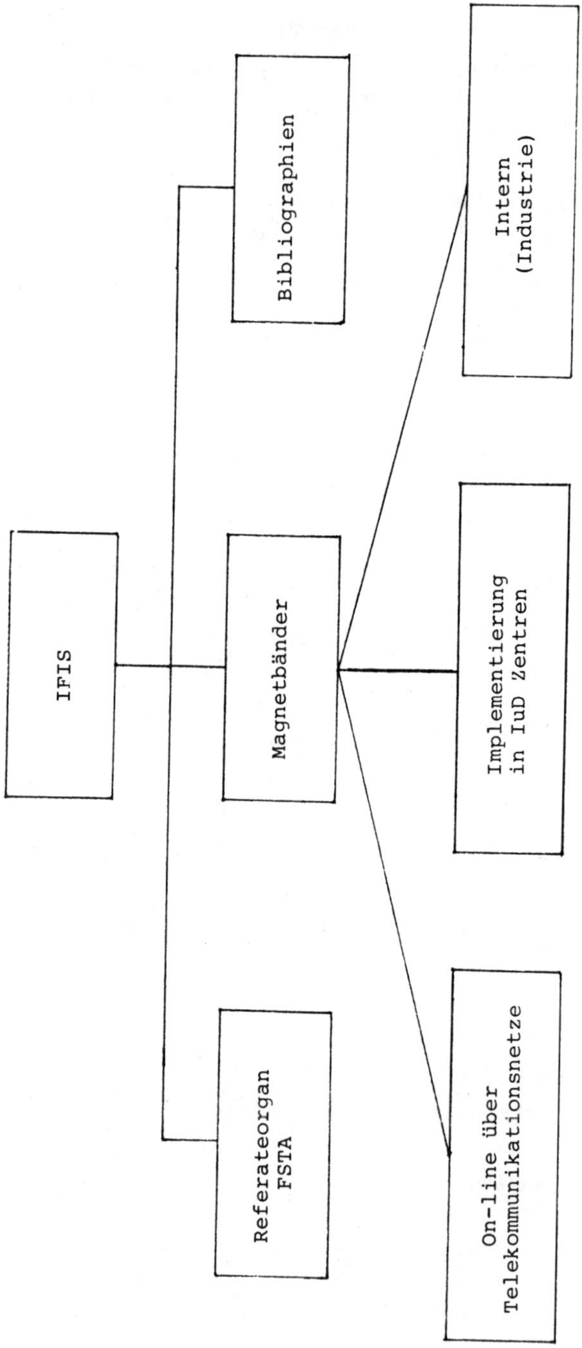

Abb. 2 : Dienste von IFIS

spielsweise Gefriertrocknung, Strahlenbehandlung, Gefrieren und Kühlen, im Mittelpunkt stehen.

Der Scope der Zeitschrift unterliegt in Abhängigkeit von den Schwerpunkten in der Forschung auf diesem Gebiet gewissen Schwankungen und Ergänzungen. Fragen der gesundheitlichen Unbedenklichkeit verarbeiteter Lebensmittel sowie Probleme der Erschließung neuer Eiweißquellen tierischen und pflanzlichen Ursprungs gewinnen ständig an Bedeutung. In zunehmendem Maße werden deshalb ernährungsphysiologische Arbeiten und Arbeiten über neue technologische Verfahren in den Scope einbezogen.

Auch die Aufgliederung des Stoffes in einzelne Kapitel ist funktional bestimmt. Die Kapitel 1-7 befassen sich mit den Grundlagen, den Verfahren sowie mit speziellen Disziplinen der Lebensmittelwissenschaft. Der Benutzer findet auf diese Weise sehr schnell die neuesten Arbeiten zu seinem Fachgebiet, indem er das ihn interessierende Kapitel überfliegt.

Die Datenbasis hat z. Zt. einen Umfang von ungefähr 160 000 Referaten. Die Verteilung der Referate auf die einzelnen Kapitel ist in Abb. 3 gezeigt, aus der deutlich hervorgeht, daß der Schwerpunkt bei den einzelnen Lebensmitteln liegt, die Gegenstand der Forschung in Spezialinstituten sind.

Abb. 4 zeigt die prozentuale Verteilung der Sprachen in der Datenbasis. Sie dürfte ungefähr der Zahl der wissenschaftlichen Publikationen in den genannten Ländern entsprechen, wobei jedoch als Ausnahme die deutsche Sprache mit 16,5% verhältnismäßig stark vertreten ist. Dies entspricht dem Interesse des deutschen Partners, sämtliche Zeitschriften zu berücksichtigen, die für die deutschen Benutzer von Interesse sind. Vergleicht man die hier gegebene Prozentzahl mit Prozentzahlen anderer englischsprachiger Referatezeitschriften, so wird man feststellen, daß der Anteil der deutschen Sprache im allgemeinen bedeutend geringer ist.

Abb. 5 zeigt das in der wissenschaftlichen Information bekannte Phänomen, daß bei den meisten Disziplinen der Geistes- oder Naturwissenschaften ungefähr 50% der in Primärzeitschriften veröf-

		Gesamt	
		Anzahl	%
A	Basic food science	5,289	3.68
B	Food microbiology	1,397	0.97
C	Food hygiene and toxicoloy	3,754	2.61
D	General - food economics and statistics	4,921	3.43
E	Food engineering	4,907	3.42
F	Food packaging	5,663	3.93
G	Commodity technology - general	6,162	4.29
H	Alcoholic and non-alcoholic beverages	16,777	11.68
J	Fruits, vegetable and nuts	15,737	10.94
K	Cocoa and chocolate products	0,794	0.67
L	Sugars, syrups, starches and candy	8,624	6.00
M	Cereals and bakery products	12,678	8.81
N	Fats, oils and margarine	5,268	3.66
P	Milk and dairy prducts	18,845	13.11
Q	Eggs and egg products	1,677	1.15
R	Fish and marine products	5,495	3.81
S	Meat, poultry and game	14,833	10.31
T	Food additives, spices	5,477	3.80
U	Food laws, regulations standards	5,441	3.77
		143,730	100.00

Abb. 3: Anzahl der Referate in den einzelnen Sektionen in FSTA Vols. 1 - 9 (1969 - 1977)

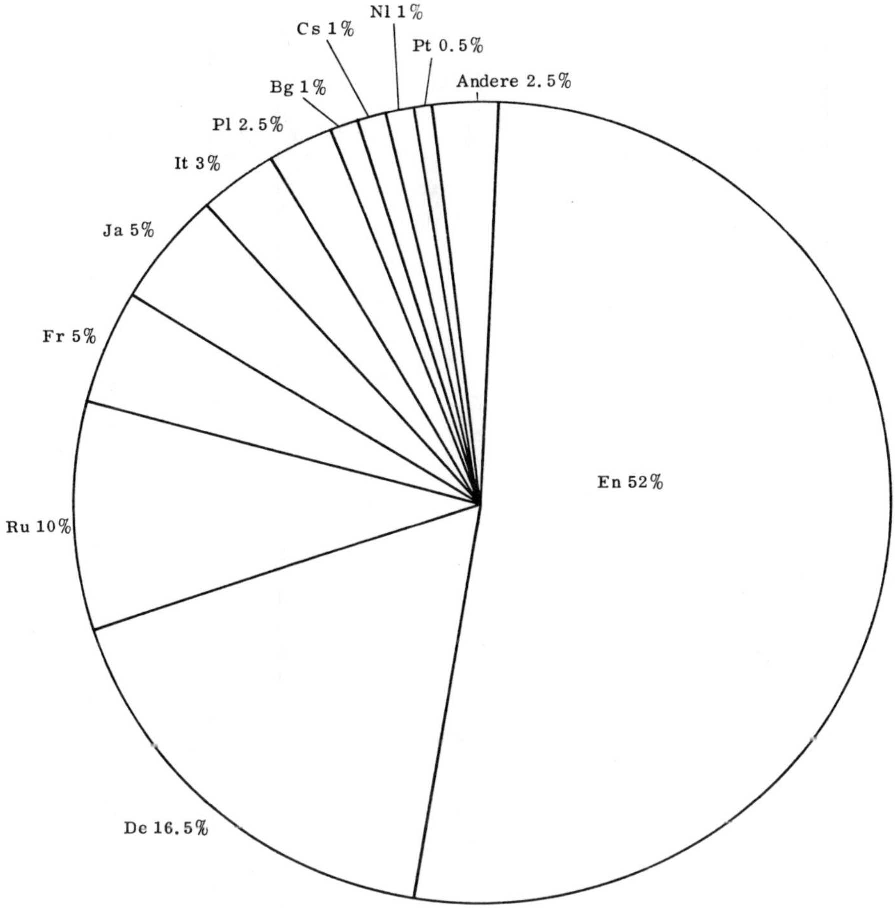

En = englisch
De = deutsch
Ru = russisch
Fr = französisch
Ja = japanisch
It = italienisch

Pl = polnisch
Bg = bulgarisch
Cs = tschoslowakisch
Nl = niederländisch
Pt = portugisisch
Sonstige = schwedisch, dänisch, finnisch, norwegisch, griechisch, u.s.w.

Abb. 4 : Sprachen, die in Food Science & Technology Abstracts, Vols. 1 - 9 (1969 - 1977), referiert wurden.

Zeitschriftengruppe	Zahl der Zeitschriften	Zahl der erstellten Referate	% des Ganzen
Gruppe A (Zahl der Veröffentlichungen über 1000)	8	11,982	9.92
Gruppe B (Zahl der Veröffentlichungen 500 - 1000)	24	16,267	13.47
Gruppe C (Zahl der Veröffentlichungen 250 - 500)	72	25,020	20.71
Gruppe D (Zahl der Veröffentlichungen 0 - 250)	1685	67,522	55.90
	1789	120,791	100.00

Abb. 5: Analyse der Zahl der Veröffentlichungen in den führenden Lebensmittelzeitschriften der Welt. Food Science & Technology Abstracts - Vols. 1 - 9 (1969 - 1977)

fentlichten Literatur in ca. 100 Kernzeitschriften erscheint. Für das Gebiet der Lebensmittelwissenschaften und Lebensmitteltechnologie wurden folgende Zahlen ermittelt: 45% der Referate in FSTA sind 104 Primärzeitschriften entnommen. Unter Hinweis auf diese Zahlen wird öfter das Argument vorgebracht, daß eine Referatezeitschrift besonders dann ihrer Aufgabe gerecht wird, wenn sie auch die Literatur der Randzeitschriften auswertet, da diese vielen Benutzern sowohl von der Beschaffung als auch von der Erschließung her schwer zugänglich ist. Die Redaktion von FSTA hat bei der Auswahl der auszuwertenden Zeitschriften diesem Gesichtspunkt die ihm gebührende Bedeutung beigemessen. 55% der Referate in den Jahrgängen 1-9 (1969-1977) in FSTA sind 1685 Primärzeitschriften entnommen. Aus jeder dieser Zeitschriften wurden in 9 Jahren maximal bis zu 250 Artikel ausgewertet. Neu auf dem Markt erscheinende Zeitschriften, besonders aus den ökologischen und ernährungsphysiologischen Bereichen, die das Gebiet der Lebensmittelwissenschaften berühren, werden nach diesem Kriterium geprüft und bei positiver Entscheidung für die Auswertung berücksichtigt. Die Liste der ausgewerteten Zeitschriften wird jeweils im Januarheft von FSTA veröffentlicht und ist damit für ein Jahr gültig.

5. Arbeitsteilung

5.1 Von England aus organisierte Arbeiten

In England werden folgende Arbeiten durchgeführt (vgl. Abb. 6):
Die IFIS-Einheit in England ist für die Auswahl und die Auswertung der Literatur sowie für die redaktionelle Bearbeitung der Referate verantwortlich. Ein Teil der Referate wird von festangestellten Kräften von IFIS erstellt. Zusätzlich sind aber mit Institutionen in allen Teilen der Welt Absprachen getroffen worden, die darauf hinauslaufen, daß Referate gegen Bezahlung aus bestimmten Sprachgebieten für IFIS geliefert werden. Das Institut für wissenschaftliche und technische Information in den Lebensmittelwissenschaften in Prag hat sich verpflichtet, die Literatur des osteuropäischen Raumes einschließlich des Schrifttums der UDSSR auszuwerten, während sich das japanische Institut für Lebensmitteltechnologie der Literatur des asiatischen Raumes einschließlich des Schrifttums der Volksrepublik China annimmt. Das Insti-

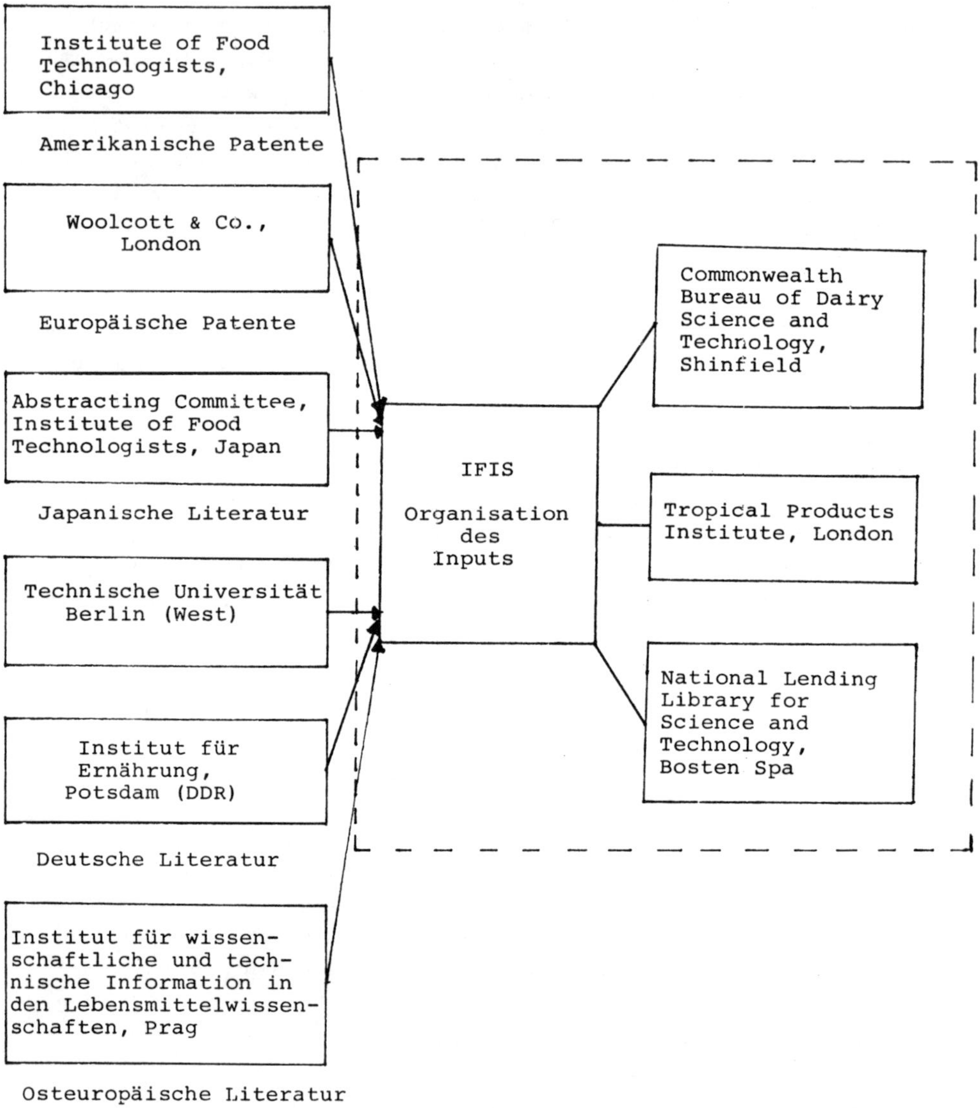

Abb. 6: Organisation des Inputs für FSTA

tut für Ernährung in Potsdam-Rehbrücke liefert Referate vorzugsweise aus der DDR, und die Universitätsbibliothek der Technischen Universität Berlin wertet in Zusammenarbeit mit dem Institut für Gärung und Biotechnologie Zeitschriften aus der Bundesrepublik, Österreich und der Schweiz aus, und hier besonders wieder Literatur über alkoholische Getränke.

Als im Jahre 1969 mit der Herausgabe der Zeitschrift begonnen wurde, betrug die Anzahl der Fremdreferate, die von 13 Organisationen und über 100 Referenten erstellt wurden, 50%. Die übrigen 50% entfielen auf die fest angestellten Referenten in der Zentrale. Im Laufe der Jahre ist eine Verschiebung in Richtung einer Zentralisierung eingetreten, so daß nunmehr 75% der Referate von fest angestellten Referenten erstellt werden. Die verbleibenden 25% sind Referenten übertragen, die nicht nur über ausgezeichnete Sprachkenntnisse, sondern auch über Fachkenntnisse verfügen. Auf diese Weise konnte ein erstklassiges internationales Referentennetzwerk aufgebaut werden. Auch unabhängig vom Nutzen für die Zeitschrift trägt dieses Netz dazu bei, intensive wissenschaftliche Kontakte zu Lebensmittelwissenschaftlern und wissenschaftlichen Instituten in allen Ländern der Erde zu pflegen.

Die zentral und dezentral erstellten Referate aus ca. 1.800 Primärzeitschriften (dazu kommen Patentreferate, Referate von Standards und Referate von Übersichtsartikeln (vgl. Abb. 7)) werden von wissenschaftlichen Redakteuren überarbeitet, indexiert und dann auf Formblätter übertragen.

		%
Referate von ungefähr 1800 Primärzeitschriften aus 75 Ländern	120,791	84.05
Patentreferate aus 20 Ländern	18,565	12.98
Referate von Standards aus 39 Ländern	1,993	1.38
Referate (Übersichtsartikel) von Lehrbüchern und Monographien	2,290	1.59
	143,730	100 %

Abb. 7: Food Science & Technology Abstracts - Analyse der Datenbasis Vols. 1-9 (1969-1977)

Diese Formblätter sind in Kategorien aufgeteilt, so daß bibliographische Daten und Referate ohne Schwierigkeit maschinengerecht aufgenommen werden können. Die in FSTA erscheinenden Referate sind indikativ und informativ, d.h. sie sind entweder so abgefaßt, daß der Leser aufgrund der Angaben entscheiden kann, ob er den Originaltitel zur weiteren Ansicht anfordern soll oder nicht, oder sie enthalten zusätzliche konkrete Angaben wie Zahlenwerte, so daß zuweilen die Bestellung des Originals entfallen kann. Abb. 8 zeigt ein typisches Referat aus FSTA.

FSTA Vol. 11 (1979) No. 02

Food packaging (F)

2 F 71
[Packaging rindless cheese.]
Lodin, L. O.
Nordisk Mejeriindustri **5 (5) 291-296 (1978) [Sv]**
[Svenska Mejeriernas Riksförening, Malmö, Sweden]
The properties of the various types of films available for packaging rindless cheese are described, with detailed tabular data on their permeability to water vapour, O_2 and CO_2. The essential features of the manufacturing process for cheese to be packaged in film are then outlined, with particular attention to differences from traditional waxed cheese manufacture. Special requirements applicable to rindless cheese are mentioned. Finally, details are given of methods used for packaging rindless cheese, namely: packaging the cheese in self-adhesive or heat-sealed film, followed by storage in stacks under a weight (10-15 kg cement block); packaging in bags, which are then evacuated and heat-sealed, but without subsequent shrinkage; the Cryovac method, in which the bags are shrunk by spraying with hot water after evacuation and sealing; and the Cheesovac method, in which 2 rolls of film (1 above and 1 below) are continuously formed into packages fitting the cheese shape. ADL

Abb. 8: Referat aus FSTA

5.2 In der Bundesrepublik Deutschland durchgeführte Arbeiten

Von 1969 bis Ende 1978 lag die maschinelle Verarbeitung zur Herstellung des Referateorgans bei der Zentralstelle für Maschinelle

Dokumentation (ZMD), heute Sektion für Technik (SfT) der GID. Mit Beginn des Jahres 1979 wurde die Datenverarbeitung dem Satz-Rechen-Zentrum (SRZ) Hartmann und Heenemann in Berlin übertragen, das außerdem für die Datenaufnahme sowie den Photosatz und den Druck verantwortlich ist. Damit wurden alle technischen Arbeiten in eine Hand gelegt, um die Zeitspanne zwischen der Ablieferung des Manuskripts und der Auslieferung der Zeitschrift bzw. des Magnetbandes zu verkleinern. Die Verarbeitung kann in drei Phasen eingeteilt werden (vgl. Abb. 9).

5.2.1 Datenerfassung und Beleglesung

Das SRZ erhält die Daten eines Heftes in wöchentlichen Schüben, getrennt nach Abstractteil und Sachregister. Die Datenerfassung geschieht über elektrische Schreibmaschinen mit ICRB-Schrift. Die so entstehenden Belege werden über einen Blattleser des Typs SCANDATA 300 auf Magnetband übertragen.

5.2.2 Korrekturen

Für die sich anschließende Korrekturphase werden die Daten auf Magnetplatten eines Rechners vom Typ SIEMENS 7531 gespeichert. Die gesamte Korrektur erfolgt am Bildschirmgerät unter dem Dialog-Betriebssystem BS 2000. Die Daten werden zunächst über Prüfprogramme auf formale Richtigkeit überprüft, und es wird ein Schnelldruckerprotokoll in Groß- und Kleinschreibung gedruckt. Die Überprüfung umfaßt u.a. Vorkommen und Vollständigkeit von Kategorien, den formalen Aufbau von Kategorien, die Zulässigkeit von Zeichen usw. Einzelne Kategorien, wie z.B. Zeitschriftencodes und Schlagwörter, werden gegen entsprechende separat geführte Hilfsdateien (Zeitschriftenliste, Thesaurus) geprüft. Nach Korrekturlesen und Ausführen der Korrektur am Bildschirm über das EDIT-Programm EDOR wird der Lauf zur normalen Prüfung wiederholt, allerdings jetzt ohne Gesamtprotokoll. Es erscheinen am Bildschirm lediglich die Teile der Texte, in denen vom Programm her formale Fehler festgestellt wurden. Diese Fehler werden sofort korrigiert und die Prüfläufe anschließend wiederholt. Die Weiterbearbeitung geschieht erst, wenn keine formalen Fehler mehr gemeldet werden.

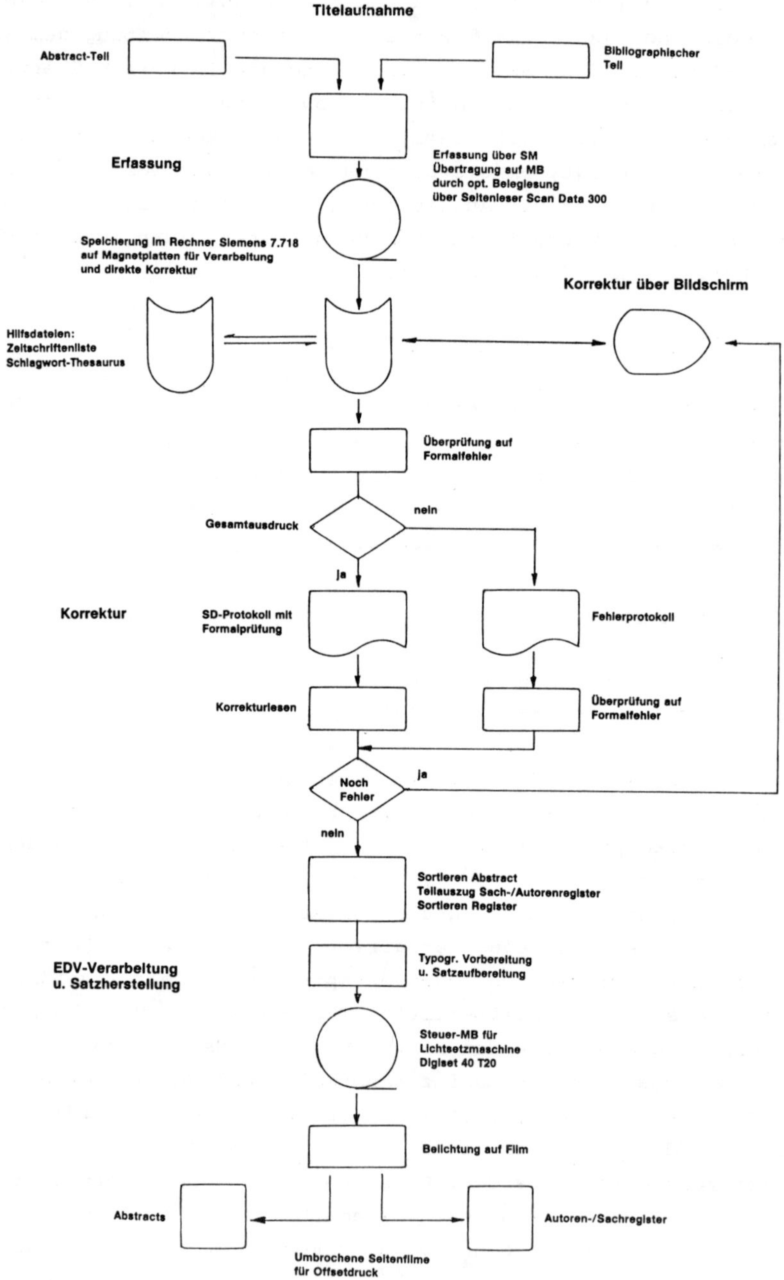

Abb. 9: Datenaufnahme, Datenverarbeitung, Satz und Druck

5.2.3 DV-Verarbeitung und Satzherstellung

Die anschließende DV-Verarbeitung umfaßt im wesentlichen folgende Abläufe: Sortierung Abstractteil, Teilauszug, Autorenregister, Sortierung Autorenregister, Erzeugung Sachregister, Sortierung Sachregister. Die Erzeugung des typographischen Satzes beginnt mit einem DV-Lauf, der als Satzvorbereitung bezeichnet wird. Hierdurch werden die für die Satzaufbereitung notwendigen Steuerbefehle, die z.B. Schriftart, Schriftgröße, Zeilenabstand regeln, eingesetzt. Darüber hinaus werden bereits die lebenden Kolumnentitel für den Umbruch erzeugt. Der letzte DV-Lauf dient der Satzaufbereitung und der Erzeugung eines Magnetbandes zur Steuerung der Daten auf einer Lichtsatzmaschine des Typs DIGISET 40 T2. Diese Maschine belichtet jeweils komplett umbrochene Filmseiten auf eine Kathodenstrahlröhre. Diese Filmseiten gehen nach einer genauen Endkontrolle, gegebenenfalls nach letzten Korrekturen, als Positivfilm für den Offsetdruck an die Druckerei.

5.3 Das Sachverzeichnis

Das Sachverzeichnis von FSTA hat sich aus den Erfahrungen einer zehnjährigen Praxis entwickelt. Entscheidenden Einfluß auf die Konzeption hatte die ZMD (jetzt SIT der GID), deren Direktor Klaus Schneider 1976 ein Regelwerk vorlegte, das als Modell, auch für andere Referateorgane, besonders in den 'life sciences', angesehen werden kann. In diesem Rahmen kann das Sachverzeichnis nur in seinen formalen Grundzügen an Hand eines Beispiels dargestellt werden (Abb. 10).

Zunächst zeigt dieses Beispiel, daß ein Indexer lediglich 8 Wörter auf dem speziell dafür entwickelten Eingabebogen einzutragen hat. Der Rechner kann daraus 4 Index-Phrases unter verschiedenen Headings mit einer Gesamtzahl von 29 Wörtern generieren (Abb. 11). Das Sachverzeichnis setzt sich zusammen aus Begriffen (Headings), die einem kontrollierten Vokabular (Headingsliste) (Abb. 12) entnommen sind, aus einem Text, der nach festgelegten Regeln konstruiert sein muß (Phrase Text), und aus obligatorischen Anhängern (Trailern). Solche Anhänger beziehen sich auf die Art der Literatur (Type Trailer) oder auf das Land (Country Trailer). Phrasetext, Type Trailer and Country Trailer ergeben als Ganzes die Phrase

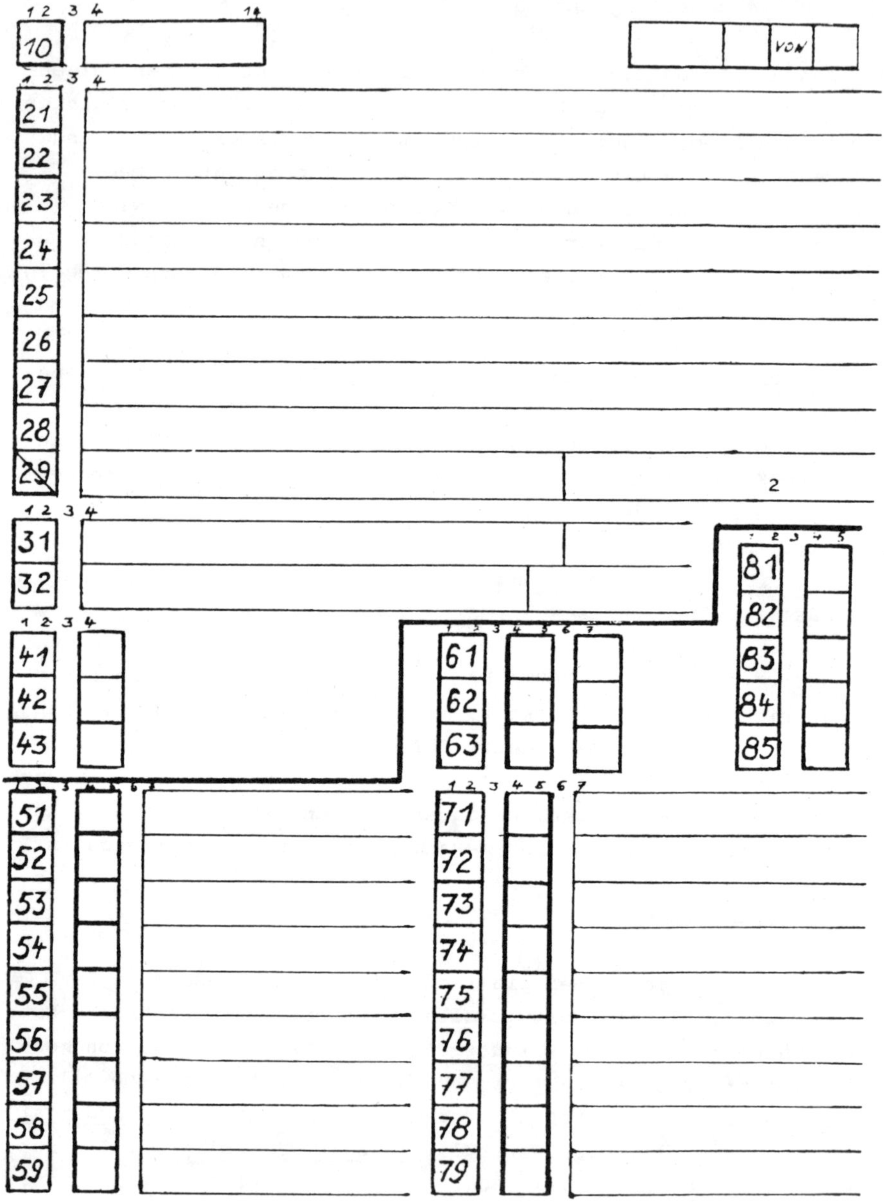
10
VON
21
22
23
24
25
26
27
28
29
2
31
32
41
42
43
61
62
63
81
82
83
84
85
51
52
53
54
55
56
57
58
59
71
72
73
74
75
76
77
78
79

Abb. 10

Benomyl

Tomatoes, benomyl residues in, Tolerance, USA

Tomatoes

Benomyl residues in tomatoes, Tolerance, USA

Tolerance

Tomatoes, benomyl residues in, USA

United States of America

Tomatoes, benomyl residues in, Tolerance

Abb. 11 : Index-Phrasen unter verschiedenen Headings

Die Headingsliste entstand dadurch, daß Begriffe aus Referateorganen, aus Lexika, aus Wortlisten und Zeitschriften gesammelt wurden, die sich mit den Lebensmittelwissenschaften beschäftigen. Auf diese Weise entstand eine Liste von 2000 Begriffen. Nach Durchsicht auf Synonyme, Homonyme und für die Headingsliste nicht geeignete Begriffe wurden die verbleibenden 1000 Begriffe nach Facetten geordnet, diese anschließend in alphabetische Reihenfolge gebracht und, soweit erforderlich, mit Verweisen versehen (See, See also). Die Liste wird ständig ergänzt unter Berücksichtigung der aktuellen Literatur auf dem Gebiet der Lebensmittelwissenschaften.

Der Phrasetext wird in den Kategorien 21-28 eingetragen. Jede Kategorie darf nur einen Phrasetext enthalten, versehen mit einem Inversionszeichen, das die Stelle in der Phrase kennzeichnet, bei der die Rechenanlage die Möglichkeit hat, die Phrase zu invertieren und ein Komma einzufügen. Jeder Phrasetext ist so konstruiert, daß der Hauptgesichtspunkt der Veröffentlichung in Form des einfachen oder zusammengesetzten Schlüsselwortes (Keyword) auf der rechten Seite des Kennzeichens für die Inversion erscheint und der nächstwichtige Begriff oder die nächstwichtigen Begriffe auf der linken Seite des Kennzeichens aufgeführt sind. Die Headings, unter denen der Phrasetext im Index erscheint, werden entweder in den Kategorien 71-79 oder in den Kategorien 51-59 eingetragen. In den Kategorien 81-85 wird die Nummer des Phrasetextes, der unter einem Heading für ein Land (Country Heading) erscheinen

5 Titrimetry
5 Toasting
0 Tocopherols
0 Tocotrienol
0 Toffee
0 Tofu
3 Togo
5 Tolerance (See also Laws; Regulations; Standards)
0 Tomato juices
0 Tomatoes
0 Tongue
0 Toppings
0 Tortillas
5 Torulopsis
5 Toughness
5 Toxicity
0 Toxins (See also Enterotoxins; Mycotoxins; Poisons)
0 Trace elements (See also Metals; Minerals)
5 Trade (See also Costs; Economics; Exports; Imports; Payment; Purchase; Retail)
5 Training --- See Education
0 Transaminase
0 Transferases (See also Kinases; Phosphorylases; Transaminase)
0 Translucency --- See Optical properties
5 Transport (See also Ships; Tankers; Vehicles)
5 Trays
0 Treacle
0 Tributyrin --- See Butyrin
0 Trichoderma
0 Trichosporon
0 Trichothecium
0 Triglycerides --- See Glycerides
0 Trimethylamine
0 Trinidad --- See West Indies
0 Tripe --- See Stomach
0 Triticale
0 Trouts
0 Truffles
0 Trypsin
0 Tryptophan
0 Tuberculariaceae (See also Fusarium)
0 Tubes --- See Pipes
0 Tunas
0 Tungsten
3 Tunisia
5 Turbidimetry
5 Turbidity
3 Turkey
0 Turkeys
0 Turmeric
0 Turnips
0 Tylosin
0 Tyramine
0 Tyrosinase --- See Phenolases
0 Tyrosine

3 Uganda
0 UHT milk --- See Sterilized milks
5 Ultrafiltration
5 Ultrasonics
5 Ultraviolet
3 Union of Soviet Socialist Republics
3 United Arab Republic --- See Egypt
3 United Kingdom
3 United States of America
5 Unsaturation
3 Upper Volta
0 Urea
0 Uridine nucleotides
3 Uruguay
3 UV --- See Ultraviolet

5 Vacuum
0 Valeraldehyde
0 Valeric acid
0 Valine
5 Valves
0 Vanadium
0 Vanaspati
0 Vanilla
0 Vanillin
0 Vaporization --- See Evaporation
0 Vapours (See also Gases)
5 Vats
0 Veal (See also Beef)
5 Vegetable juices
0 Vegetables (See also Artichokes; Asparagus; Aubergines; Beets; Broccoli; Brussels sprouts; Cabbages; Carrots; Cassava; Cauliflowers; Celery; Chard; Chicory; Chinese cabbages; Collards; Cucumbers; Endives; Gourds; Jerusalem artichokes; Kale; Kohlrabi; Konjac; Leeks; Legumes; Lettuces; Marrows; Okra; Onions; Parsnips; Peppers; Potatoes; Pumpkins; Radishes; Salsify; Sea kale; Shallots; Spinach; Squashes; Swedes; Sweet potatoes; Taro; Turnips; Watercress; Yams)
0 Vegetables (composition)
0 Vegetables (processing)
5 Vegetables (specific)
5 Vegetables (storage) --- See Storage (vegetables)
5 Vehicles
5 Vending machines
3 Venezuela
5 Ventilation (See also Air)
0 Vermouth
5 Vibration
3 Vietnam
0 Vinegar
0 Vines
0 Viruses (See also Bacteriophages)
5 Viscoelasticity
5 Viscometers
5 Viscosity (See also Spreadability)
5 Vitamin A --- See Retinol
5 Vitamin B_1 --- See Thiamin
0 Vitamin B_{12}
0 Vitamin B_{13} --- See Orotic acid
0 Vitamin B_2 --- See Riboflavin
0 Vitamin B_6
0 Vitamin C --- See Ascorbic acid
0 Vitamin D
0 Vitamin E --- See Tocopherols
0 Vitamin G --- See Riboflavin
0 Vitamin K
0 Vitamin P

Abb. 12: Seite der "Headingsliste" von FSTA

soll, eingetragen, das Gleiche gilt für die Kategorien 61-63 für Headings über Art der Literatur (Type Heading). Die Kategorien 41-43 eröffnen die Möglichkeit der Abkürzung der Type Trailer für Computerzwecke. Für den Fall, daß alle Phrasetexte unter den gleichen Headings erscheinen sollen, sind spezielle Regeln eingebaut.

Type Trailer werden in Kategorie 29 eingetragen. Unterschieden wird noch: Report, Patent, Specification, Regulations, Laws, Standard, Statistics, Tolerance, Reviews, Book, Bibliography, Proceedings (nur Titel).

Country Trailer, denen auch Organisationen zuzurechnen sind, werden entweder in Kategorie 32 eingetragen, sofern keine anerkannte Abkürzung existiert, oder in Kategorie 31, sofern eine besteht. Abb. 13 zeigt eine Seite des Sachverzeichnisses.

6. Retrieval

6.1 Offline

Neben der gedruckten Version, dem Referateorgan, wird von IFIS ein Magnetbanddienst angeboten. Die Magnetbänder sind die Basis für die maschinell durchgeführten Recherchen. In der Regel sind die entsprechenden Rechner Teil eines Informationszentrums, so daß derjenige, der den Rechner betreibt (Hostbetreiber), auch derjenige ist, der die Information anbietet (Informationsanbieter). Diese Bindung ist jedoch nicht zwingend, da durchaus auch die Möglichkeit besteht, daß der Informationsanbieter sich eines Rechners bedient, auf dem nicht nur seine Datenbasen und Datenbanken implementiert sind, sondern auch die aus anderen Fachgebieten. Die meisten Informationszentren bieten FSTA offline an, in der Form, daß der Informationssuchende eine Anfrage stellt, die dann als SDI (Selective Dissemination of Information) beantwortet wird. Jeden Monat wird die neueste, einschlägige Literatur aus FSTA nachgewiesen.

Implementiert wurde FSTA zunächst in Informationszentren in den USA, in Kanada, in Australien, in Japan sowie in einer Reihe von

Abb. 13

europäischen Ländern, und zwar bereits Ende der sechziger Jahre, als die heute den amerikanischen Markt beherrschenden Host-Computer, Lockheed und SDC, erst anfingen, Literaturrecherchen maschinell zu erstellen und zu vermarkten. Die Informationszentren verfügten teilweise über eigene Retrievalsprachen, die sie für andere Datenbasen, besonders auf dem Gebiete der Naturwissenschaften, entwickelt hatten, oder sie mußten speziell für FSTA eigene Retrievalprogramme entwickeln. Daher kommen in den Zentren, die FSTA-Bänder implementiert haben, unterschiedliche Retrievalsprachen zum Einsatz (vgl. Abb. 14 und 15). Ebenso werden zum Betrieb der Datenbanksysteme Datenverarbeitungsanlagen der verschiedensten Hersteller benutzt werden, da die meisten mit öffentlichen Mitteln finanzierten Dokumentationszentren gehalten sind, die im Lande erstellten Anlagen zu benutzen. Um die nicht zuletzt auf Grund der unterschiedlichen Soft- und Hardware entstehenden Probleme unter den Fachleuten besprechen zu können, werden Diskussionstagungen der Informationszentren und Host-Betreiber, die die FSTA-Datenbasis implementiert haben, in Abständen von ungefähr einem Jahr durchgeführt.

In den Entwicklungsländern ist das Interesse an der FSTA-Datenbasis in jüngster Zeit sehr stark gestiegen, nicht nur weil man in diesen Ländern im Begriff ist, eine Industrie aufzubauen, deren Grundlage die landwirtschaftliche Produktion ist, sondern auch weil diese Länder die ersten Schritte zum Aufbau eine Infrastruktur für Dokumentation und Information unternommen haben. Den Anfang hat Nigeria gemacht, wo im nationalen Dokumentationszentrum ein Projekt für einen SDI-Service angelaufen ist, der als Modell für andere Länder in Zentralafrika dienen soll. Im "College of Agriculture" in Los Baños auf den Philippinen, wo das regionale Informationszentrum für landwirtschaftliche Dokumentation (Agricultural Information Bank for ASIA-AIBA) untergebracht ist, und in San José in Costa Rica, wo das regionale Landwirtschaftliche Dokumentationszentrum dem Interamerikanischen Institut für Landbauwissenschaften angeschlossen ist, wird FSTA-Material getestet. Es ist beabsichtigt, die Aktivitäten dieser tropischen Gebiete stärker zu koordinieren, um auf diese Weise ein Informationszentrum für Lebensmittelwissenschaften für Entwicklungsländer in den Tropen zu schaffen, wobei als Basis für dieses Zentrum die FSTA-

LAND	TECHNISCHE AUSRÜSTUNG	SOFTWARE
AUSTRALIA	CDC 76	Own
BRASILIEN	IBM 3070/145	UGA/Text Search
CSSR	EC 1040	USS
KANADA	IBM 3032	CAN-SDI
ENGLAND	IBM 306/65	Own FORTRAN
ENGLAND	HARRIS 14	Own
FRANCE	IBM 370/168 & IBM 360/42 128 K	TEXTPAC
HOLLAND	CDC - CYBER (72)	FLIRT
IRLAND		
JAPAN	ACOS 77/700	IRS-6
SWEDEN	IBM 370/165 3000 K	EPOS-VIRA
USA	IBM 370/155 II	DPS/VS
USA	IBM 370/168	Inhouse-batch-search-system
USA	IBM 370/165	Own-STRCIVS
USA	IBM 370/135	Own-PL/I

Abb. 14: Implementierung von FSTA in Informationszentren (Off-line)

HOST-COMPUTER	TECHNISCHE AUSRÜSTUNG	SOFTWARE	TELEKOMMUNIKATION
DIMDI	2 SIEMENS 7.760	GRIPS/DIRS 3	DIMDINET - EURONET (1980)
GID	IBM 370-148/2048 K	STAIRS	EURONET (1980)
LOCKHEED	IBM 370/65 and 370/3032	DIALOG	TYMNET/TELENET
SDC		ORBIT	TYMNET/TELENET
IRS		RECON	ESANET - EURONET (1980)

Abb. 15: Implementierung von FSTA auf Host-Computern (On-line)

Daten dienen sollen. IFIS kommt deshalb bei dem Aufbau eine entscheidende Bedeutung zu.

6.2 Online

Eine wesentlich größere Zahl von potentiellen Kunden erreicht man, wenn Terminals in beliebiger Entfernung vom Rechner über Stand- oder Wählleitung an diesen angeschlossen werden, wobei sich der Anfrager entweder des Terminals direkt bedient oder zwischen ihm und dem Rechner ein Informationsvermittler eingeschaltet ist. Informationsvermittler müssen über Spezialkenntnisse auf ihrem Fachgebiet verfügen, im vorliegenden Falle dem der Lebensmittelwissenschaften. Sie können beispielsweise in einem Forschungszentrum untergebracht sein und stehen so täglich mit den Wissenschaftlern in Verbindung, die sowohl Informationsverbraucher als auch Informationslieferanten sind.

In der Bundesrepublik Deutschland ist FSTA auf dem Rechner der GID implementiert. Der Zugriff geschieht über STAIRS II von IBM. Feste Funktionstasten ermöglichen es, sehr schnell z.B. zwischen Suchen, Selektieren und Blättern in den Dokumenten zu wechseln. Angeschlossen an den Rechner in Frankfurt sind die Informationsvermittlungsstellen der Bundesforschungsanstalt für Ernährung in Karlsruhe und der Bundesforschungsanstalt für Fischerei in Hamburg über Stand- bzw. Wählleitung (s. Abb. 16). Mit Beginn der Arbeit an EURONET/DIANE wird FSTA über die Retrievalsprache DIRS3 in den Ländern der Europäischen Gemeinschaft angeboten werden. In den USA ist FSTA auf den Host-Computern von Lockheed und SDC implementiert,und zwar bereits seit 1976. IRS (Information Retrieval Service) ESRIN, Italien, wird die FSTA-Datenbasis ab 1980 online anbieten.

7. Vorteile und Nachteile multilateraler und internationaler Zusammenarbeit

Die Vorteile der Zusammenarbeit bei IFIS liegen auf der Hand. Durch Arbeitsteilung bei der Erfassung und Auswertung der Literatur erspart man sich Doppelarbeit,und jeder erhält Zugang zu der Weltliteratur des Fachgebietes. Die Zahl der Teilnehmer an dem

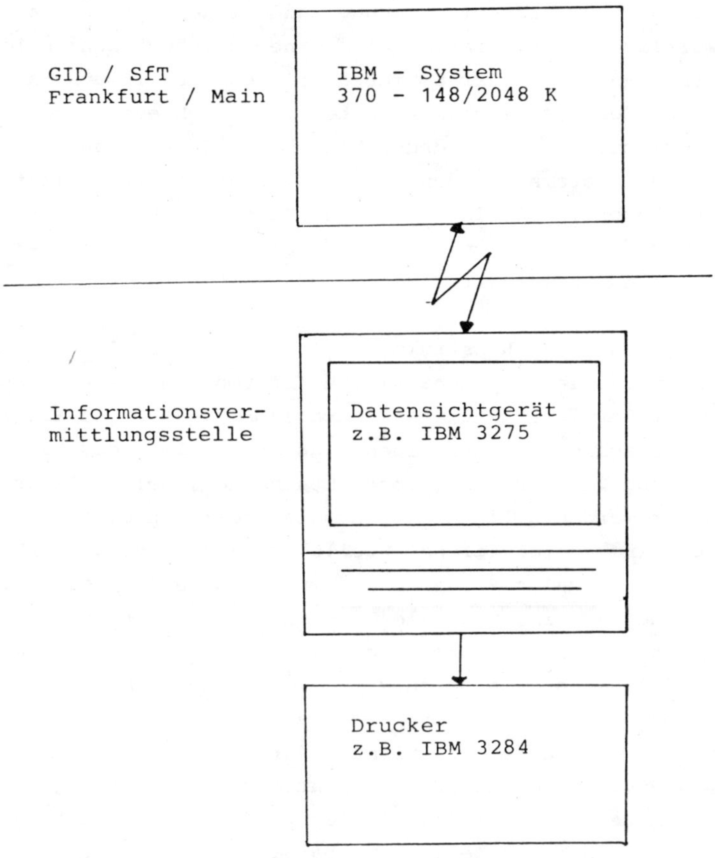

Abb. 16: Verbindung zwischen Rechner und Informationsvermittlungsstellen

System ist begrenzt. Das eigentliche Kontrollorgan ist der Aufsichtsrat (M-C), der sich aus Vertretern der vier Länder zusammensetzt. Die redaktionellen und technischen Arbeiten an dem System liegen in Händen der beiden Geschäftsführer (Joint Managing Directors), die auch für die Planung und die Konzeption des Systems verantwortlich waren. Die Vorteile einer solchen Konzeption liegen darin, daß trotz der Dezentralisierung des Inputs und trotz der Vergabe der technischen Arbeiten an verschiedene Organisationen die Gesamtleitung und demnach auch die Entscheidung über die Struktur des Systems bei den beiden Geschäftsführern liegt, die gemeinsam Verträge mit Inputzentren, Datenbasenbetreibern und Rechenzentrum abschließen, die Entscheidungen treffen über die Vergabe des Exclusivrechts, Höhe der Royalties usw.

Vergleicht man diese Konstruktion mit internationalen Systemen, z.B. AGRIS, das landwirtschaftliche Informationssystem, das von der FAO der Vereinten Nationen getragen wird, so ist als wesentlicher Unterschied hervorzuheben, daß bei AGRIS jedes Land seinen eigenen Input leistet und selbst entscheidet, welche Literatur aufgenommen werden soll. Eine zentrale Redaktion gibt es nicht; lediglich eine koordinierende Stelle, die dafür verantwortlich ist, daß die formalen Richtlinien von allen Ländern eingehalten werden, ohne die eine zentrale Datenverarbeitung nicht möglich ist. Es ist auch schwer, eine gemeinsame Politik in bezug auf den Vertrieb der Datenbasis zu entwickeln, da jedes Land Zugriff zu der Datenbasis in gedruckter Form oder in der From des Magnetbandes hat. Sie erscheint auch nicht erforderlich, da die Existenz des AGRIS-Systems letzten Endes nicht von der Benutzung abhängt, sondern von der Bereitwilligkeit der Länder, einen Beitrag zu diesem System in finanzieller und sachlicher Hinsicht zu leisten. Bei IFIS entscheidet der Benutzer über die Qualität und Quantität des Systems, sei er Endbenutzer der gedruckten Version oder Anfragender an ein Datenbanksystem. Daher besteht ein ständiger Kontakt mit dem Endbenutzer, und dessen Wünsche sind bei Entscheidungen über Quantität und Qualität sowie über Weiterentwicklung des Systems zu berücksichtigen. Als Beispiel sei erwähnt, daß in letzter Zeit in steigendem Umfange ernährungsphysiologische Arbeiten auch für die Lebensmittelverarbeitung an Bedeutung gewinnen. Die Input-Politik von IFIS muß hier Rücksicht nehmen, damit nicht Kunden zu anderen Systemen wechseln, die schon existieren oder wegen dieses Defizits bei FSTA ins Leben gerufen werden könnten. Ein jeder Ersteller von Datenbasen sollte schnell reagieren und Veränderungen durchführen können.

Anschließend kann gesagt werden, daß IFIS heute einen gesicherten Platz in der Reihe internationaler Informationssysteme einnimmt, besonders weil es sehr schnell auf technologische und fachliche Änderungen reagiert, die von den Kunden - seien sie Bibliothekare, Dokumentare oder ob Lebensmittelwissenschaftler direkt gewünscht und gefordert werden.

Literaturverzeichnis

1. Alexander, J.; Newton, J.: Existing manually produced SDI and retrieval services from IFIS. In: Meeting on the utilisation of tapes from IFIS, Frankfurt am Main, 07.-08.09.1972. Frankfurt am Main, 1973. (Als Microfiche publiziert) *

2. Bauer, H.: Datenverarbeitungsprobleme beim Fotosatz von FSTA. In: Kommission der Europäischen Gemeinschaften: Erste europäische Tagung über Dokumentationssysteme und -netze, Luxembourg, 16.-18.05.1973. Luxembourg, 1974, S. 56-63

3. Berg Hansen, I.: Evaluation of Food Science and Technology Abstracts on tape. Internal report. Lyngby: Dankmarks Tekniske Bibliotek, 1974. 21 S.

4. Bernhardt, R.: IFIS tape services. In: Meeting on the utilisation of tapes from IFIS, Frankfurt am Main, 07.-08.09.1972. Frankfurt am Main, 1973. (Als Microfiche publiziert) *

5. Borgström, G.: Food abstracting and documentation. In: Food technology Bd. 16 (1962) H. 10, S. 37-42; H. 11, S. 45-48

6. Borgsträm, G.; Paris, C.: Gaps in abstracting? In: Food techology Bd. 18 (1964), S. 64-66

7. Cohen, E.; Federman, J.: Food Science and Technology Abstracts. In: Database Bd. 2 (1979) H. 4, S. 34-43

8. Danmarks Tekniske Bibliotek (DTB), Lyngby: Food Science and Technology Abstracts on tape. Guide to the use of computerized information. Lyngby, 1973. 25 S. (= Publikation No. 23)

9. Eik, E.: Food Science and Technology Abstracts, IFIS tape. In: Meeting on the utilisation of tapes from IFIS, Frankfurt am Main, 07.-08.09.1972. Frankfurt am Main, 1973. (Als Microfiche publiziert) *

10. Friese, H.: Untersuchungen am Sachregister von Food Science and Technology Abstracts (FSTA) und einige Vorschläge zu seiner Verbesserung. Abschlußarbeit zur nachuniversitären Ausbildung von Informationswissenschaftlern 1971/72 in der ZMD (Zentralstelle für maschinelle Dokumentation). Frankfurt am Main, November 1971. 122 S., 14 Abb., 6 Tab., 26 Lit. (Nicht veröffentlicht)

11. Gesellschaft für Information und Dokumentation (GID), Frankfurt am Main, Sektion für Technik (SfT): Benutzerhandbuch für die Datenbank Lebensmittelwissenschaft. Frankfurt am Main, 1978. 82 S.

12. Gluchowicz, Z.; Edström, M.: Experiences with the FSTA tapes from the interdisciplinary SDI service at the Royal Institute of Technology Library, Stockholm. In: Meeting on the utilisation of tapes from IFIS, Frankfurt am Main, 07.-08.09.1972. Frankfurt am Main, 1973. (Als Microfiche publiziert) *

13. Iljon, A.: Compiling multilingual thesauri for sectors connected with agriculture. A European Community experiece. In: Europäischer Regionalkongress des Bibliothekswesens und der Dokumentation der Agrarwissenschaften, Hamburg, 17.-22. 04.1978. München: Saur, 1978. S. 129-141

14. International Food Information Service (IFIS); Commonwealth Bureau of Dairy Science and Technology: Alphabetical list of words used in indexing Food Science and Technology Abstracts. Shinfield, Reading, 1971.

15. International Food Information Service (IFIS): Food Science and Technology Abstracts. Farnham Royal: Commonwealth Agricultural Bureaux (CAB), Bd. 1 (1969) ff

16. International Food Information Service (IFIS): Food Science and Technology Abstracts. Annual subject index 1969, 1970, 1971. Farnham Royal: Commonwealth Agricultural Bureaux (CAB), 1969-1971.

17. International Food Information Service (IFIS): Provisional conditions for obtaining IFIS tapes. Frankfurt am Main: IFIS Office, 2 S.

18. Kent, T.: Using FSTA tapes in the United Kingdom. In: Meeting on the utilisation of tapes from IFIS, Frankfurt am Main, 07.-08.09.1972. Frankfurt am Main, 1973. (Als Microfiche publiziert) *

19. Kirchner, W.P.: Setting up of mechanically produced SDI and retrieval services from IFIS magnetic tapes. In: Meeting on the utilisation of tapes from IFIS, Frankfurt am Main, 07.-08.09.1972. Frankfurt am Main, 1973. (Als Microfiche publiziert) *

20. König, E.: IFIS - FSTA. Karlsruhe: Bundesforschungsanstalt für Ernährung, ca. 1979. 5 S.

21. König, E.: Kontrolliertes Vokabular - freie Textsuche. Ist das ein Widerspruch? In: Europäischer Regionalkongress des Bibliothekswesens und der Dokumentation der Agrarwissenschaften, Hamburg, 17.-22.04.1978. München: Saur, 1978. S. 197-206, 4 Lit.

22. Li, M.-Y.; Stewart, G.F.: A selective dissemination of information (SDI) program for food science and technology. In: Institute of Food Technologists (IFT), Chicago, Ill.: 3rd international congress of food science and technology, Washington, D.C., 09.-14.08.1970. Chicago, Ill., 1970. S. 123-130 (= Proceedings SOS/70)

23. Lockheed Informations Systems, Palo Alto, Calif., Dialog Information Retrieval Service: Food Science and Technology Abstracts. File 51. Palo Alto, Calif., 22 S.

24. Mahon, F.V.: The use of IFIS tapes in Ireland. In: Meeting on the utilisation of tapes from IFIS, Frankfurt am Main, 07.-08.09.1972. Frankfurt am Main, 1973. (Als Microfiche publiziert) *

25. Mann, E.J.: Evaluation of the world food literature. Farnham Royal: Commonwealth Agricultural Bureaux (CAB), 1967. 181 S.

26. Mann, E.J. (Hrsg.): Food Science and Technology Abstracts thesaurus. Shinfield, Reading: IFIS, Juli 1977. 327 S.

27. Mann, E.J.: International Food Information Service. In: Institute of Food Technologists (IFT), Chicago, Ill.: 3rd international congress of food science and technology, Washington, D.C., 09.-14.08.1970. Chicago, Ill., 1970. S. 105-110 (= Proceedings SOS/70)

28. Mann, E.J.: The International Food Information Service. Past, present and future. In: Food technology Bd. 30 (1976) H. 5, S. 54, 56, 58

29. Mann, E.J.: Report on international survey of the world literature on food science and technology. In: Dairy science abstracts Bd. 28 (1966) H. 12, S. 603-606

30. Mann, E.J.: Ten years International Food Information Service. In: Europäischer Regionalkongress des Bibliothekswesens und der Dokumentation der Agrarwissenschaften, Hamburg, 17.-22. 04.1978. München: Saur, 1978, S. 91-97

31. Mermelstein, N.H.: Retrieving information from the food science literature. In: Food technology Bd. 31 (1977), H. Sept., S. 46-55

32. Moyer, J.C.: An information service for the American food industry. In: Food technology Bd. 17 (1963), S. 32, 35-36

33. Moyer, J.C.: Publication obtained during a national research council survey of food and nutrition knowledge

34. Newton, J.: Evaluation and development of services provided by the International Food Information Service. Progress reports No. 1-10. Shinfield, Reading: IFIS, 1970-1971. (Nicht veröffentlicht)

35. Newton, J.: Problems in indexing Food Science and Technology Abstracts. In: Institute of Food Technologists (IFT), Chicago, Ill.: 3rd international congress of food science and technology. Washington, D.C.; 09.-14.08.1970. Chicago, Ill., 1970. S. 117-122 (=Proceedings SOS/70)

36. Niedermeyr, W.: Report on the experiences in the evaluation of IFIS magnetic tapes. In: Meeting on the utilisation of tapes from IFIS, Frankfurt am Main, 07.-08.09.1972. Frankfurt am Main, 1973. (Als Micorfiche publiziert) *

37. Nissen, O.: Retrospective search from FSTA. In: Meeting on the utilisation of tapes from IFIS, Frankfurt am Main, 07.-08.09.1972, Frankfurt am Main, 1973. (Als Microfiche publiziert) *

38. Schneider, K.: Computer aided subject index system for the life sciences. München: Saur, 1976. 218 S.

39. Schützsack, U.: Computereinsatz beim Referateorgan 'Food Science and Technology Abstracts (FSTA)'. In: International Association of Agricultural Librarians and Documentalists (IAALD): 4th world congress, Paris, 20.-25.05.1970. Paris, 1971. S. 153-159

40. Schützsack, U.; Mann, E.J.; International Food Information Service (IFIS): IFIS newsletter, (1976) H.5, 11 S.

41. Schützsack, U.; Mann, E.J.: International Food Information Service (IFIS): IFIS newsletter, (1978) H. 6, 5 S.

42. Schützsack, U.: Das Informationssystem 'International Food Information Service (IFIS)'. In: Deutsche Lebensmittel-Rundschau, (1970) H. 1, S. 19-23

43. Schützsack, U.: Managing problems and costs in setting up a mechanized information system - International Food Information Service (IFIS). In: Nachrichten für Dokumentation Bd. 23 (1972) H. 1, S. 17-21

44. Schützsack, U.: Multilingual thesaurus in 'Food Science and Technology'. Final report to the Commission of the European Communities, CIDST Working Group 'Agriculture'. Contract A 09. Frankfurt am Main: Institut für Dokumentationswesen, 9 S.

45. Schützsack U.: Organisation, Arbeitsteilung und Computereinsatz beim Referateorgan 'Food Science and Technology Abstracts, FSTA'. In: Nachrichten für Dokumentation Bd. 20 (1969) H. 3, S. 108-115

46. Schützsack, U.: Organisatorische und technische Erfahrungen beim Aufbau des Informationssystems 'International Food Information Service (IFIS)', unter besonderer Berücksichtigung der gegenwärtigen Spezialdienste. In: Gesellschaft für Bibliothekswesen und Dokumentation des Landbaues: Vortragstagung. Berlin, 1972. 4 S. (de, en)

47. Schützsack, U.: Report about the meeting on the utilisation of tapes from IFIS, Frankfurt am Main, 07.-08.09.1972. Frankfurt am Main, 1973. (Als Microfiche publiziert) *

48. Schützsack, U.: Trends of mechanized documentation in 'Food Science and Nutrition' in the Federal Republic of Germany. In: Institute of Food Technologists (IFT), Chicago, Ill.: 3rd international congress of food science and technology, Washington, D.C., 09.-14.08.1970. Chicago, Ill., 1970. S. 111-116 (= Proceedings SOS/70)

49. Schützsack, U.: Trends of documentation and information in food science. In: Proceedings of the 2nd international congress of food science and technology, Warschau, 22.-27.08. 1966. Warschau: Wydawnicitwo Przemyslu Lekkiego i Spozywczego, 1967. S. 457-471

50. Stewart, G.F.; Willey, C.L.: 1972 computerbased abstract service now available. In: Food technology Bd. 27 (1973) H. 5, S. 31

51. System Development Corporation (SDC), Santa Monica, Calif., SDC Search Service: ORBIT user manual for SDC/FSTA. Santa Monica, Calif., September 1977. 39 S. (= TM-5959/000/00)

52. Williamson, M.A.: A report of the STRC processing of the IFIS magnetic tapes. In: Meeting on the utilisation of tapes from IFIS, Frankfurt am Main, 07.-08.09.1972. Frankfurt am Main, 1973. (Als Microfiche publiziert) *

53. Zentralstelle für maschinelle Dokumentation (ZMD), Frankfurt am Main: IFIS magnetic tape manual. Vers. 2, rev.ed. Frankfurt am Main: ZMD, Januar 1972. 52 S. (= ZMD-D-21)

*Microfiches sind erhältlich bei: IFIS Office c/o Gesellschaft für Information und Dokumentation, Lyoner Str. 44-48, D-6000 Frankfurt am Main 71

Peter Bollmann
Vladimir S. Cherniavsky

Probleme der Bewertung von Information-Retrieval-Systemen

Zusammenfassung

In diesem Beitrag werden Probleme des Messens und Bewertens bei Information Retrieval Systemen behandelt. Schwierigkeiten beim Messen, insbesondere das Problem der Sinnvollheit, werden an Beispielen erläutert. Es werden Methoden zur Analyse der Probleme vorgeschlagen und auf bekannte Maße wie Recall, Fallout, Precision, Recall-Fallout-Graph und Recall-Precision-Graph angewendet. Dabei werden implizit Methoden der Meßtheorie benutzt.

Abstract

This paper deals with problems of measuring and evaluating in information retrieval. Difficulties connected with measuring, expecially the problem of meaningfulness, are discussed and illustrated. Methods for analyzing measurement problems are suggested and applied to well-known measures such as recall, fallout, precision, recall-fallout-graph and recall-precision-graph. In this connection methods of measurement theory are used implicitly.

1. Einleitung

Das Gebiet des Information Retrieval ist geprägt durch die Anwendung von Meßverfahren, insbesondere bei der Bewertung von Information Retrieval Systemen. Die umfangreichsten und bekanntesten Arbeiten auf diesem Gebiet wurden von Salton (1) und Cleverdon (2) durchgeführt. Betrachtet man diese Arbeiten, sieht man, daß sie hauptsächlich dem Messen gewidmet sind, d.h. Meßergebnisse sind die Grundlage, um zu entscheiden, ob eine Retrievalstrategie besser ist als eine andere. Auch heute findet man kaum ein Buch oder eine Zeitschrift, wo nicht über Messungen berichtet wird.

Dabei muß man beachten, daß Messen und Bewerten mit Schwierigkeiten verbunden sind, die in anderen Bereichen zur Entstehung spezieller Theorien und Disziplinen geführt haben. So nimmt die Meßtheorie (3,4) innerhalb der mathematischen Psychologie (5) sowie innerhalb der Nutzentheorie (6) einen breiten Raum ein. Auch innerhalb des Information Retrieval hat man sich bereits über die Schwierigkeiten des Messens Gedanken gemacht (7, 8). Man kann sogar sagen, daß beim Information Retrieval ein höheres Problembewußtsein für Fragen des Messens existiert als in anderen Gebieten, in denen Texte der natürlichen Sprache (z.B. Syntaxanalyse, automatisches Übersetzen, künstliche Intelligenz usw.) verarbeitet werden. Dort ist zum Teil die Notwendigkeit des Messens noch gar nicht erkannt worden. Im allgemeinen aber sind die Wissenschaften, die mit der Verarbeitung natürlicher Sprache zu tun haben, in bezug auf das Messen in einem großen Rückstand, wenn man sie z.B. mit der Psychologie vergleicht.

In diesem Beitrag wollen wir Probleme, die mit Messen und Bewerten beim Information Retrieval verbunden sind, behandeln. Beim Bewerten von Information Retrieval Systemen unterscheidet man zwei Arten von Güte. Auf der einen Seite untersucht man Fragen des Speicherplatzbedarfs, der Kosten, der Antwortzeit und ähnliches, auf der anderen Seite betrachtet man Fragen der semantischen Güte. Wir werden uns mit den letzteren Fragen beschäftigen und uns dabei auf das Problem konzentrieren, wie man die Güte der Systemantworten mißt (7). Der Aufbau des Papiers ist wie folgt. Nach dieser kurzen Einleitung werden wir im zweiten Kapitel mit Hilfe von Beispielen die Schwierigkeiten beim Messen und Bewerten illustrieren. Im dritten Kapitel werden Grundbegriffe der Meßtheorie benutzt. Ein Hauptproblem des Messens beim Information Retrieval besteht darin, daß man nicht weiß, was die Maße messen und welche Eigenschaften sie haben. Im vierten Kapitel werden dazu Löschungsvorschläge gemacht. Die Ergebnisse werden im fünften Kapitel auf Recall-Fallout-Maße angewendet.

Die Probleme des Messen erfordern mathematische Techniken. Aber um die Ideen nicht durch mathematischen Aufwand zu verdecken, haben wir uns bemüht, den mathematischen Apparat auf das notwendigste zu beschränken und haben deshalb auf Herleitungen verzichtet. Den interessierten Leser verweisen wir auf die Originalarbeiten.

2. Messen und Vergleichen

In diesem Kapitel wird mit Hilfe von Beispielen gezeigt, wie problematisch das Messen und Bewerten beim Information Retrieval sein kann. Zur Illustration werden zwei aus der Literatur bekannte Maße untersucht.

Wenn man sich die Frage stellt, warum man mißt, sind zwei Antworten möglich: man will beschreiben und man will vergleichen (7, 9). Man kann an einem Auto verschiedene Messungen vornehmen und erhält so eine Menge von Meßwerten. Ein Meßwert ist der Benzinverbrauch. Er beschreibt das Automobil, denn mit ihm kann man abschätzen, wann man wieder tanken muß. Man kann den Benzinverbrauch aber auch zum Vergleichen benutzen, wenn man ihn als Kriterium beim Kauf eines Automobils benutzt. Wir werden uns in diesem Papier nicht mit dem Aspekt des Beschreibens beim Messen, sondern mit dem des Vergleichens beschäftigen. Messen ist für uns also ein Mittel zu entscheiden, welche von mehreren Möglichkeiten die beste ist. So hat z.B. Cleverdon (2) in den Cranfieldexperimenten 33 Indexierungssprachen miteinander verglichen und bezüglich ihrer Güte geordnet, indem er umfangreiche Retrievaltests durchgeführt hat. Ausschlaggebend für diese Bewertung waren Meßergebnisse. Desgleichen findet man bei Salton (1) zahlreiche Meßergebnisse, aus denen geschlossen wird, welche von mehreren Retrievalstrategien vorzuziehen ist.

Es ist jedoch wichtig, zu beachten, daß formale Prozeduren allein, d.h. die Zuordnung der Meßwerte, nicht Grundlage für die Beschreibung der Beziehung von Bessersein sein können. Es muß eine ursprüngliche Vorstellung von Bessersein, die mit der Realität verbunden ist, vorliegen. So ist bei einem Automobil zwar das Produkt aus Scheibenfläche und Gewicht eine exakte Meßgröße, es ist aber nicht vorstellbar, welchen Sinn diese Meßgröße hat und ob es besser ist, wenn sie wächst oder fällt. Das formale Meßverfahren soll außerdem keine Ergebnisse liefern, die der sachlichen Vorstellung von Bessersein widersprechen. Die Ergebnisse sollten ebenfalls intuitiv interpretierbar sein. Dieses Problem ist nicht neu und wird in der Meßtheorie als das Problem der Sinnvollheit bezeichnet (4). Auch im Information Retrieval sind diese Probleme immer wieder diskutiert worden.

Cleverdon wurde z.B. 1967 auf der F.I.D/I.F.I.P. Joint Conference (10) von Atherton gefragt, was seine Recall-Precision-Graphen überhaupt darstellen. Keen (11) fordert, daß die Meßergebnisse in die Erfahrung des Benutzers rückübersetzbar sein sollen. Diese Frage nach der Sinnvollheit des Messens ist der Hauptinhalt der Arbeit von Cherniavsky und Lakhuty (7). Dort wird an einer Vielzahl von Beispielen gezeigt, daß es oft gar nicht klar ist, was die Aussagen von Messungen sind. Obwohl die Probleme schon lange angesprochen werden, werden sie immer noch wenig beachtet. Das wollen wir an zwei Beispielen illustrieren.

Beispiel 1: Hier wollen wir ein Maß betrachten, das von Heine (12) vorgeschlagen wurde. Das Maß ist eine Modifikation des Maßes von Brookes (13). Das Maß wird auf das Retrievalergebnis des Systems für eine Suchfrage angewendet und liefert eine Zahl, wobei angenommen wird, daß das Ergebnis um so besser ist, je höher die Zahl ist. Wegen des Aufwandes, der damit verbunden ist, wollen wir das Maß hier nicht darstellen, sondern verweisen auf die Arbeit von Heine (12).

Um das Maß zu untersuchen, machen wir folgende Annahme: Wir betrachten einen Dokumentenbestand, der aus 100 Dokumenten besteht. In bezug auf eine Suchfrage seien davon 20 Dokumente relevant. Wir nehmen weiter zwei Systeme S_1 und S_2 an, die den Bestand in drei Ränge einteilen, z.B. wie das System Pusto - Nepusto (14) (siehe Abbildung 1).

Rang	S_1		S_2	
	relevant	nicht relevant	relevant	nicht relevant
1	1	-	2	-
2	19	-	18	-
3	-	80	-	80

Abb. 1: Retrievalergebnisse für zwei Systeme S_1 und S_2.

Der Benutzer gebraucht das Retrievalergebnis so, daß er zunächst die Dokumente des ersten Ranges erhält, dann die des zweiten und zum Schluß die des letzten. Er bricht die Inspektion der Dokumente nach einem von ihm gewählten Kriterium ab, z.B. betrachtet er alle Dokumente des ersten Ranges, er betrachtet fünf Dokumente, er bricht die Inspektion nach drei relevanten Dokumenten ab usw. Weitere Möglichkeiten findet man bei (15), (16) und (7). Die Retrievalergebnisse von S_1 und S_2 unterscheiden sich voneinander dadurch, daß ein relevantes Dokument, das bei S_1 im zweiten Rang liegt, sich bei S_2 schon im ersten Rang befindet. Es stellt sich die Frage, ob es vorstellbar ist, daß S_1 besser als S_2 gearbeitet hat. Sicher ist es vorstellbar, daß jemand der Meinung ist, S_1 und S_2 seien gleich gut, z.B. wenn er nach dem ersten relevanten Dokument die Suche abbricht. Das Maß von Heine aber liefert für S_1 den Wert 4.818 und für S_2 den Wert 3.667, d.h. dieses Maß erkennt das Ergebnis von S_1 als das bessere an.

Das Beispiel zeigt, daß noch Fragen offen sind. Einerseits kann man sich niemanden vorstellen, der meint, das Retrievalergebnis sei schlechter geworden, weil ein relevantes Dokument von einem hinteren Rang in einen vorderen wechselt. Intuitiv scheint das auch allgemein akzeptiert zu werden, die meisten Maße zeigen in diesen Fällen tatsächlich keine Verschlechterung an. Andererseits ist das Maß von Heine auf Voraussetzungen aufgebaut, die jede für sich vernünftig erscheinen, und es fehlt eine Methode, die eine systematische Analyse solcher Situationen erlauben würde.

Beispiel 2: Die am meisten benutzten Maße sind Recall und Precision sowie der Recall-Precision-Graph, wobei zwischen Recall und Precision einerseits und dem Recall-Precision-Graph andererseits nicht klar unterschieden wird, und zwar in dem Sinne, daß der Recall-Precision-Graph zur Darstellung der Recall-Precision-Werte benutzt wird. Stillschweigend wird dabei angenommen, daß der Graph die Zahlenwerte auf eine verträgliche Art repräsentiert (1, 10, 17). Wir wollen eine Variante betrachten, die von Sparck-Jones (17) benutzt wurde. Die Existenz des Beispiels, das wir betrachten wollen, wird schon in (7) erwähnt.

Wir betrachten im folgenden zwei Systeme S_1 und S_2, die den Dokumentenbestand in fünf Ränge einteilen. Wir nehmen an, daß der Bestand aus 100 Dokumenten besteht, von denen 10 relevant sind. Die beiden Retrievalergebnisse für System S_1 und S_2 werden in Abbildung 2 dargestellt.

	S_1		S_2	
Rang	relevant	nicht relevant	relevant	nicht relevant
1	0	1	0	1
2	2	7	6	9
3	4	0	2	0
4	4	2	2	0
5	0	80	0	80

Abb. 2: Zwei Retrievalergebnisse

Für jeden Rang werden jetzt Recall und Precision berechnet. Das Ergebnis ist in Abbildung 3 dargestellt. Dabei sind

$$\text{Recall} = \frac{\text{Anzahl der gefundenen und relevanten Dokumente}}{\text{Anzahl der relevanten Dokumente}}$$

und

$$\text{Precision} = \frac{\text{Anzahl der gefundenen und relevanten Dokumente}}{\text{Anzahl der gefundenen Dokumente}}$$

	S_1		S_2	
Rang	Recall	Precision	Recall	Precision
1	0	0	0	0
2	.2	.2	.6	.38
3	.6	.43	.8	.44
4	1.	.5	1.	.5
5	1.	.1	1.	.1

Abb. 3: Recall und Precision bei jedem Rang für zwei Retrievalergebnisse

Der Recall-Precision-Graph wird jetzt so konstruiert, daß die Recall-Precision-Paare für jeden Rang in die R-P-Ebene eingetragen werden. Für die Systeme S_1 und S_2 findet man das Ergebnis in Abbildung 4.

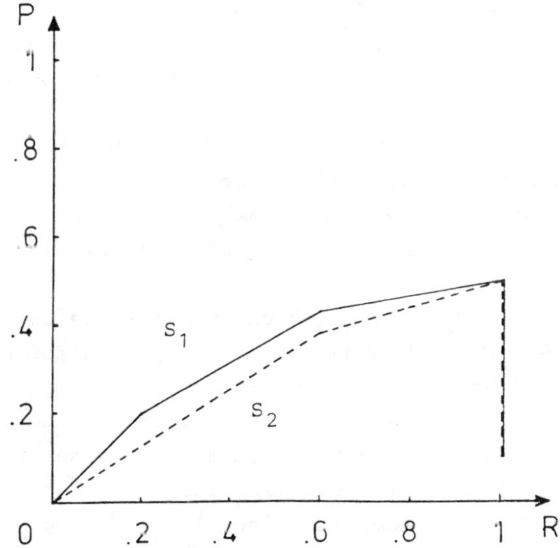

Abb. 4: Recall-Precision-Graph für das Retrievalergebnis von S_1 bzw. S_2.

Jetzt wollen wir untersuchen, welches der beiden Systeme besser gearbeitet hat. Bei jedem Rang sind Recall und Precision von S_2 höher oder genauso hoch wie von S_1. Demnach müßte S_2 besser sein. Betrachten wir den Recall-Precision-Graphen, so sehen wir, daß der Graph von S_1 über dem Graphen von S_2 liegt. Nach dieser Betrachtung ist S_1 besser. Das Beispiel zeigt zunächst, daß Recall und Precision bei jedem Rang und der Recall-Precision-Graph völlig unverträglich sind. Sie sind unterschiedliche Maße, die völlig verschiedene Vorstellungen von Bessersein widerspiegeln. Das Beispiel zeigt darüber hinaus, daß es notwendig ist, einen Mechanismus zu entwickeln, der es erlaubt, die Maße miteinander zu vergleichen.

Beide Beispiele zeigen, daß es notwendig ist, Maße zu beschreiben, d.h. angeben zu können, welches ihre Vorstellungen von Bessersein sind, sowie sie miteinander zu vergleichen, eine wichtige Voraussetzung, wenn man ein Maß aussuchen will oder ein Maß durch ein anderes substituieren möchte.

3. Standpunkte und Maße

In diesem Kapitel werden Grundbegriffe eingeführt, um den Vorgang des Messens bei Information Retrieval Systemen zu beschreiben. Dabei werden implizit Konzepte der Meßtheorie benutzt.

Um über Messen sprechen zu können, muß man zunächst beschreiben, was man tut, wenn man mißt. Dazu wollen wir einige Grundbegriffe einführen, die von Cherniavsky und Lakhuty (7) zuerst eingeführt worden sind und von Bollmann (18) weiterentwickelt wurden.

Zunächst stellt sich die Frage, welche Gegenstände bzw. Objekte wir messen wollen. Wir gehen davon aus, daß ein Information Retrieval System als Antwort auf eine Suchfrage jedem Dokument eine reelle Zahl oder ein anderes formales Objekt zuordnet, z.B. mit Hilfe von Ähnlichkeitsmaßen (19). Da man auf dem Computer nur mit endlich vielen Dezimalstellen arbeitet, stehen jedem System nur endlich viele reelle Zahlen zur Verfügung. Diese reellen Zahlen werden der Größe nach durchnumeriert, wobei die größte Zahl den Wert 1 erhält (analog verfährt man, wenn es sich um andere formale Objekte handelt). Die zur Numerierung benutzten natürlichen Zahlen heißen Ränge. Falls alle Zahlen durchnumeriert werden, sprechen wir von absoluten Rängen; wenn nur die Zahlen durchnumeriert werden, die einem Dokument zugeordnet wurden, sprechen wir von relativen Rängen. Die Zuordnung der Dokumente zu den Rängen nennen wir eine Distribution; bei absoluten Rängen sprechen wir von einer absoluten Distribution, bei relativen Rängen von einer relativen Distribution. Enthält jeder Rang höchstens ein Dokument, sprechen wir von einer Smartdistribution, andernfalls von einer Taubedistribution. Wir nehme weiter an, daß in bezug auf eine Suchfrage ein Dokument entweder relevant oder nichtrelevant ist. Außerdem setzen wir voraus, daß alle relevanten Dokumente untereinander äquivalent sind. Die entsprechende Forderung gelte auch für alle nichtrelevanten Dokumente. Die relevanten Dokumente wollen wir mit einem + darstellen, die nichtrelevanten Dokumente mit einem -. Die Objekte, die gemessen werden, sind somit Distributionen aus + und - Zeichen.

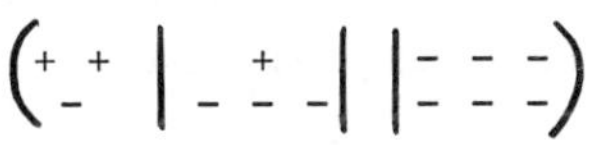

Abb. 5: Eine Distribution

In Abbildung 5 ist eine Distribution dargestellt. Sie besteht aus vier Rängen, die durch senkrechte Striche voneinander getrennt werden. Die Ränge sind von links nach rechts geordnet. In unserem Beispiel befinden sich im ersten Rang zwei relevante und ein nichtrelevantes Dokument, im zweiten Rang ein relevantes und drei nichtrelevante Dokumente, der dritte Rang ist leer, und der letzte Rang enthält sechs nichtrelevante Dokumente. Wir gehen davon aus, daß ein Benutzer zunächst den ersten Rang erhält, dann den zweiten usw., d.h. daß er die Distribution von links nach rechts durchschaut, wobei er die Dokumente eines Ranges nur erhält, wenn er bereits alle vorhergehenden Ränge inspiziert hat. Sind in einem Rang mehrere Dokumente, so nehmen wir an, daß die Auswahl in bezug auf die Relevanzurteile zufällig ist und jedes Dokument mit der gleichen Wahrscheinlichkeit entnommen wird. Bei unserem Beispiel in Abbildung 5 würde ein Benutzer mit der Wahrscheinlichkeit 2/3 ein relevantes und mit der Wahrscheinlichkeit 1/3 ein nichtrelevantes Dokument dem ersten Rang entnehmen.

+ + - + - - + - - -

Abb. 6: Eine relative Smartdistribution

Bei relativen Smartdistributionen, die in jedem Rang genau ein Dokument enthalten, lassen wir der Übersichtlichkeit wegen die Klammern und die senkrechten Striche weg. Im folgenden sei $\mathcal{D}$ die Menge aller Distributionen, eine Distribution wollen wir mit Δ bezeichnen.

Wir haben bereits darüber gesprochen, daß eine ursprüngliche Vorstellung von Bessersein existieren muß, wenn man beim Bewerten messen will. Diese Vorstellung, die einer Präferenzrelation entspricht, nennen Cherniavsky und Lakhuty (7) Standpunkt.

Beispiel: Ein Benutzer will genau ein relevantes Dokument. Nach dem ersten relevanten Dokument, das er findet, bricht er die Inspektion der Dokumente ab. Dabei will er möglichst wenig nichtrelevante Dokumente betrachten. Seien Δ und Δ' zwei Distributionen mit

$$\Delta = + - - - - +$$
$$\Delta' = - + + - - - .$$

Hier ist Δ besser als Δ'.

Sei s ein Standpunkt. Wir wollen $\Delta \succcurlyeq_s \Delta'$ schreiben, wenn bezüglich des Standpunktes s Δ nicht schlechter als Δ' ist. Das bedeutet, daß man bereit ist, Δ' gegen Δ einzutauschen, wenn man den Standpunkt s vertritt. Als nächstes wollen wir einige Eigenschaften von Standpunkten angeben.

Sei s ein beliebiger Standpunkt und Δ, Δ', Δ'' beliebige Distributionen.

i) Es soll stets gelten

$$\Delta \succcurlyeq_s \Delta \qquad \text{(Reflexivität)}$$

Jede Distribution ist nicht schlechter als sie selbst.

ii) Es soll stets gelten

$$\Delta \;\dot{\geq}_s\; \Delta', \quad \Delta' \;\dot{\geq}_s\; \Delta'' \quad \text{impliziert} \quad \Delta \;\dot{\geq}_s\; \Delta''.$$

(Transivität)

Wenn Δ nicht schlechter ist als Δ' und Δ' nicht schlechter als Δ'', dann ist Δ nicht schlechter als Δ''.

Durch diese beiden Bedingungen ist auf der Menge der Distributionen eine sogenannte Präordnung (2o) definiert. Dabei muß nicht unbedingt gelten $\Delta \;\dot{\geq}_s\; \Delta'$ oder $\Delta' \;\dot{\geq}_s\; \Delta$, Δ und Δ' können auch unvergleichbar sein. Falls gilt $\Delta \;\dot{\geq}_s\; \Delta'$ und $\Delta' \;\dot{\geq}_s\; \Delta$ schreiben wir $\Delta \sim_s \Delta'$ und nennen Δ und Δ' äquivalent. Die Äquivalenzklassen bilden auf natürliche Weise eine Halbordnung (2o). Falls aus dem Zusammenhang klar ist, um welchen Standpunkt es sich handelt, lassen wir das s weg, d.h. wir schreiben $\Delta \;\dot{\geq}\; \Delta'$ statt $\Delta \;\dot{\geq}_s\; \Delta'$.

Die Bedingungen i) und ii) bilden keine Definition für Standpunkte, sie sind nur notwendige Bedingungen, die von Standpunkten erfüllt sein sollen. Eine Definition für Standpunkte können wir nicht geben, denn sonst könnten wir alle Benutzerpräferenzen beschreiben. Wir wissen aber andererseits, daß Standpunkte existieren und können mit ihnen arbeiten. Im folgenden wollen wir noch weitere notwendige Bedingungen für Standpunkte angeben.

Bedingung 1: Wenn Δ aus Δ' dadurch entsteht, daß man in Δ' den Rang eines relevanten Dokuments erniedrigt, sonst aber die Distribution unverändert bleibt, soll für alle Standpunkte s gelten $\Delta \;\dot{\geq}_s\; \Delta'$.

<u>Beispiel:</u> Seien Δ und Δ' zwei Distributionen mit

$$\Delta' = \left(\begin{smallmatrix} + & & + \\ & - & \end{smallmatrix} \;\middle|\; \begin{smallmatrix} + \\ - \end{smallmatrix} \;\middle|\; \begin{smallmatrix} & + & \\ - & & - \end{smallmatrix} \right)$$

$$\Delta = \left(\begin{smallmatrix} + & + & + \\ & - & \end{smallmatrix} \;\middle|\; \begin{smallmatrix} \\ - \end{smallmatrix} \;\middle|\; \begin{smallmatrix} & \\ - & - \end{smallmatrix} \right)$$

dann gilt

$$\Delta \succ_s \Delta'$$

für jeden Standpunkt s.

Bedingung 2: Wenn Δ aus Δ' dadurch entsteht, daß man in Δ' den Rang eines nichtrelevanten Dokuments erhöht, sonst aber die Distribution unverändert bleibt, soll für alle Standpunkte s gelten $\Delta \succ_s \Delta'$.

<u>Beispiel:</u> Seien Δ und Δ' zwei Distributionen mit

$$\Delta' = \left(\begin{smallmatrix} + & & + \\ & - & \end{smallmatrix} \;\middle|\; \begin{smallmatrix} + \\ - \end{smallmatrix} \;\middle|\; \begin{smallmatrix} & + & \\ - & & - \end{smallmatrix} \right)$$

$$\Delta = \left(\begin{smallmatrix} + & + \\ & \end{smallmatrix} \;\middle|\; \begin{smallmatrix} & + & \\ - & & - \end{smallmatrix} \;\middle|\; \begin{smallmatrix} & + & \\ - & & - \end{smallmatrix} \right)$$

dann gilt

$$\Delta \succ_s \Delta'$$

für jeden Standpunkt s.

Diese beiden Bedingungen wurden bei Bollmann (18) als der minimale Standpunkt eingeführt. Es sind noch weitere notwendige Bedingungen vorstellbar, diese beiden ergeben sich aber unmittelbar aus dem Gebrauch der Distributionen.

Als nächstes kommen wir jetzt zum Messen. Messen bedeutet, die Distributionen auf formale Objekte (Zahlen, Vektoren, Kurven) abzubilden, so daß das Bessersein (bezüglich eines Standpunktes) unmittelbar von den formalen Objekten abgelesen werden kann. Messen ist also eine Funktion μ auf der Menge der Distributionen $\mathfrak{D}$ in eine Menge formaler Objekte.

Beispiel: Wir nehmen wieder einen Benutzer an, der nach dem ersten relevanten Dokument die Suche beendet und der möglichst wenig nichtrelevante Dokumente betrachten möchte. Seien Δ und Δ' mit

$$\Delta = + - - - - - - +$$

$$\Delta' = - + + - - - -$$

zwei Distributionen und μ der mittlere Recall. Wir erhalten

$$\mu(\Delta) = \frac{4}{7}, \ \mu(\Delta') = \frac{11}{14} .$$

Wir sehen, daß bezüglich unseres Standpunktes Δ besser ist als Δ', das Maß μ liefert aber kein Zahlenergebnis, an dem das ablesbar wäre, danach wäre nämlich Δ' besser als Δ. Der mittlere Recall ist also kein Maß für unseren Standpunkt. Da der Benutzer möglichst wenig Ballast haben möchte, ist die zu erwartende Precision P bis zum ersten relevanten Dokument ein passendes Maß. Man erhält hier

$$P(\Delta) = 1 \ , \ P(\Delta') = \frac{1}{2} .$$

Das Maß muß also die Beziehungen zwischen den Distributionen auf die Beziehungen zwischen den formalen Objekten abbilden. Diese Beziehungen können sein das Größersein bei Zahlen oder das Übereinanderliegen bei Kurven. Unsere Forderungen an ein Maß für einen Standpunkt s sehen jetzt folgendermaßen aus: Sei $\mathcal{F}$ eine Menge formaler Objekte und $\succeq_t$ eine Halbordnung auf $\mathcal{F}$ und $\mu : \mathcal{D} \longrightarrow \mathcal{F}$ eine Abbildung. Wir sagen μ ist mit s verträglich, wenn aus

$$\Delta \succeq_s \Delta'$$

folgt

$$\mu(\Delta) \succeq_t \mu(\Delta') .$$

Falls $\quad \Delta \succeq_s \Delta'$

genau dann, wenn

$$\mu(\Delta) \succeq_t \mu(\Delta')$$

nennen wir s den maximalen Standpunkt von μ. Er gibt vollständig die Vorstellungen von Bessersein, die mit dem Maß verbunden sind, wieder.

Mit diesen Forderungen an das Messen werden unsere beiden Bedingungen für Standpunkte zu Bedingungen für Maße.

Bedingung 1': Wenn sich Δ von Δ' so unterscheidet, daß in Δ ein relevantes Dokument weiter links liegt, sonst aber beide Distributionen gleich sind, dann gilt

$$\mu(\Delta) \not> \mu(\Delta')$$

für alle Maße.

Entsprechend wird die Bedingung 2' für Maße formuliert.

Wir sehen jetzt, daß das Maß, das wir in Kapitel 1 in Beispiel 1 betrachtet haben, diesen Bedingungen nicht genügt. Wir können uns keine Situation vorstellen, in der das Maß sinnvoll wäre.

4. Transformationen

Es wird ein Verfahren zur Beschreibung von Standpunkten angegeben. Es dient gleichzeitig zur Beschreibung und zum Vergleich von Maßen.

Nach den Überlegungen im vorigen Kapitel bleibt die Frage, wie man - wenn man bewerten will - ein Maß auswählt, denn das setzt die Möglichkeit voraus, Maße zu beschreiben und zu vergleichen. Wie schwierig das ist, wollen wir an einem Beispiel zeigen.

Beispiel: Der Fallout wird definiert als

$$\text{Fallout} = \frac{\text{Anzahl der gefundenen nichtrelevanten Dokumente}}{\text{Anzahl der nichtrelevanten Dokumente}}$$

Der Fallout wird gemeinsam mit dem Recall benutzt. Für jeden Rang berechnet man Recall und Fallout. Die Recall-Fallout-Paare werden in die Recall-Fallout-Ebene eingetragen und durch gerade

Linien verbunden. Links vom ersten Punkt extrapoliert man nach (o,o). Die so entstandene Kurve heißt Recall-Fallout-Graph. Wie bei den Recall-Precision-Maßen setzt man auch hier stillschweigend voraus, daß die Zahlenvektoren und die Kurven dieselben Beziehungen von Bessersein widerspiegeln. Das Retrievalergebnis ist um so besser, je weiter unten der Graph liegt. Dies ist nicht so, wie folgendes Beispiel zeigt. Seien

$$\Delta = \left(\begin{array}{ccc} + & + & \\ - & - & - \end{array} \middle| \begin{array}{ccc} + & + & \\ - & - & - \end{array} \right)$$

$$\Delta' = \left(\begin{array}{cccc} + & + & + & + \\ - & - & - & - \end{array} \middle| \begin{array}{cc} & \\ - & - \end{array} \right)$$

zwei Distributionen. Berechnen wir Recall und Fallout für den ersten Rang, so erhalten wir

$$\text{Recall } (\Delta) = \frac{1}{2}, \quad \text{Recall } (\Delta') = 1$$

$$\text{Fallout } (\Delta) = \frac{1}{2}, \quad \text{Fallout } (\Delta') = \frac{2}{3}.$$

Bezüglich des Recall ist also Δ' besser, bezüglich des Fallout ist es Δ, d.h. bezüglich Recall und Fallout sind Δ und Δ' unvergleichbar. Zeichnen wir die Recall-Fallout-Graphen, dann sehen wir, daß der Graph von Δ' unter dem von Δ liegt, d.h. hier ist Δ' besser als Δ (siehe Abbildung 6). Das Kurvenmaß zeigt auch hier etwas anderes an als das Zahlenvektormaß. Es wäre wichtig, zu sehen, was die beiden Maße anzeigen und in welcher Beziehung sie zueinander stehen.

Wir wollen den Weg fortsetzen, den wir bei der Formulierung der notwendigen Bedingungen für Standpunkte bereits benutzt haben. Wir verändern Distributionen und fragen, ob die Distributionen dabei besser, schlechter oder unvergleichbar geworden sind oder ob sie gleich gut geblieben sind. Diese Veränderungen der Distributionen nennen wir Transformationen. Dabei ist es notwendig, daß die Transformationen intuitiv klar und einfach sind. Die Methode der Transformationen zur Untersuchung von Bewertungsmaßen wurde zum erstenmal von Cherniavsky und Lakhuty (7) systematisch angewendet. Bei Bollmann (18) findet man eine Weiterentwicklung dieser Methode. Ansätze in dieser Richtung wurden auch von Schwuchow (21) und Doyle (22) benutzt.

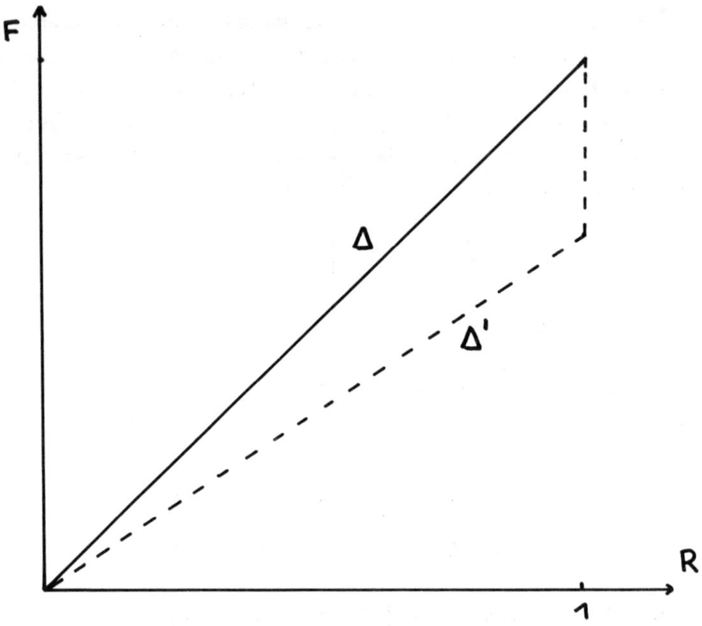

Abb. 6: Recall-Fallout-Graphen für zwei Distributionen, die bezüglich Recall und Fallout unvergleichbar sind

Eine Transformation $\mathfrak{T}$ ist eine Abbildung

$$\mathfrak{T} : \mathfrak{D} \longrightarrow \mathfrak{D}$$

der Menge der Distribution in sich. Wir wollen das an einigen Beispielen veranschaulichen.

1) $\mathfrak{T}(\Delta)$ entsteht aus Δ, indem ein relevantes Dokument vom zweiten in den ersten Rang bewegt wird. Falls das nicht möglich ist, bleibt Δ unverändert.

$$\Delta = \left(\genfrac{}{}{0pt}{}{+}{-} \;\middle|\; \genfrac{}{}{0pt}{}{+}{-\;-} \;\middle|\; - - - \right)$$

$$\mathfrak{T}(\Delta) = \left({}^{+}{}_{-}{}^{+} \;\middle|\; - - \;\middle|\; - - - \right)$$

2) $\tau(\Delta)$ entsteht aus Δ, indem alle relevanten Dokumente verdoppelt werden. Sei Δ wie oben, dann ist

$$\tau(\Delta) = \left({}^{+\,+}_{\;-} \;\middle|\; {}^{+\,+}_{-\,-} \;\middle|\; -\,-\,- \right)$$

Als nächstes klassifizieren wir die Transformationen in einer uns geeigneten Weise und geben den Klassen Namen. Als Beispiele wollen wir folgende Klassen definieren, die wir anschließend benutzen wollen.

- T_1 ist die Klasse der Transformationen, die ein relevantes Dokument einen Rang nach links bewegen, T_1 heißt "erniedrigen des Ranges eines relevanten Dokuments um eins".

- T_2 ist die Klasse der Transformationen, die ein nichtrelevantes Dokument einen Rang nach rechts bewegen, T_2 heißt "erhöhen des Ranges eines nichtrelevanten Dokuments um eins".

- T_3 ist die Klasse der Transformationen, die alle relevanten Dokumente vervielfachen, T_3 heißt "vervielfachen aller relevanten Dokumente".

- T_4 ist die Klasse der Transformationen, die alle nichtrelevanten Dokumente vervielfachen, T_4 heißt "vervielfachen aller nichtrelevanten Dokumente".

Es gibt noch viele weitere Möglichkeiten, Klassen von Transformationen zu definieren (23).

Jetzt kann man untersuchen, wie sich bei einem vorgegebenen Standpunkt s die Distributionen bezüglich der Transformationen verhalten. Für ein Δ für ein τ und einen Standpunkt s sind vier Fälle möglich

- $\tau(\Delta)$ ist besser als Δ

- $\tau(\Delta)$ ist schlechter als Δ

- $\tau(\Delta)$ ist genauso gut wie Δ

- $\tau(\Delta)$ und Δ sind unvergleichbar

bezüglich s.

Genauso werden auch die Maße charakterisiert. Für ein Maß μ kann ebenfalls gelten

$$\mu(\tau(\Delta)) \begin{cases} \cdot\!>_t \mu(\Delta) \\ <\!\cdot_t \mu(\Delta) \\ = \mu(\Delta) \\ \text{unvergleichbar zu } \mu(\Delta) . \end{cases}$$

Dabei bedeutet $\mu(\tau(\Delta)) \cdot\!>_t \mu(\Delta)$, daß $\mu(\tau(\Delta)) \cdot\!\geq_t \mu(\Delta)$ gilt, aber nicht $\mu(\tau(\Delta)) = \mu(\Delta)$.

Die Anwendung der Transformationen wollen wir im nächsten Kapitel illustrieren.

5. Anwendungsbeispiele

In diesem Kapital werden Transformationen zur Beschreibung und zum Vergleich von Maßen benutzt. Insbesondere werden untersucht der Recall, die Precision, der Fallout sowie der Recall-Fallout-Graph.

Als erstes wollen wir uns mit den Bedingungen beschäftigen, die Standpunkte und Maße erfüllen sollen. Wir betrachten die Klasse der Transformationen T_1, "Erniedrigen des Ranges eines relevanten Dokuments um eins". Unsere Bedingung fordert, daß für alle Maße, für alle Distributionen Δ aus $\mathcal{D}$ und für alle Transformationen τ aus T_1 stets gilt

$$\mu(\tau(\Delta)) \cdot\!\geq \mu(\Delta)$$

aber nie

$$\mu(\tau(\Delta)) <\!\cdot \mu(\Delta)$$

und nie $\mu(\tau(\Delta))$ und $\mu(\Delta)$ sind unvergleichbar. Analog kann die zweite Bedingung mit T_2 formuliert werden.

Als nächstes wollen wir die Maße Recall, Fallout und Precision nach dem ersten Rang einer Distribution untersuchen, wobei wir annehmen, daß der erste Rang nicht leer ist.

> $R(\Delta)$ sei Recall von Δ nach dem ersten Rang.
> $F(\Delta)$ sei Fallout von Δ nach dem ersten Rang.
> $P(\Delta)$ sei Precision von Δ nach dem ersten Rang.

Wir wollen jetzt die Transformationen aus T_3, "Vervielfachen aller relevanten Dokumente", betrachten. Wir schauen uns zu diesem Zweck noch einmal ein Beispiel an. τ sei die Transformation "Verdoppeln" und

$$\Delta = \left(\begin{matrix} + \\ - \end{matrix} \;\middle|\; \begin{matrix} + \\ - \; - \end{matrix} \;\middle|\; - \; - \; - \right)$$

sei eine Distribution. Dann ist

$$\tau(\Delta) = \left(\begin{matrix} + \; + \\ - \end{matrix} \;\middle|\; \begin{matrix} + \; + \\ - \; - \end{matrix} \;\middle|\; - \; - \; - \right)$$

und

$$R(\Delta) = \frac{1}{2}, \quad R(\tau(\Delta)) = \frac{1}{2}$$

$$F(\Delta) = \frac{1}{6}, \quad F(\tau(\Delta)) = \frac{1}{6}$$

$$P(\Delta) = \frac{1}{2}, \quad P(\tau(\Delta)) = \frac{2}{3} .$$

Wir sehen, daß Recall und Fallout unverändert geblieben sind, wogegen sich die Precision erhöht hat. Allgemein gilt für jede Transformation aus T_3

$$R(\tau(\Delta)) = R(\Delta)$$

$$F(\tau(\Delta)) = F(\Delta)$$

$$P(\tau(\Delta)) \begin{cases} > P(\Delta) & \text{im ersten Rang sind relevante Dokumente} \\ = P(\Delta) & \text{sonst} . \end{cases}$$

Das Beispiel zeigt, daß das Paar Recall-Fallout etwas anderes mißt als das Paar Recall-Precision, d.h. in bezug auf Bessersein liefern die Maße unterschiedliche Informationen. Eine gegenteilige Position wurde in (24) vertreten. Dort wurde behauptet, daß der Fallout gegenüber Recall und Precision keine neue Information liefert.

Als letztes wollen wir zeigen, daß man Maße auch komplett durch ihr Transformationsverhalten beschreiben kann und wie das zum Vergleich von Maßen benutzt werden kann. Dazu betrachten wir folgendes Zahlenvektormaß. Für eine Distribution mit p Rängen berechnen wir für jeden Rang das Paar Recall und Fallout. Den Recall des v-ten Ranges von Δ bezeichnen wir mit $R_v(\Delta)$ und den Fallout des v-ten Ranges mit $F_v(\Delta)$. Aus diesen Paaren bilden wir den Vektor

$$\overrightarrow{(R,F)}\,(\Delta) = (R_1(\Delta),\ F_1(\Delta),\ \ldots,\ R_p(\Delta),\ F_p(\Delta)).$$

Falls für zwei Distributionen Δ und Δ' gilt

$$p = p'$$

und

$$R_v(\Delta) \geq R_v(\Delta') \qquad \text{sowie} \qquad F_v(\Delta) \leq F_v(\Delta')$$

genau dann gelte

$$\overrightarrow{(R,F)}\,(\Delta) \gtrdot \overrightarrow{(R,F)}\,(\Delta')\ .$$

Wie wir bereits gesehen haben, wird dieses Maß benutzt, um den Recall-Fallout-Graphen zu konstruieren. Welches ist der maximale Standpunkt dieses Maßes, d.h. welche Vorstellungen von Bessersein sind damit verbunden? Dazu benutzen wir die Transformationsklassen T_1, T_2, T_3 und T_4 und untersuchen, was mit den Meßergebnissen passiert, wenn wir die Transformationen aus diesen Klassen anwenden.

- Erniedrigen des Ranges eines relevanten Dokuments um eins macht die Meßergebnisse besser.

- Erhöhen des Ranges eines nichtrelevanten Dokuments um eins macht die Meßergebnisse besser.

- Vervielfachen aller relevanten Dokumente läßt die Meßergebnisse unverändert.

- Vervielfachen aller nichtrelevanten Dokumente läßt die Meßergebnisse unverändert.

Umgekehrt kann man zeigen (25), daß das Maß $\overrightarrow{(R,F)}$ durch diese Transformationen vollständig beschrieben ist, und zwar im Sinne, daß man bereits alles über das Bessersein bezüglich des Maßes $\overrightarrow{(R,F)}$ weiß, wenn man weiß, wie es sich in bezug auf diese vier Klassen von Transformationen verhält. Das bedeutet insbesondere, daß aus $\overrightarrow{(R,F)}(\Delta) \succcurlyeq \overrightarrow{(R,F)}(\Delta')$ die Existenz von Distributionen $\Delta_o, \ldots, \Delta_k$ folgt mit $\Delta_o = \Delta$, $\Delta_k = \Delta'$ und $\Delta_{e-1} = \tau(\Delta_e)$ oder $\Delta_e = \tau(\Delta_{e-1})$ und $\overrightarrow{(R,F)}(\Delta_{e-1}) \succcurlyeq \overrightarrow{(R,F)}(\Delta_e)$. Das wollen wir an einem Beispiel zeigen. Seien

$$\Delta = \left(\substack{+\\ \,} \; \substack{+\\-} \; \substack{+\\ \,} \;\middle|\; \substack{\,\\-} \substack{+\\ \,} \substack{\,\\-} \right)$$

$$\Delta' = \left(\substack{\,\\-} \substack{+\\ \,} \substack{\,\\-} \;\middle|\; \substack{+\\-} \right)$$

Dann ist

$$\Delta_o = \Delta = \left(\substack{+\\ \,} \; \substack{+\\-} \; \substack{+\\ \,} \;\middle|\; \substack{\,\\-} \substack{+\\ \,} \substack{\,\\-} \right)$$

$$\Delta_1 = \left(\substack{+\\-} \substack{+\\ \,} \;\middle|\; \substack{+\\-} \; \substack{+\\-} \right), \quad \Delta_o = \tau(\Delta_1), \; \tau \in T_1$$

$$\Delta_2 = \left(\substack{+\\-} \;\middle|\; \substack{\,\\-} \substack{+\\ \,} \substack{\,\\-} \right), \quad \Delta_1 = \tau'(\Delta_2), \; \tau' \in T_3$$

$$\Delta_3 = \left(\substack{\,\\-} \substack{+\\ \,} \substack{\,\\-} \;\middle|\; \substack{+\\-} \right), \quad \Delta_2 = \tau''(\Delta_3), \; \tau'' \in T_2 .$$

Δ läßt sich also durch die Transformationen oder ihre Umkehrungen in Δ' überführen, wobei die Nichtschlechtersein-Beziehung bei jedem Schritt erhalten bleibt.

Daß $\overrightarrow{(R,F)}$ vollständig durch T_1, T_2, T_3 und T_4 beschrieben wird, können wir dazu benutzen zu untersuchen, wie sich $\overrightarrow{(R,F)}$ zum Recall-Fallout-Graphen, den wir mit $\Gamma(R,F)$ bezeichnen wollen, verhält. Wir können zeigen, daß aus

$$\overrightarrow{(R,F)}\,(\Delta) \gtrdot \overrightarrow{(R,F)}\,(\Delta')$$

folgt

$$\Gamma(R,F)\,(\Delta) \gtrdot \Gamma(R,F)\,(\Delta')\,.$$

Dazu müssen wir nur untersuchen, wie sich $\Gamma(R,F)$ in bezug auf die Transformationsklassen T_1, T_2, T_3 und T_4 verhält. Folgendes prüft man leicht nach:

- Erniedrigen des Ranges eines relevanten Dokuments um eins macht $\Gamma(R,F)$ besser, wenn in mindestens einem der beteiligten Ränge ein nichtrelevantes Dokument ist, andernfalls bleibt $\Gamma(R,F)$ unverändert.

- Erhöhen des Ranges eines nichtrelevanten Dokuments um eins macht $\Gamma(R,F)$ besser, wenn in mindestens einem der beteiligten Ränge ein relevantes Dokument ist, andernfalls bleibt $\Gamma(R,F)$ unverändert.

- Vervielfachen aller relevanten Dokumente läßt $\Gamma(R,F)$ unverändert.

- Vervielfachen aller nichtrelevanten Dokumente läßt $\Gamma(R,F)$ unverändert.

Da $\overrightarrow{(R,F)}$ durch T_1, T_2, T_3 und T_4 vollständig beschrieben wird, folgt die Behauptung. Eine ausführliche Untersuchung dieser Probleme findet man in (23) und (25).

6. Schlußbemerkungen

Nachdem wir Maße und ihre Standpunkte durch Transformationen charakterisiert und damit einer meßtheoretischen Betrachtung zugänglich gemacht haben, bleiben noch viele Fragen offen. Die beiden aus unserer Sicht wichtigsten Probleme wollen wir hier erwähnen. Das erste betrifft die Frage, wo die Standpunkte herkommen, d.h. wie kann man aus einer speziellen Nutzung des Systems auf den Standpunkt schließen. Dieses Problem wird bei Cherniavsky und Lakhuty als das Problem der "Effektivität" bezeichnet. Das zweite Problem liegt darin, daß für die Anwendung im Information Retrieval noch eine spezielle Meßtheorie entwickelt werden muß, wie z.B. in der mathematischen Psychologie. Viele Skalen beim Information Retrieval sind weder Ordinalskalen oder Intervallskalen, sondern Halbordnungsskalen, wie z.B. die Kurvenmaße. Es ist noch ein offenes Problem, welche Mittelungsverfahren unter welchen Bedingungen durchgeführt werden können und wie man mit diesen Mittelwerten statistische Tests durchführen kann. Wir glauben, daß auch für dieses Problem Transformationen eine Lösungsmethode sein können.

Literaturhinweise

1 Salton, G.: Automatic Information Organization and Retrieval, New York, 1968.

2 Cleverdon, C.: The Cranfield Tests on Index Language Devices, ASLIB Proceedings, Vol. 19, No. 6, 1967, S. 173-194.

3 Krantz, D.H.; Luce, R.D.; Suppes, P.; Tversky, A.: Foundations of Measurement, Volume I, New York, 1971.

4 Pfanzagl, J.: Theory of Measurement, Würzburg, 1973.

5 Coombs, C.H.; Dawes, R.M.; Tversky, A.: Mathematische Psychologie, Weinheim, 1975.

6 Roberts, F.S.: Discrete Mathematical Models, Englewood Cliffs, 1976.

7 Cherniavsky, V.S.; Lakhuty, D.G.: On the Problem of Retrieval System Evaluation I, Nancno-Techniceskaja Informasia Ser. 2, S. 24-34, 19 (AJ. 708.141) (russisch). Englische Übersetzung in: Automatic Documentation and Mathematical Linguistics, Vol. 4, No. 1, S. 9-26.

8 Rijsbergen, C.J.: Foundations of Evaluation, Journal of Documentation, Vol. 30, 1974, S. 365-373.

9 King. D.W.; Bryant, E.C.: The Evaluation of Information Services and Products, Washington, D.C., 1971.

10 Cleverdon, C.: The Testing and Evaluation of the Operating Efficiency of the Intellectual Stages of Information Retrieval Systems, In Samuelson, K. (Ed.): Mechanized Information Storage, Retrieval and Dissemination, Proceedings of the F.I.D./I.F.I.P. Joint Conference, Rome, June 14-17, 1967, Amsterdam, 1968.

11 Keen, E.M.: Evaluation Parameters, in Salton, G. (Ed.): The SMART Retrieval System, Englewood Cliffs, 1971.

12 Heine, M.H.: Measures of Language Effectiveness and the Swetsian Hypotheses, Journal of Documentation, Vol. 31, 1975, S. 283-287.

13 Brookes, B.C.: The Measure of Information Retrieval Effektiveness Proposed by Swets, Journal of Documentation, Vol. 24, S. 41-54.

14 Michajlow, A.I.; Chernyj, A.I.; Giljarevskij, R.S.: Informatik 1, Staatsverlag der DDR, 1970.

15 Cooper, W.S.: Expected Search Length: A Single Measure of Retrieval Effectiveness Based on the Weak Ordering Action of Retrieval Systems, American Documentation, Vol. 19, 1968, S. 30-41.

16 Pollock. S.M.: Measures for the Comparision of Information Retrieval Systems, American Documentation, Vol. 19, 1968, S. 387-397.

17 Sparck-Jones, K.: Automatic Keyword Classification, London, 1971.

18 Bollmann, P.: Untersuchung von Effektivitätsmaßen für Dokumenten-Retrieval-Systeme, Dissertation, TU Berlin, Berlin, 1977.

19 Bollmann, P.; Konrad, E.: Mathematische Modelle von Information Retrieval Systemen, in Kuhlen, R. (Ed.): Datenbasen - Datenbanken - Netzwerke. Praxis des Information Retrieval, Band 2, München, 1979.

20 Egle, K.: Graphen und Präordnungen, Zürich, 1977.

21 Schwuchow, W.: Über die Bewertung von Dokumentationssystemen, Nachrichten für Dokumentation, Vol. 21, 1970, S. 239-243.

22 Doyle, L.B.: Information Retrieval Processing, Los Angeles, 1975.

23 Bollmann, P.; Cherniavsky, V.S.: Investigations on the Recall-Fallout-Graph by Transformations, TU Berlin, Fachbereich Informatik, Bericht Nr. 78/01, Berlin, 1978.

24 Klawitter-Pommer, J.H.T.; Hoffmann, U.D.: Übersicht über die für den Leistungsvergleich mehrerer Literatur-Datenbasen wichtigsten Parameter, Nachrichten für Dokumentation, Vol. 27, 1976, S. 103-108.

25 Bollmann, P.; Cherniavsky, V.S.: The Characterization of Evaluation Measures for Document-Retrieval-Systems by Transformations, TU Berlin, Fachbereich Informatik, Bericht Nr. 77/26, Berlin 1977.

Malte Möhr

Benutzerorientierte Bewertung von Information-Retrieval-Systemen

Zusammenfassung

Mit Bezug auf die retrospektive Literaturrecherche in einem Information-Retrieval-System (IRS) werden grundlegende Modellvorstellungen entwickelt. Diese betreffen zum einen die Serie von Informationsabbildungen beim Betrieb von IRS und den damit verbundenen Informationsverlust. Sie betreffen zum anderen terminologische Zusammenhänge, die zur Verständigung über die Analyse der Wirksamkeit und des Nutzens von IRS erforderlich sind. Auf diesem Hintergrund werden die systemorientierte Bewertung und die benutzerorientierte Bewertung von IRS unterschieden. Einige Schwächen der systemorientierten Bewertung werden aufgezeigt. Es wird ein Vorschlag für eine benutzerorientierte Bewertung zur Illustration skizziert.

Abstract

Certain fundamental models are developed with reference to bibliographic search in an information-retrieval-system (IRS). These models concern on the one hand the series of information representations encountered in the operation of an IRS and the loss of information associated with that process. They concern on the other hand terminological relationships that are indispensable for discussing the analysis of effectiveness and utility of IRS. Against this background the system-oriented evaluation and the user-oriented evaluation of IRS are differentiated. Some weaknesses of the system-oriented evaluation are pointed out. For the purpose of illustration a proposal is made for a user-oriented evaluation.

> We suggest that relevance be defined as a relation between an individual, at the time he senses a need for information, and a document. We shall say the document is relevant to that person if he feels the need that brought him to examine the document /is/ satisfied, at least in part; we shall concede the patron as the final arbiter regarding the relevance of documents given him, and not question the processes or criteria he uses in coming to a decision. One of our main motivations for defining relevance is to allow us to evaluate how well an IRS is functioning; the definition we are proposing directly relates the concept to this goal.
>
> Abraham Bookstein
> (2, S.268)

1. Einleitung

In diesem Beitrag geht es um die Frage, ob Informationssystem-Spezialisten ihre eigenen Systeme anhand der scheinbaren bzw. vermuteten thematischen Relevanz von aufgefundenen Literaturhinweisen ("Sekundärinformation") bewerten sollten (3) oder ob nicht besser die tatsächlichen Benutzer - also die Verbraucher - solche Information-Retrieval-Systeme anhand der letztlich in der nachgewiesenen Literatur selbst gefundenen Information ("Primärinformation") beurteilen sollten, und wie eine derartige Bewertung vom Ansatz her durchgeführt werden könnte.

Der erstgenannte Bewertungsansatz operiert auf der Ebene der Suchfragen, der Literaturhinweise des Information-Retrieval-Systems und seiner technischen Verfahren (3); man spricht hier deshalb von "systemorientierter Bewertung" (7). Der zweite Bewertungsansatz liegt dagegen auf der Ebene der Informationsbedürfnisse der Benutzer und der Primärinformation, die sie durch Einschaltung des Information-Retrieval-Systems erhalten (2); man nennt diesen alternativen Bewertungsansatz deshalb "benutzerorientierte Bewertung" (1).

Dieser Beitrag plädiert für die unorthodoxe und offenbar unbequeme benutzerorientierte Bewertung. Damit wird eine Kontroverse im Mittelpunkt der informationswissenschaftlichen Diskussion aufgegriffen (1), (2), (7), (13), (14). Diese Kontroverse führt dabei auch zu grundsätzlichen Fragen über den Sinn, die Funktionen und die angemessene Verwendung quantitativer Modelle (4), (9), (12), (14).

Information-Retrieval-Systeme sollen die Kommunikation von dokumentierter Information verbessern [+]. Sie sollen insbesondere auch dazu beitragen, daß die verschiedensten individuellen Informationsbedürfnisse wirksamer und wirtschaftlicher befriedigt werden, als das bisher möglich ist. Information-Retrieval-Systeme weisen zu diesem Zweck in bezug auf einen vorgelegten individuellen Informationsbedarf bibliographische Daten (Referenzen) nach. Diese Sekundärinformation informiert über Dokumente, welche die eigentlich gesuchte Information, die Primärinformation, enthalten sollen. Information-Retrieval-Systeme werden also eingesetzt, um Ideen und Daten in Dokumenten ganz gezielt an die Person zu liefern, die mit dieser Information weiterdenken will. Information-Retrieval-Systeme konkurrieren bei dieser Zielsetzung mit alternativen Sekundärinformations-Möglichkeiten, wie z.B. Fachliteratur, Nachschlagewerke, Fachkollegen und Katalogsäle.

Die Leistung eines Information-Retrieval-Systems [++] beruht auf einer langen Kette von Informationsabbildungen (11). Der Benutzer artikuliert sein Informationsbedürfnis als einen definiti-

---

\+ = Nach den hier verwendeten Begriffen sollen Information-Retrieval-Systeme also die Übermittlung von Inhalten (die in dokumentierter Literatur enthalten sind) vom Autor zum Rezipienten verbessern (vollständiger, schneller, aktueller, kostengünstiger etc.). Wenn die neuerdings öfter zu hörende Verbindung von "Dokumentation", "Information" und "Kommunikation" einen Sinn haben kann, so nur diesen.

++ = Ein "Information-Retrieval-System" umfaßt hier insbesondere auch die folgenden Bestandteile: Hardware, Software, Daten, Ordnungssysteme und Indexierer, Programmierer, Informationsvermittler (searcher), sowie betriebliche Verfahrensregeln und Fortbildung der Mitarbeiter.

von Informationsbedarf +. Dieser wird vom Information-Retrieval-System interpretiert, und es versucht, dem Bedarf entsprechende Sekundärinformation auszuwählen. Danach obliegt es dem Benutzer, die nachgewiesenen Dokumente zu beschaffen und hinsichtlich der gesuchten Primärinformation zu rezipieren, sofern diese in den nachgewiesenen Dokumenten überhaupt enthalten ist.

Dieser skizzenhafte Überblick soll deutlich machen, daß Information Retrieval-Systeme ihren eigentlichen Zweck - nämlich individuelle Informationsbedürfnisse durch verbesserten Zugang zur Primärinformation zu befriedigen - in zweifacher Hinsicht nur indirekt erfüllen können. Zum einen können sie nur einen systemgerecht formulierten Informationsbedarf rezipieren. Das hängt mit der Intelligenz und Technik dieser Systeme zusammen. Zum anderen können sie nur Information über Dokumente produzieren, die die gesuchte Information vermutlich erhalten, nicht aber die gesuchte Information selbst. Auch das hängt mit der derzeitigen Konzeption von Information-Retrieval-Systemen zusammen.

In der geschilderten Situation offenbart sich ein grundlegendes Dilemma bei der Bewertung von sogenannten Information-Retrieval-Systemen. Hier liegen die schwierigen, substantiellen Probleme einer sinnvollen Bewertung solcher Systeme. Dieses Dilemma hat für das vorliegende Thema zentrale Bedeutung. Man kann Information-Retrieval-Systeme hinsichtlich ihres "Sekundärinformations-Output" bewerten, indem man aus dokumentarischer Sicht die produzierten Referenzen dem formulierten Informationsbedarf gegenüberstellt und deren thematische Relevanz feststellt; der Informationsvermittler beurteilt die Referenzen (3). Das wird seit Jahren sehr viel gemacht und wird heute als systemorientierte oder auch betreiberorientierte Bewertung bezeichnet.

Nun kann man im Gegensatz dazu Information-Retrieval-Systeme auch hinsichtlich ihres indirekten "Primärinformations-Output" bewerten, indem der Benutzer angibt, in welchem Umfang und in welcher Art die in den nachgewiesenen

+ = Zur Unterscheidung von Informationsbedürfnis und Informationsbedarf s. Abschnitt 3 und (7).

Dokumenten enthaltene Information sein ursprüngliches Informationsbedürfnis befriedigt hat. Diesen Bewertungsansatz bezeichnet man als benutzerorientierte Bewertung. Dieser Ansatz soll im folgenden erklärt werden.

Die betreiberorientierte Bewertung ist vergleichsweise einfach durchzuführen, weil man sie ohne irgendeinen Benutzer sozusagen labormäßig im Hause vornehmen kann. Sie führt in der Regel auch zu vergleichsweise positiven Relevanzquoten. Sie produziert aber bei Information-Retrieval-Systemen meines Erachtens weniger sinnvolle Bewertungsinformation, als in der Regel unterstellt wird. Das heißt, das Sekundärinformations-Output erlaubt nur mit größten Einschränkungen Rückschlüsse auf das indirekte Primärinformations-Output (8). Die benutzerorientierte Bewertung [+] ist vergleichsweise schwieriger zu entwerfen und aufwendiger in der Durchführung. Sie erzeugt aber interessantere Information.

Über die Sekundärinformations-Leistung von Information-Retrieval-Systemen wissen wir inzwischen eine ganze Menge. Über ihre Primärinformations-Leistung wissen wir dagegen noch fast gar nichts; eine frühe Ausnahme findet sich in (8). Man hat bisher nur punktuelle, nicht-repräsentative Einblicke. Nach über zehn Jahren mit zahllosen Bewertungen von Information-Retrieval-Systemen wissen wir heute nicht, wie wirksam und wie wirtschaftlich ihre individuellen Literaturrecherchen die Kommunikation von dokumentierter Information tatsächlich unterstützen.

Bevor die hier skizzierten Fragen genauer erörtert werden, ist es nützlich, sich die tatsächlichen, im gesellschaftlichen Prozeß zu beobachtenden Funktionen von Bewertungsobjekten zu vergegenwärtigen. Tatsächlich ist es ja so, daß die Bewertung - im politischen und betrieblichen Prozeß der Entwicklung eines Information-Retrieval-Systems - mehrere Funktionen und entsprechende Wirkungen haben kann, weit hinaus über das Erzeugen von wissenschaftlich abgesicherter Information für den sogenannten rationalen Entscheider (4). In Anbetracht dieser Vielfalt von Funktio-

---

+ = "Bewertung" wird hier im allgemeinen als empirisches Bewertungsprojekt und nicht als individuelles Beurteilen verstanden.

nen kann eine Bewertung auch auf sehr vielfältige Weise gestaltet und wirksam durchgeführt werden (4); diese Funktionen von Bewertung können hier allerdings nicht referiert werden.

Im Zusammenhang damit sind außerdem grundsätzliche Überlegungen zum Einsatz exakter quantitativer Modelle in einem so schwer faßbaren Anwendungsbereich wie Information-Retrieval anzustellen. Die realen Problemstellungen der Systementwicklung und Bewertung lassen sich auf sehr vielfältige und unterschiedliche Weise in exakt analysierbare Probleme umformen (12). Die real vorgefundenen Probleme sind auch aufgrund der gesellschaftlichen Implikationen komplex und für die Analyse und Bewertung dementsprechend "formbar" (12). Exakte quantitative Modelle können in diesem Anwendungsgebiet das Bewertungsproblem in seiner Gesamtheit nicht adäquat repräsentieren (d.h. ersetzen). Exakte quantitative Modelle können deshalb bestenfalls als "analytische Perspektiven" besonders interessante Problemaspekte beleuchten, um über das jeweilige Modell hinausgehende Überlegungen anzuregen, die dann nicht auf dessen oft extrem vereinfachenden Annahmen beruhen (12). Derartige Überlegungen sind erforderlich, um die Frage nach dem Sinn und der Zweckmäßigkeit von konkurrierenden Bewertungsansätzen in einem genügend weiten Rahmen zu sehen. Andernfalls läuft man Gefahr, eine periphere Frage exakt zu beantworten, anstatt eine wesentliche Frage aufzuwerfen und deren Beantwortung zu beginnen.

Um den Umfang dieser Erörterung in dem vorgegebenen Rahmen zu halten, sollen alle Überlegungen am Beispiel der individuellen, delegierten, computerunterstützten Literaturrecherche konkretisiert werden. Diese Einschränkung scheint unumgänglich, um dieses kontroverse Thema überhaupt mit einer gewissen Tiefe behandeln zu können. Außerdem hat dieser Dienstleistungstyp zur Zeit - und wohl auch in Zukunft - eine erhebliche Bedeutung.

Im folgenden Abschnitt sollen zur theoretischen Fundierung der benutzerorientierten Bewertung die Informationsabbildungen in der delegierten, computerunterstützten Literaturrecherche kurz dargestellt werden. Daran anschließend sollen dann begriffliche

Zusammenhänge zur Unterscheidung von Bewertungskriterien (7) erläutert werden. Mit diesen zwei modellhaften Bausteinen wird das Information-Retrieval einmal vom Prozeß der wiederholten Informationsumformungen her und dann vom Standpunkt seiner Wirksamkeit her betrachtet. Nach dieser Vorbereitung kann dann die systemorientierte Bewertung mit ihren überkommenen Kriterien der Leistungsfähigkeit kritisch untersucht werden. Anschließend sollen verschiedene Aspekte zu einer benutzerorientierten Bewertung nach den Kriterien der Wirkung und des Nutzens vorgestellt und damit zusammenhängende offene Fragen diskutiert werden.

2. Die Informationsabbildungen in der delegierten, computerunterstützten Literaturrecherche

An dieser Stelle ist es erforderlich, sich die Kommunikation von dokumentierter Information mit Hilfe der delegierten, computerunterstützten Literaturrecherche etwas genauer anzusehen. Die angestrebte "Gedanken-Verbindung" vom Autor (Produzent) zum Rezipienten (Konsument, Benutzer) soll einmal unter dem Aspekt der arbeitsteiligen Informationsverarbeitung analysiert werden. Es sollen dazu die verschiedenen Prozesse der Informationsverarbeitung bzw. -abbildung und deren jeweilige Produkte (also Abbildungen) dargestellt werden.

Auf diese Weise kann verdeutlicht werden, welche prekäre Funktion die Sekundärinformation - mit ihrem extrem geringen Gehalt an Primärinformation (11) - in einer derartigen Kommunikation hat. Mit diesem Modell soll dann die Unterscheidung von systemorientierter und benutzerorientierter Bewertung deutlich gemacht werden. Insbesondere soll gezeigt werden, warum die Ergebnisse einer systemorientierten Bewertung kaum die Wirksamkeit und den Nutzen der Recherche anzeigen können. Abbildung 1 zeigt dieses Modell (s. Abb. 1) mit den chronologisch numerierten Prozessen der Informationsabbildung (Rechtecke) sowie den resultierenden Informationsabbildungen (Kreise).

Der entscheidende Aspekt an diesem Modell besteht in der Erkenntnis, daß die zu kommunizierende Primärinformation von verschie-

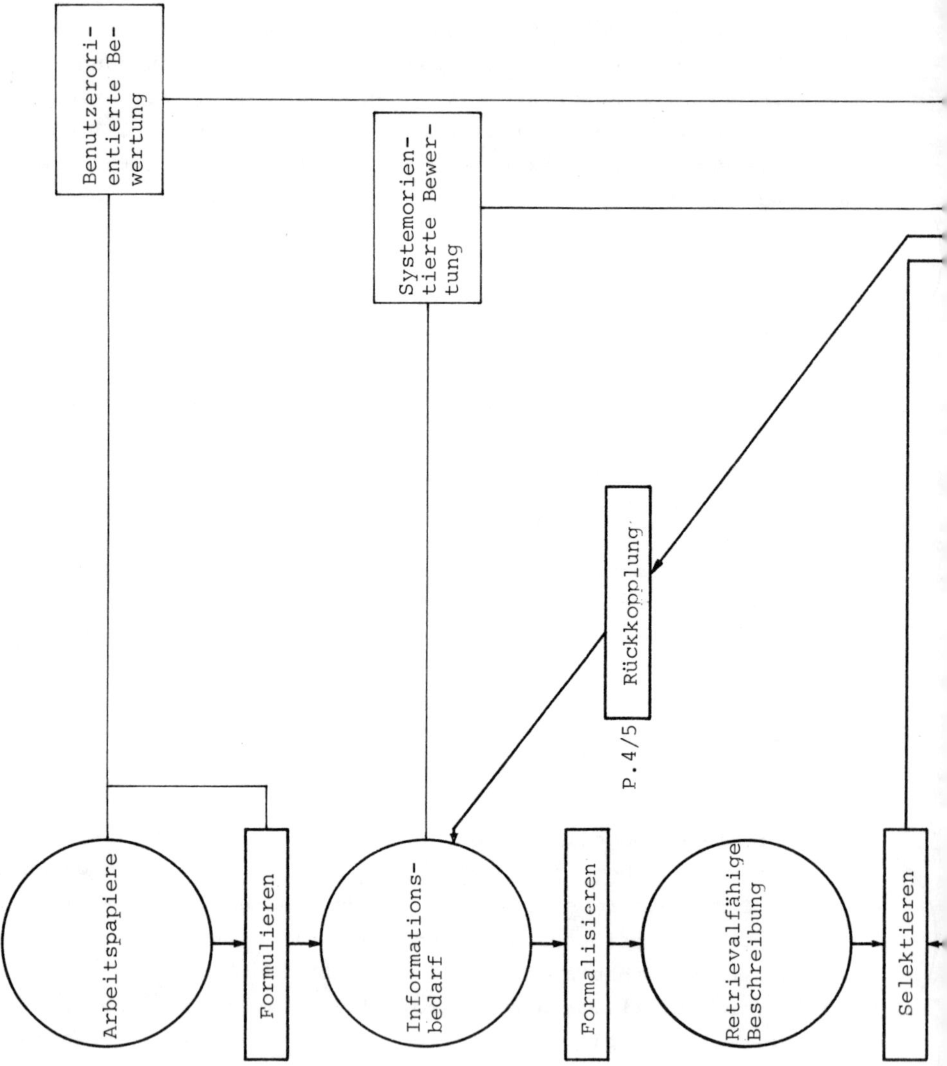
Benutzerorientierte Bewertung
Systemorientierte Bewertung
Rückkopplung
P.4/5
Arbeitspapiere
Formulieren
P.3
Informationsbedarf
Formalisieren
P.4
Retrievalfähige Beschreibung
Selektieren
P.5

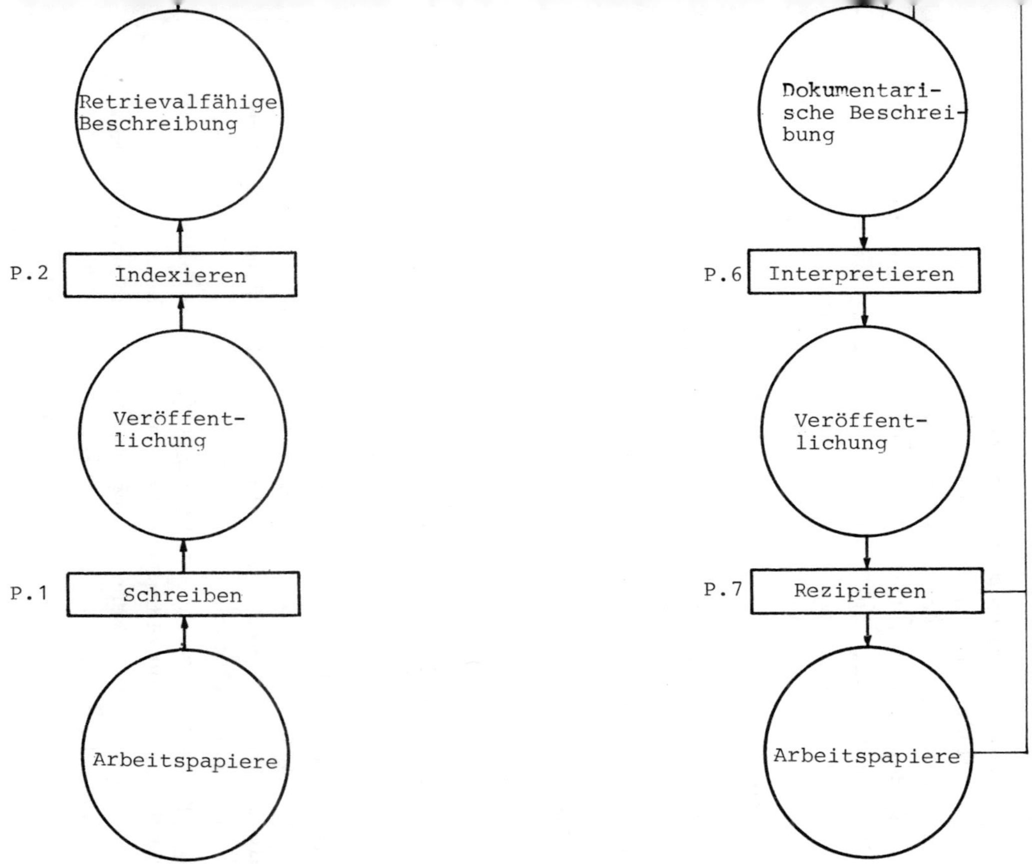

Abbildung 1 <u>Die Informationsabbildungen in der delegierten computerunterstützten Literaturrecherche</u>

denen Personen in einem seriellen, arbeitsteiligen Prozeß immer wieder umgeformt wird (6), (10), (11), wobei jede dieser Umformungen in der Regel [+] ausschließlich auf die ihr unmittelbar vorgelagerte Informationsabbildung zurückgreifen kann, wie wenig informativ (d.h. inhaltsvoll) diese auch sein mag, und nicht auf die vollständige Ursprungsinformation. Dabei ist nun jede dieser Informationsabbildungen mit einem mehr oder weniger großen Informationsverlust verbunden. So kann z.B. heute ein Information-Retrieval-System in der Regel nur auf die retrievalfähige Beschreibung der Veröffentlichung zurückgreifen, nicht aber auf diese selbst; das gleiche gilt für den Informationsvermittler am Terminal. Ebenso kann das Hardware-Software-System nur auf die formalisierte retrievalfähige Beschreibung des Informationsbedarfs zurückgreifen, nicht aber auf diesen selbst.

Im einzelnen zeigt dieses Modell die folgenden sieben Prozesse der Informationsverarbeitung: In P.1 schreibt ein Autor auf der Basis seiner verschiedenen Arbeitspapiere eine Veröffentlichung. Hier wird die zu kommunizierende Information in ihre verbindliche Form gebracht.

In P.2 fertigt der Indexierer auf der Basis der ihm vorliegenden Veröffentlichung eine retrievalfähige Beschreibung der Veröffentlichung an, d.h. er ordnet inhaltsbeschreibende Elemente zu, die später als Suchbegriffe verwendet werden sollen. Zu diesem Zweck wird er sich mit der Veröffentlichung inhaltlich mehr oder weniger intensiv befassen, um ihren Inhalt zu begreifen. Je nachdem, wie intensiv diese inhaltliche Arbeit ist, entsteht eine mehr oder weniger adäquate retrievalfähige Beschreibung der Veröffentlichung. In jedem Fall enthält diese retrievalfähige Beschreibung aber nur einen kleinen Bruchteil der Primärinformation, die in der Veröffentlichung enthalten ist. Dieser Informationsverlust wird dann deutlich, wenn man versucht, die Information in der Veröffentlichung auf der Basis ihrer retrievalfähigen Beschreibung zu reproduzieren; ich nenne diesen Versuch einen Reproduktionstest. Der Vorgang ähnelt dem beliebten Spiel "Stille

---

+ = Eine Ausnahme bildet die Rückkopplung P.4/5.

Post".

In P.3 formuliert der Benutzer aufgrund vielfältiger Arbeitspapiere und Gedanken seinen Informationsbedarf. Er wird diesen Informationsbedarf so informativ und genau formulieren wie möglich und dabei gleichzeitig versuchen, auf das von ihm unterstellte Rezeptionsvermögen der Informationsvermittler im Information-Retrieval-System einzugehen. Diese Bedarfsformulierung geschieht manchmal schon auf einem Formblatt. Sie ist aus diesen Gründen anders und möglicherweise weniger informativ als z.B. die Bedarfsformulierung, mit der der Benutzer sich an einen bekannten, kompetenten Fachkollegen wenden würde.

In P.4 formalisiert der Informationsvermittler den vorgelegten Informationsbedarf zu einer retrievalfähigen Beschreibung. Man sagt, er gestaltet eine Suchlogik, wobei oft auch terminologische Übertragungen in das kontrollierte Systemvokabular notwendig sind. Syntaktische Relationen in dem formulierten Informationsbedarf gehen bei dieser Abbildung weitgehend verloren. Dabei geht der Informationsvermittler notgedrungen von seinem eigenen Verständnis des vorgelegten Informationsbedarfs aus. Das wird in der Regel ein anderes Verständnis sein als das des Benutzers. Der hier entstehende Informationsverlust kann durch einen Dialog (z.B. telefonisch) zwischen Benutzer und kompetentem Informationsvermittler verringert werden. Bei der hier beispielhaften delegierten, postalischen Recherche findet ein solches Gespräch allerdings oft nicht statt.

In P.5 selektiert die Retrieval-Software des Systemprogrammierers auf der Basis der vorliegenden retrievalfähigen Beschreibungen der Veröffentlichungen und des Informationsbedarfs diejenigen Beschreibungen, die nach den formalisierten Regeln der Retrieval-Software von dieser als relevant eingestuft werden (coordinate-indexing-Technik oder dergleichen).
Die entsprechenden dokumentarischen Beschreibungen - zuweilen mit einem Abstract - werden auf einem Outputmedium ausgegeben. Der Erfolg dieser Informationsverarbeitung hängt nun von der Qualität der Retrieval-Software ab (Befehlsrepertoir, Fehlerfreiheit etc.)

Wenn der Informationsvermittler am Terminal das Output kritisch prüft, wie das im online Betrieb üblich ist, so kann er seine Formalisierung in P.4 ändern, um die Selektion in P.5 besser auf seine eigene Interpretation des ihm vorliegenden Informationsbedarfs auszurichten. Diese Rückkopplung wird in Abbildung 1 mit dem Prozeß P.4/5 angedeutet.

In P.6 interpretiert der Benutzer die ihm vorgelegten mehr oder weniger informativen dokumentarischen Beschreibungen und entscheidet, welche der nachgewiesenen Veröffentlichungen er sich beschaffen will, um zu prüfen, ob sie die von ihm gesuchte Information tatsächlich enthalten.

In P.7 schließlich rezipiert der Benutzer die beschafften Veröffentlichungen - insofern sie sich tatsächlich als wertvoll erweisen - hinsichtlich der gesuchten Information, die er dabei u.a. in seine Arbeitspapiere aufnimmt. Erst bei diesem letzten Schritt, der die Umkehrung von P.1 darstellt, erreicht die Qualität der Informationsverarbeitung in dieser arbeitsteiligen Kette im allgemeinen wieder das wünschenswerte Niveau.

Die Kommunikation der dokumentierten Information verläuft also nicht direkt vom Autor zum Rezipienten, sondern sie verläuft indirekt und seriell über die dazwischen geschalteten Informationsabbildungsprozesse des Indexierers P.2, des Informationsvermittlers P.4 und der Retrievalsoftware P.5. Jeder dieser drei zwischengeschalteten Informationsverarbeitungsprozesse ist qualitativ grundsätzlich begrenzt, vor allem auch durch die ihm jeweils zugrunde liegende Informationstechnologie: Thesaurus-Deskribierung, bzw. Stichwortextraktion bei Freitextverfahren (P.2), zulässige Suchstrategien (P.4) und verfügbare Basissoftware (P.5). Da nun insbesondere die Informationsverarbeitungsprozesse, Indexieren und Formalisieren, mit einem sehr hohen Verlust an Primärinformation behaftet sind, ist zu erwarten, daß die Kommunikation von dokumentierter Information mit Hilfe einer delegierten, computerunterstützten Literaturrecherche derzeit noch mit hohen Fehlerquoten arbeitet (viel Ballast im Output, viel Relevantes nicht selektiert). Mit anderen Worten, die Wahrscheinlichkeit einer richtigen Verbindung zwischen Produzent und Konsument wird verhältnismäßig klein sein und die einer falschen Verbindung verhältnismäßig groß. Dieser Gedanke wird im Abschnitt 5 mit Mengendiagrammen illustriert.

Die systemorientierte Bewertung, in der Regel durchgeführt vom Informationsvermittler selbst, so z.B. in (3), beruht letztlich auf der Gegenüberstellung der Bezugsobjekte Informationsbedarf, wie ihn der Benutzer formuliert hat, und dokumentarische Beschreibung, wie sie das Information-Retrieval-System ausgeworfen hat. Bei der systemorientierten Bewertung bewertet also ein Stellvertreter des Benutzers dokumentarische Beschreibungen (Sekundärinformation), deren Bedeutung er in der Regel nur äußerst schwer einschätzen kann, hinsichtlich eines für den Informationsvermittler formulierten Informationsbedarfs, den er im allgemeinen anders versteht als der Benutzer selbst. Hieraus wird deutlich, daß eine derartige "technokratische" Bewertung auf der Basis von Sekundärinformation und begrenzter Kenntnis des Informationsbedarfs in der Regel kaum irgendwelche wertvollen Rückschlüsse auf den Wert des Rechercheergebnisses für den Benutzer zulassen wird. In der systemorientierten Bewertung werden u.a. die Systemkomponenten Indexierungsverfahren (P.2), Suchlogik (P.4) und Retrieval-Software (P.5) bewertet und mit Alternativen verglichen.

In der benutzerorientierten Bewertung dagegen wird ein gegebenes Information-Retrieval-System als Ganzes hinsichtlich seiner Primärinformations-Leistung analysiert und bewertet. Die Bezugsobjekte sind demnach Input und Output des Systems, wie es in der Einleitung definiert wurde. Input: das Informationsbedürfnis und dessen Formulierung als Informationsbedarf. Output: Das Rezipieren der für den Benutzer wertvollen Veröffentlichungen und die dabei gewonnene Information. Die benutzerorientierte Bewertung ist im wesentlichen qualitativer Art (2). Die benutzerorientierte Bewertung geht also vom ursprünglichen Informationsbedürfnis und von der tatsächlichen Informationsleistung dieser Fachkommunikationsform aus.

Nur der Benutzer kann - bei diesem so flüchtigen und bisher nicht quantifizierbaren Produktionsfaktor Information - abschätzen, (a) ob die erfahrene Informationsleistung seinen Erwartungen entspricht, und (b) ob die gewonnene Information - nach seinem Ermessen - seinen eigenen Aufwand an Geld, Zeit und Arbeit in den Prozessen P.3 Formulieren, P.6 Interpretieren und P.7 Rezipieren rechtfertigt oder nicht. Der Benutzer macht hier unweigerlich eine persönliche, qualitative Kosten-Nutzen-Bilanz. Diese Einschätzung hängt natürlich von vielen Faktoren im Umfeld des Benutzers ab, insbesondere auch von seinen alternativen Informationsmöglichkeiten.

3. Begriffliche Zusammenhänge zur Unterscheidung von Bewertungskriterien

An dieser Stelle soll die Kommunikation von dokumentierter Information mit Hilfe einer delegierten, computerunterstützten Literaturrecherche einmal aus wirtschaftlicher Sicht betrachtet werden. Es sollen verschiedene Kriterien der Wirksamkeit und des Nutzens mit ihren Zusammenhängen im Rahmen der Bedarfsbildung, Produktion und Nutzung der Informationsdienstleistung erörtert werden. Damit soll die Unterscheidung von systemorientierter und benutzerorientierter Bewertung aus wirtschaftlicher Sicht offengelegt werden.

Dazu sollen jetzt die Begriffe der Informationsdienstleistung, der Wirksamkeit (Leistungsfähigkeit, Wirkung) und des Nutzens (im engeren Sinne) etwas näher betrachtet werden, um den Unterschied der beiden Bewertungsansätze zu verdeutlichen. Das begriffliche Gerüst läßt sich anhand der folgenden zwei Abbildungen darstellen (s. Abb. 2, Abb. 3) (7). In den Abbildungen 2 und 3 sind die Begriffe - mit dem verbindenden Text an den Pfeilen - jeweils als ein Satz zu lesen; z.B.: "Informationsbedürfnis" "wird ausgedrückt als" "Informationsbedarf". Zunächst einmal zielt Abbildung 2 auf die Unterscheidung von Leistungsfähigkeit und Wirkung (s. Abb. 2). In der Reihenfolge der dort verwendeten Numerierung: 1-2: Die sogenannte Problemsituation eines Benutzers schafft ein bestimmtes Informationsbedürfnis. Unter Informationsbedürfnis versteht man das Gefühl eines Mangels an Wissen, verbunden mit dem Streben, diesen Mangel zu beseitigen. Das Informationsbedürfnis entsteht in einem Problemlösungs- und Lernprozeß (in der Arbeits- und Lebenssituation des Benutzers) und verändert sich dabei fortwährend.

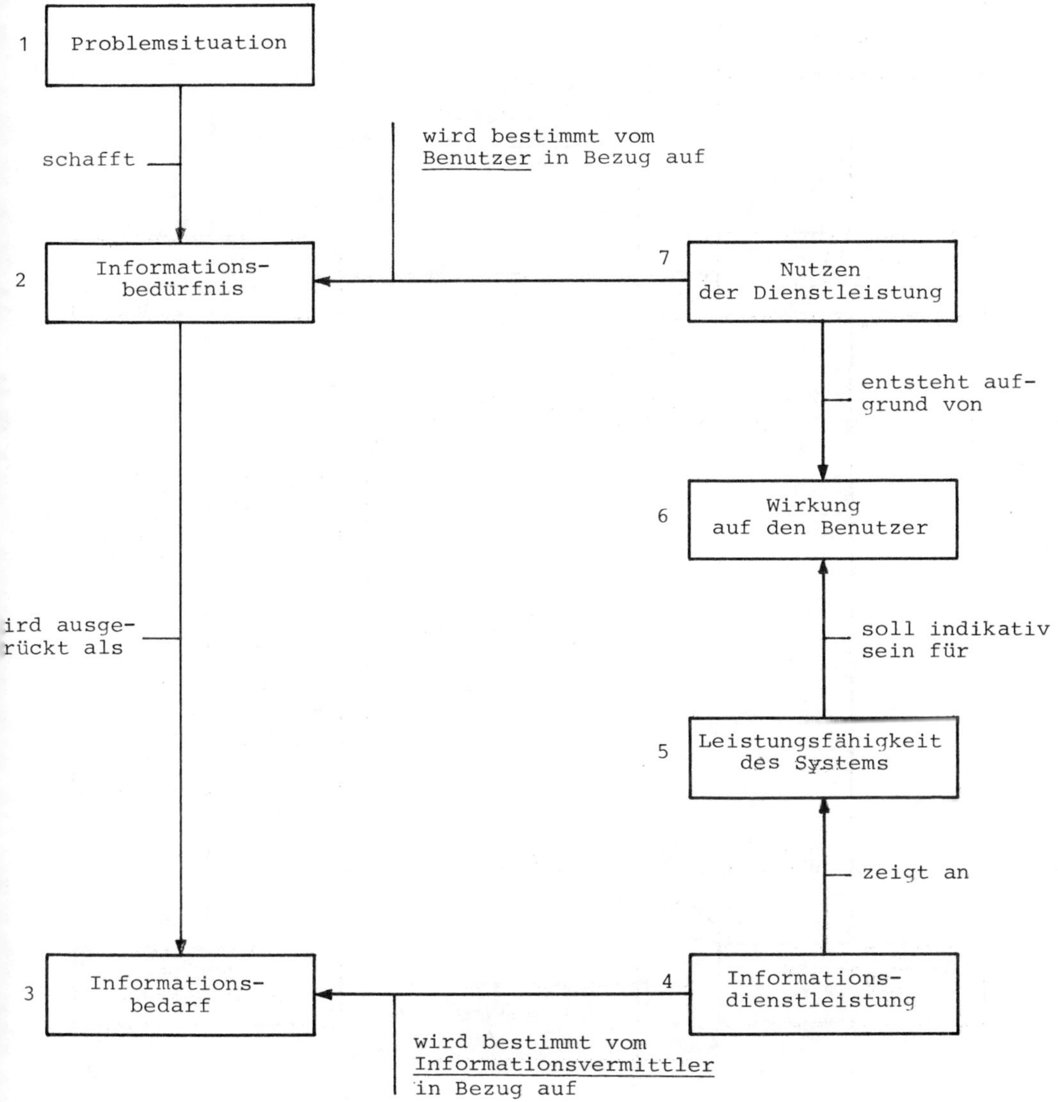

Abbildung 2 Leistungsfähigkeit des Informationssystems und Wirkung auf den Benutzer

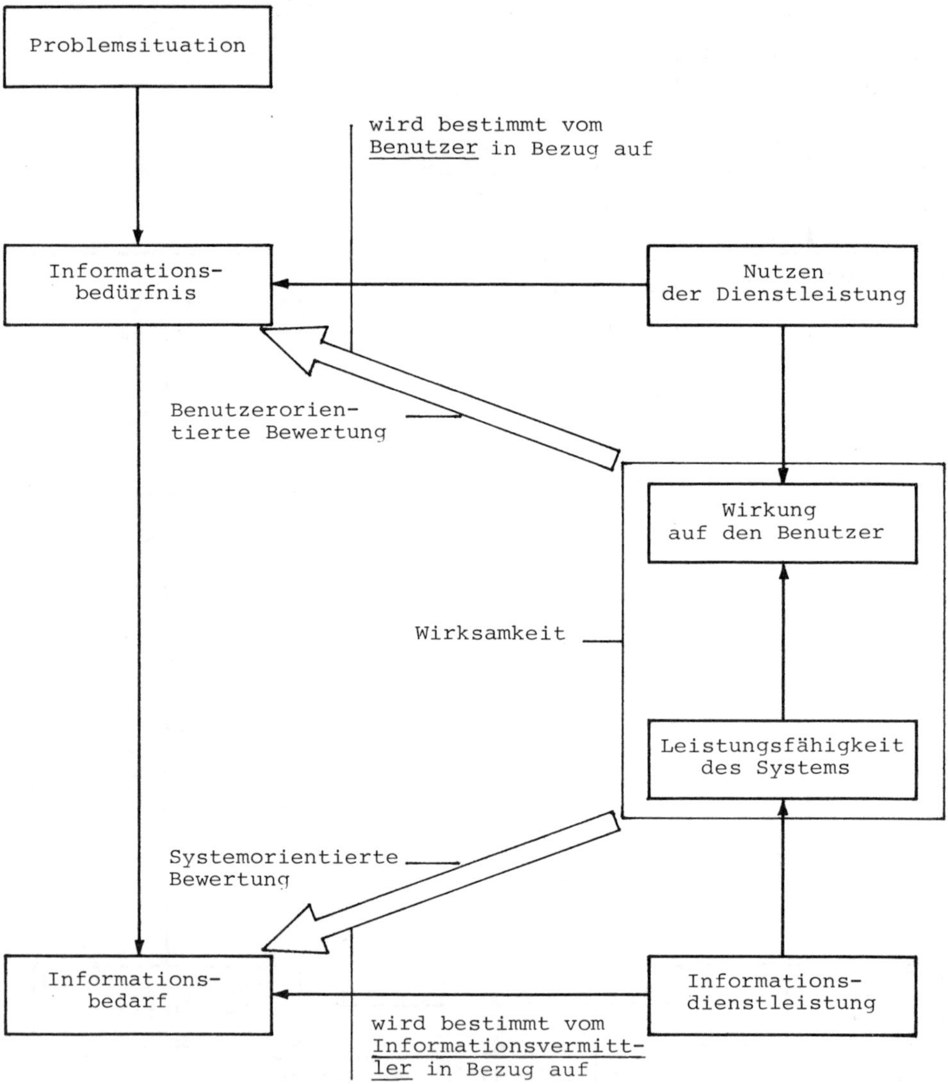

Abbildung 3 Benutzerorientierte und systemorientierte Bewertung

Man kann den Begriff Informationsbedürfnis individuell aber auch aggregiert für Gruppen und die gesamte Gesellschaft auffassen bzw. definieren (7); das gleiche gilt für die folgenden Begriffe.

2 - 3: Dieses Informationsbedürfnis wird vom Benutzer mehr oder weniger gut erkannt und als Informationsbedarf ausgedrückt, wenn er sich für eine delegierte, computerunterstützte Literaturrecherche an eine IuD-Einrichtung wendet. Dieser Informationsbedarf ist das nach Art und Menge beschriebene Wissen und dessen Beschreibung, das zur Befriedigung des Informationsbedürfnisses vom Benutzer als erforderlich angesehen wird. Eine solche in der Regel unvollkommene Beschreibung von erforderlichem Wissen entspricht dem dahinter stehenden Informationsbedürfnis und ist insofern dessen mehr oder weniger adäquate Konkretisierung (vgl. das Modell im Abschnitt 2). Wie gesagt, man muß zwischen individuellem, gruppenspezifischem und gesellschaftlichem Informationsbedarf unterscheiden.

3 - 4: Dann wird vom Informationsvermittler - mit Hilfe des Information-Retrieval-Systems im engeren Sinne - eine individuelle Informationsdienstleistung in bezug auf den vorgelegten Informationsbedarf erstellt. Dabei kann der Informationsvermittler unter Umständen mit dem Benutzer kommunizieren, um einerseits die Formulierung des Informationsbedarfs und andererseits seine eigene Interpretation desselben zu verbessern. Die Informationsdienstleistung ist hier also ein Mittel zur Befriedigung eines Informationsbedürfnisses. Sie wird erbracht in bezug auf einen vorliegenden Informationsbedarf mit der Absicht, das hinter dem Bedarf stehende Bedürfnis zu befriedigen. Auch die Dienstleistung ist wieder auf individueller, gruppenspezifischer und gesellschaftlicher Ebene zu sehen. In dem hier diskutierten Fall hat die Informationsdienstleistung die Form einer mehr oder weniger informativ ausgestalteten Literaturliste.

4 - 5: Die Qualität dieser Informationsdienstleistung (bzw. mehrerer Informationsdienstleistungen aus einer Periode) zeigt die Leistungsfähigkeit des Information-Retrieval-Systems an. Diese technische Leistungsfähigkeit wird in der Regel vom Informationsvermittler bestimmt, indem er die Informationsdienstleistung

mit dem Informationsbedarf vergleicht. Das ist die sogenannte systemorientierte Bewertung (s. Abb. 3). Dabei ist die Leistungsfähigkeit einer Informationsdienstleistung bzw. des Information-Retrieval-Systems die Gesamtheit derjenigen Eigenschaften, die für die Bedarfsdeckung wichtig erscheinen. Welches diese Eigenschaften sind, und wie man sie mißt und bewertet, darüber gehen die Meinungen in der Informationswissenschaft heute noch weit auseinander. Man muß dabei zwischen der Leistungsfähigkeit von individuellen, standardisierten und gesellschaftlichen Informationsdienstleistungen und auch von Informationsdienstleistungsbetrieben unterscheiden.

5 - 6: Die - wie auch immer definierte und gemessene - Leistungsfähigkeit soll nun indikativ sein (im Sinne von Hinweis) für die Wirkung, die die Informationsdienstleistung auf den Benutzer und seine Problemlösung hat. Mit Bezug auf das Modell im Abschnitt 2 kann man jetzt sagen: Die Wirkung der mit der Informationsdienstleistung gelieferten Sekundärinformation ist der nach Art und Umfang beschreibbare Erfolg oder Wissenszuwachs, der sich aus der Rezeption der darin zugänglich gemachten Primärinformation im Hinblick auf das zugrundeliegende Informationsbedürfnis des Benutzers ergibt. (Verbesserung, Beschleunigung der Problemlösung und dergleichen). Man sollte auch hier wieder - je nach Aggregation - zwischen individueller, gruppenspezifischer und gesellschaftlicher Wirkung unterscheiden.

6 - 7: Der Benutzer kann der Informationsdienstleistung aufgrund ihrer Wirkung einen mehr oder weniger großen Nutzen (im engeren Sinne) zusprechen. Abermals mit Bezug auf das obige Modell: Der Nutzen einer Sekundärinformation ist das <u>Ausmaß</u> der Befriedigung eines Informationsbedürfnisses, die sich aufgrund der nachgewiesenen Primärinformation (bzw. deren Rezeption) beim Benutzer einstellt. Man sollte auch hier - je nach Aggregation - wieder zwischen individuellem, gruppenspezifischem und gesellschaftlichem Nutzen unterscheiden.

Ebenso wie die Definition und Messung der Leistungsfähigkeit sind auch die Definition und Messung der Wirkung und des Nutzens schwierig und umstritten. Bei einer nach der Art des Informationsbedürfnisses bzw. Informationsproblems differenzierten Betrachtungsweise zeigt sich, daß die Wirkung einer Informationsdienstleistung, je nach Fachgebiet, Verwendungszweck, Vorwissen des Benutzers und eingesetzter Fachkompetenz des Information-Retrieval-Systems außerordentlich stark variiert. Darauf soll in den beiden folgenden Abschnitten noch näher eingegangen werden.

Abbildung 3 veranschaulicht die beiden Bewertungsansätze auf dem Hintergrund der grundlegenden begrifflichen Zusammenhänge (s. Abb. 3). Hier wird überdies deutlich, daß der Begriff der Wirksamkeit - und damit auch die Kosten-Wirksamkeits-Analyse selbst - zwei diametral entgegengesetzte Kriterien umfaßt; das wird in zahlreichen Kosten-Wirksamkeits-Analysen übersehen.

4. Zur Kritik der systemorientierten Bewertung nach dem Kriterium der Leistungsfähigkeit

Wie oben schon angedeutet wurde, besteht die systemorientierte Bewertung von Information-Retrieval-Systemen im wesentlichen darin, daß der Informationsvermittler (oder oft eine dazu angestellte Hilfskraft) die produzierte Literaturliste als solche mit dem formulierten Informationsbedarf vergleicht, um zu entscheiden, welcher der nachgewiesenen Titel seines Erachtens für den vorliegenden Bedarf thematisch relevant ist und welcher Titel nicht relevant ist (2), (10). Es wurde in diesem Zusammenhang auch schon hervorgehoben, aufgrund welcher außerordentlich geringen Informiertheit diese Relevanzentscheidungen gefällt werden.

Nach diesem ersten problematischen Schritt folgt ein zweiter: Man zählt die Anzahl der Elemente in den gerade gebildeten Mengen. Wenn die Recherche insgesamt n Referenzen enthält, wovon r als relevant eingeordnet werden, dann enthält die Recherche n-r nicht relevante Referenzen. Mit diesen zwei Variablen n und r werden dann unter anderem die folgenden zwei Quoten als Kriterien der Leistungsfähigkeit gebildet; hier entstehen weitere Probleme:

$$\frac{r}{n} = p \quad \text{Präzisionsquote}$$

$$\frac{n-r}{n} = b \quad \text{Ballastquote}$$

Diese kurze Skizzierung genügt bereits, um ein paar kritische Fragen aufzuwerfen.

Die fundamentale Schwierigkeit bei diesem ganzen Verfahren besteht nun offenbar darin, daß man nicht genau weiß, was da eigentlich gemessen wird. Die Probleme lassen sich in der folgenden Reihenfolge diskutieren: a) Relevanzentscheidung, b) Auszählen von Mengen, c) Bilden von Quoten.

a) Der Zweck von Information-Retrieval-Systemen ist die Verbesserung der Kommunikation von dokumentierter Primärinformation. Mit Bezug auf das Modell in Abb. 1 wurde hervorgehoben, daß man die Primärinformations-Leistung bisher nicht mißt. Nun wird aber in dem oben gerade skizzierten Verfahren auch die Sekundärinformations-Leistung eigentlich nicht gemessen; denn die thematische Relevanzentscheidung über eine Referenz kann ohne die entsprechende Primärinformation allenfalls vom Benutzer selbst gefällt werden. Auf der Seite der Indexierung ("Inputbereich") ist dieses Problem der Stellvertreterentscheidung - zu welchem Thema bzw. Problem ein Aufsatz etwas sagt - gleichsam in das Konzept eines Information-Retrieval-Systems fest eingebaut +. Das heißt, im Gegensatz zum vergleichsweise trivialen Messen der technischen Leistungsfähigkeit von Apparaten in physikalischen Meßgrößen (KW, m^3/Sek., Additionen/Sek. etc.) ist das Messen der Primärinformationsleistung (Vermittlung von dokumentierter Primärinformation mit Hilfe der Selektion von Sekundärinformation) eines Mensch-Maschine-Systems ein ausgesprochen diffiziler Vorgang, der auf inhaltliche Interpretation und qualitative Bewertung von Literatur - bezogen auf einen persönlichen Kenntnisstand im Kopf - unbedingt angewiesen ist.

b) Das Auszählen von Mengen zur Bestimmung der Variablen n und r muß bei genauer Betrachtung als ebenso fragwürdig erscheinen wie die Relevanzentscheidung selbst. Insbesondere die Anzahl der relevanten Referenzen r beruht ja implizit auf der abwegigen Annahme, daß der Wert aller relevanten Referenzen

---

+ = Es sei denn, man läßt den Autor selber indexieren, wie das z.B. in den USA zum Teil üblich ist.

gleich groß ist, und daß eine große Zahl relevanter Referenzen mehr wert ist als eine kleine Zahl +. Tatsächlich ist aber der Wert mehrerer relevanter Referenzen nicht gleich und nicht addierbar. Im Gegenteil: das hervorstechende Merkmal der Literatur zu einem Thema ist ja gerade die Verschiedenartigkeit und der unterschiedliche Wert der einzelnen Beiträge sowie ihre inhaltliche (und oft auch bibliographische), gegenseitige Abhängigkeit. Literatur läßt sich eben nicht sinnvoll zählen und addieren (wie Ziegelsteine), um daraus ein Gebäude des Wissens zu errichten.

In Wirklichkeit ist es im Idealfall gerade so, daß ein wesentlicher, notwendiger Beitrag zu einer Literatur das meiste des vorher Geschriebenen überflüssig macht. Das vorher Geschriebene wird über Nacht zu Ballast im Stoffwechsel der Wissenschaft und ist danach allenfalls von ideengeschichtlichem Interesse. Daß man im Einzelfall hierüber gut streiten kann, ändert nichts an der Tatsache. Zurück bleibt bei den Information-Retrieval-Systemen ein Entrümpelungsproblem, das täglich zunimmt. Die oben genannten Informationszusammenhänge gehen dabei noch über Zusammenhänge innerhalb der produzierten Literaturliste hinaus. Die Wirkung einer Informationsdienstleistung läßt sich nämlich kaum von der Wirkung anderer Informationsquellen trennen. Information wirkt immer nur in Verbindung mit anderer Information und also auch in Abhängigkeit davon, wer solche Information mit welchem Vorwissen verarbeitet, und zu welchen Analogieschlüssen er fähig ist.

c) Das Bilden von Quoten, wie z.B. in der Präzisionsquote und in der Ballastquote (s.o.) ist nun zusätzlich problematisch, weil es für den Benutzer keineswegs gleichgültig ist, ob eine Referenz von dreien relevant ist oder aber 100 Referenzen von 300. In beiden Fällen ist die Präzisionsquote 1/3. Die erste Recherche kann er schnell und gründlich verarbeiten, die zweite kaum noch.

+ = "pig principle: much is good, more is better".

So gesehen erscheint die traditionelle systemorientierte Bewertung von Information-Retrieval-Systemen zur Beurteilung ihrer Wirksamkeit als ein wenig überzeugender Versuch, mit "harten" Daten aufzuwarten (pseudowissenschaftliche Objektivierung). Die systemorientierte Bewertung wurde lange Zeit kaum in Frage gestellt. Heute erkennt man aber eine zunehmende Anzahl von Versuchen, sich von ihren unhaltbaren Grundannahmen zu lösen (1), (2), (7), (9), (14).

Ideengeschichtlich gesehen, ist die orthodoxe systemorientierte Bewertung früher einmal - mit Einschränkungen - sinnvoll gewesen, als man die ersten experimentellen Retrievalsysteme in Datenverarbeitungs-Labors anhand kleiner Versuchsdateien (Spielmaterial) getestet und verfeinert hat. Es ist aber unverständlich, daß diese Verfahren heute noch auf große, seit Jahren betriebene Systeme mit zahlreichen Benutzern angewendet werden.

5. Illustratives Beispiel einer benutzerorientierten Bewertung nach den Kriterien Wirkung und Nutzen

Wenn man, dem IuD-Programm folgend, wieder davon ausgeht, daß es der Zweck von Information-Retrieval-Systemen ist, die Kommunikation von dokumentierter Information wirksamer und wirtschaftlicher zu gestalten, als die traditionellen Kommunikationsformen das bisher schon tun, und zwar auf individueller, gruppenspezifischer und gesellschaftlicher Ebene, dann stellt sich für die Bewertung der Wirksamkeit und des Nutzens solcher Systeme die folgende theoretisch-methodische Frage:

Wie definiert und mißt man die Fähigkeit eines Information-Retrieval-Systems, positive Wirkungen zu erzeugen, d.h. Kommunikationsprozesse und damit auch Lernprozesse zu unterstützen, die die latenten und unbeständigen Informationsbedürfnisse der Benutzer befriedigen, welche dem von ihnen geäußerten Informationsbedarf zugrunde liegen?

Wenn man alternative Kommunikationsformen in vergleichbarer Weise untersucht und darüber hinaus auch deren Kosten ermittelt, so lassen sich alternative Kommunikationsformen nach ihrer Wirksamkeit und auch nach ihrer Kosten-Wirksamkeit bewerten, und zwar vom Standpunkt der einschlägigen Benutzergruppe aus (7).

Um die oben aufgeworfene Frage genau zu beantworten, müßte man im Grunde die sogenannte Primärinformations-Leistung der Information-Retrieval-Systeme direkt definieren und messen. Von einem derartigen direkten Ansatz ist man heute allerdings sogar in der Theorie noch weit entfernt. Die Primärinformations-Leistung von Information-Retrieval-Systemen ist eine große Unbekannte. Das gleiche gilt für andere Kommunikationsformen.

In den vorangegangenen Überlegungen wurde argumentiert, daß die systemorientierte Bewertung in ihren geläufigen Erscheinungsformen kein geeigneter Ansatz ist, um die oben aufgeworfene zentrale Frage indirekt oder annähernd zu beantworten. Diese Zahlenspiele beruhen auf abwegigen Annahmen. Es scheint also notwendig, nach grundsätzlich anders angelegten, indirekten Bewertungsansätzen zu suchen, die der zentralen Frage näher stehen als die systemorientierte Bewertung. Ich glaube, daß geeignete Formen der benutzerorientierten Bewertung ein Schritt in diese Richtung sind.

Mit Bezug auf das obige Modell (s. Abb. 1) und auf die Zusammenhänge bei der Nutzung von individuellen Dienstleistungen (s. Abb. 2, Abb. 3) läßt sich auf den Ebenen Individuum, disziplinär bestimmte Gruppe und Gesellschaft eine Vielfalt von empirischen, informationswissenschaftlichen Untersuchungsstrategien entwerfen, welche darauf abzielen, die Wirkung und den Nutzen direkt zu bestimmen. Eine solche Bestimmung kann im einzelnen Fall quantitativ oder qualitativ sein, und sie kann repräsentativ und nicht repräsentativ angelegt werden. Dieses methodische Repertoire mit verschiedenen Auswahlmethoden, Primärverfahren, Sekundärverfahren und Sonderformen (z.B. Experiment, Fallstudie, Delphi-Befragung) kann an dieser Stelle nicht diskutiert werden. Stattdessen soll im folgenden nur eine mögliche Untersuchungsmethode vorgestellt werden. Auf diese Weise lassen sich die dargestellten Überlegungen, die Chancen und die Schwierigkeiten dieses Untersuchungsgegenstandes exemplarisch verdeutlichen.

Jedesmal,wenn man sich anschickt, theoretisch-methodische Probleme der Analyse und Bewertung von Information-Retrieval-Systemen am konkreten, beispielhaften Untersuchungsvorschlag zu illustrieren, muß man vorher die Verschiedenartigkeit und überwältigende Vielfalt von Problemsituationen (s. Abb. 2), bzw. fachlichen Kommunikationsproblemen explizit deutlich machen. Erst auf diesem Hintergrund kann man den Geltungsbereich des Untersuchungsvorschlags eingrenzen und darauf hinweisen, daß andersartige Kommunikationsprobleme möglicherweise auch ganz anders untersucht werden müssen.

So muß man zur ersten, groben Umschreibung eines fachlichen Kommunikationsproblems - im Sinne der Kommunikation von dokumentierter Fachinformation - meines Erachtens zumindest die folgenden Kategorien beachten: (a) Fachgebiet bzw. Disziplin des Benutzers, (b) Niveau bzw. Kompetenz des Benutzers, (c) Verwendungszweck dieser Dienstleistung bzw. Arbeitssituation des Benutzers und schließlich (d) Informationsdienstleistung bzw. Produkt, das genutzt wird. Je nachdem, welche Merkmale man diesen Kategorien (a) bis (d) zuweist, entstehen jedesmal ganz andere fachliche Kommunikationsprobleme, die in der Regel zur Bewertung auch anders ausgelegte Untersuchungsmethoden erfordern.

In dem folgenden Beispiel sollen für die gerade aufgeführten Kategorien nun folgende Merkmale gelten: (a) Spezialgebiet der Chemie, (b) Forscher auf internationalem Niveau, (c) Schreiben eines Reviewartikels ("Tertiärpublikation") und (d) retrospektive Literaturrecherche (delegiert, computerunterstützt).

Das hiermit nur grob umrissene fachliche Kommunikationsproblem ist für die Zukunft der Fachkommunikation in vielen Disziplinen von zunehmender Bedeutung, weil bei der Abfassung von Reviews durch führende Wissenschaftler - unter Zuhilfenahme von Information-Retrieval-Systemen - Übersichtsarbeiten entstehen können, die eine inhaltliche analytische Durchdringung des Themas mit einer kritisch ausgewählten, nahezu vollständigen Bibliographie verbinden, welche auf die fachlichen Kommunikationsbedürfnisse der Zielgruppe des Artikels genau zugeschnitten ist (5).

Bei diesem Kommunikationsproblem ist die Ausgangssituation folgende: Der Wissenschaftler von internationalem Niveau kennt aufgrund seiner Forschungs- und Veröffentlichungstätigkeit die relevante Literatur auf seinem Spezialgebiet weitgehend. Das Spezialgebiet ist relativ jung, wohldefiniert, und die Literatur erscheint vornehmlich in einer gut überschaubaren Anzahl von Zeitschriften und ist bibliographisch stark vernetzt. Dieser Wissenschaftler möchte nun als Autor eines Reviewartikels seine Bibliographie vervollständigen und vor allem auch um alle kürzlichen Neuerscheinungen aktualisieren. Aus diesem Grund benutzt er eine retrospektive Literaturrecherche.

Die Ausgangssituation dieses Beispiels wird in Abbildung 4 mit einem Mengendiagramm illustriert (s. Abb. 4). In der dort verwendeten Reihenfolge haben wir: 1. Alle Dokumente überhaupt; das ist also die grundsätzlich verfügbare Literatur. 2. Dokumente in dem Information-Retrieval-System (IRS); das sind Dokumente bzw. Referenzen in der Datenbank, die zur Auswahl zur Verfügung stehen. 3. Dokumente, die für das Informationsbedürfnis + relevant sind; das sind die Dokumente, die aus der Sicht des Autors im Prinzip in seine vervollständigte Bibliographie hineingehören. Er kennt sie aber nicht alle, und er kann sie auch nie alle kennenlernen.

Von diesen drei Mengen ist nur die Nr. 2, "Dokumente in dem IRS", im Sinne der elektronischen Datenverarbeitung "bekannt"; diese große Menge bleibt aber für eine kritische thematisch-inhaltliche Beurteilung aufgrund ihrer Größe unbekannt. Vom inhaltlichen Gesichtspunkt aus betrachtet können wir also keine dieser drei Mengen kennen; deshalb erstreckt sich die "Grauzone" der Unkenntnis in Abbildung 4 über das ganze Feld (s. Abb. 4). Sowohl der Reviewautor als auch der Informationsvermittler arbeiten mit unvollständiger Information über den Inhalt der Datenbank.

+ = "Dokumente, die für das Informationsbedürfnis relevant sind", soll hier einschließlich des bibliographischen Vorwissens (schon bekannte Referenzen) des Reviewautors verstanden werden. Die "Dokumente, die für das Informationsbedürfnis relevant sind", sind hier also eine Auswahl, die der Reviewautor für seine Zielgruppe bestimmt.

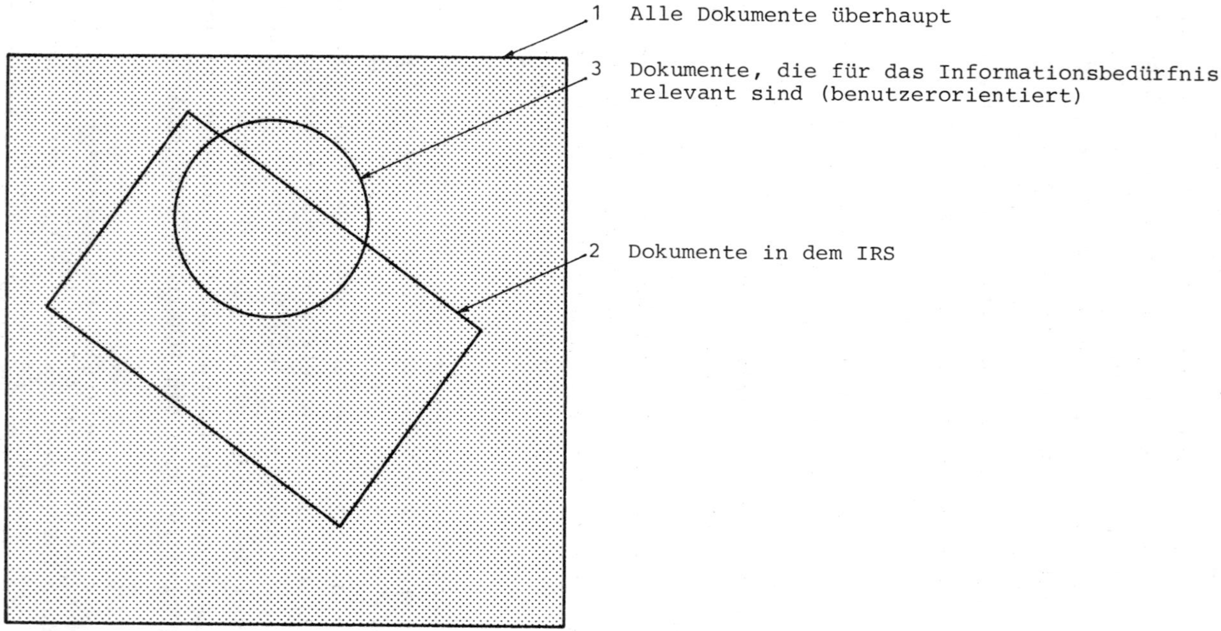

Abbildung 4 Die Reviewbibliographie als ein Standard für Selektivität (Primärinformations-Leistung)

Abbildung 5 illustriert nun, wie sich auf diesem Hintergrund ein qualitativ aussagefähiger Retrievaltest aufbauen läßt (s. Abb. 5). In der angegebenen Reihenfolge fortfahrend: 4. Relevante Dokumente in der Bibliographie des Reviewautors (sein bibliographisches Vorwissen). Das sind die Dokumente, deren Nachweis der Autor erwartet, obwohl er sie schon kennt. Einige von diesen können allerdings in der Datenbank (2.) nicht enthalten sein. 5. Nachgewiesene Dokumente bzw. ausgewählte Referenzen. Das ist die Auswahl aus allen verfügbaren Referenzen, die das Information-Retrieval-System dem Autor in bezug auf dessen formulierten und dann formalisierten Bedarf auswählt und als Dienstleistung liefert. 6. Dokumente, die für den Informationsbedarf - aus systemorientierter Sicht - relevant sind. Das sind die Referenzen, die der Informationsvermittler aus den ursprünglich ausgeworfenen Referenzen auswählen würde, wenn er eine sorgfältige Nachselektion "von Hand" vornehmen würde; für einen systemorientierten Retrievaltest tut er genau das (3).

Mit diesen sechs Mengen, von denen nur die Mengen 4., 5., 6. und 3. - soweit sie sich mit 4. oder 5. überschneidet - einer intensiven inhaltlichen Beurteilung zugänglich sind, ist die faktische Grundlage für eine benutzerorientierte Bewertung dieses Information Retrieval-Systems hinsichtlich seiner Primärinformations-Leistung gegeben. Deshalb sind die Mengen 4., 5. und 6. in Abbildung 5 weiß dargestellt; man kann sie inhaltlich rezipieren (s. Abb. 5).

Die Mengen, die in den Abbildungen 4 und 5 gezeigt werden, ihre relative Größe und ihre jeweilige Überschneidung sollen lediglich die grundsätzlich möglichen Verhältnisse andeuten. In konkreten Einzelfällen können die relativen Größen und Schnittmengen sehr verschieden ausfallen. Um diese Beziehungen zu verdeutlichen, werden die Mengen 3., 4. und 5. in Abbildung 6 hervorgehoben (s. Abb. 6).

Darüber hinaus stellen alle diese kreisförmig dargestellten Mengen jeweils nur eine einzelne Beobachtung dar. Eine unabhängige Wiederholung eines solchen Experiments würde in jedem Fall andere Dokumentmengen ergeben, so daß dieses Diagramm nur als eine

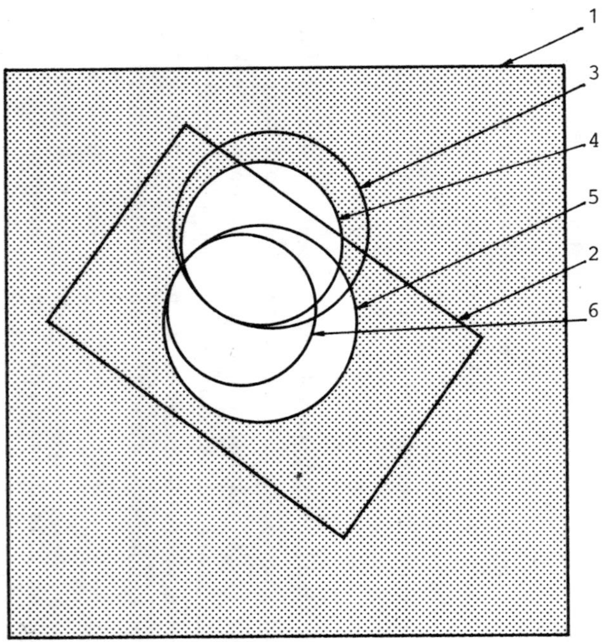

1 Alle Dokumente überhaupt

3 Dokumente, die für das Informationsbedürfnis relevant sind (benutzerorientiert)

4 Relevante Dokumente in der Bibliographie des Reviewautors

5 Nachgewiesene Dokumente, die Dienstleistung

2 Dokumente in dem IRS

6 Dokumente, die für den Informationsbedarf relevant sind (systemorientiert)

Abbildung 5 Die Reviewbibliographie als ein Standard für Selektivität (Primärinformations-Leistung)

Art Momentaufnahme eines Zufallsprozesses anzusehen ist. Das heißt: Das gleiche Thema wird von einem anderen Reviewautor mit einem anderen Vorwissen bearbeitet. Er wendet sich mit einer anderen Bedarfsformulierung an einen anderen Informationsvermittler, der eine andere Suchlogik verwendet und damit eine andere Dienstleistung erbringt, usw.

Nur durch Wiederholungen des Experiments könnten statistisch signifikante Dokumentmengen bestimmt werden. Je nach Fachgebiet, Niveau des Benutzers, Kompetenz des Information-Retrieval-Systems (Indexierer, Informationsvermittler etc.) und Art des Informationsbedarfs kann die statistische Variation zwischen solchen Experimenten klein oder groß sein. Es ist z.B. durchaus denkbar, daß die Bibliographie, Menge 4., und das Retrievaloutput, Menge 5., kein Element gemeinsam haben. Je nachdem, wie man die Untersuchungsziele für Kommunikationsprobleme dieser Art definiert, können eine einzelne Fallstudie, eine Stichprobe oder eine Vollerhebung angezeigt sein.

Wesentlich erscheint an diesem Ansatz, den man als Bibliographietest bezeichnen kann, daß die einzelnen Mengen in Abbildung 6 nicht ausgezählt werden, um irgendwelche normalisierten Kriterien einer - jetzt benutzerorientierten - Leistungsfähigkeit zu errechnen (s. Abb. 6); sondern diese Mengen werden inhaltlich, qualitativ geprüft und hinsichtlich ihres Beitrags zur Befriedigung des anstehenden Informationsbedürfnisses beurteilt.

Von besonderem Interesse für den Autor ist dabei natürlich der "Zugewinn" an Primärinformation. Dieser Zugewinn beruht auf den Referenzen, die gleichzeitig in der Menge 3., in der Menge 5. und nicht in der Menge 4. sind. Der Zugewinn an Primärinformation erscheint in Abbildung 6 als eine sichelförmige Schnittmenge (s. Abb. 6). Ganz unabhängig von der Anzahl der Referenzen in dieser Menge kann die dahinter stehende Primärinformation für den Benutzer äußerst wertvoll oder aber auch relativ belanglos sein. Ein solches Urteil bezieht sich dabei selbstverständlich ganz auf seinen Verwendungszweck, seine Arbeitssituation und auf die anderen ihm zur Verfügung stehenden Informationsmöglichkeiten.

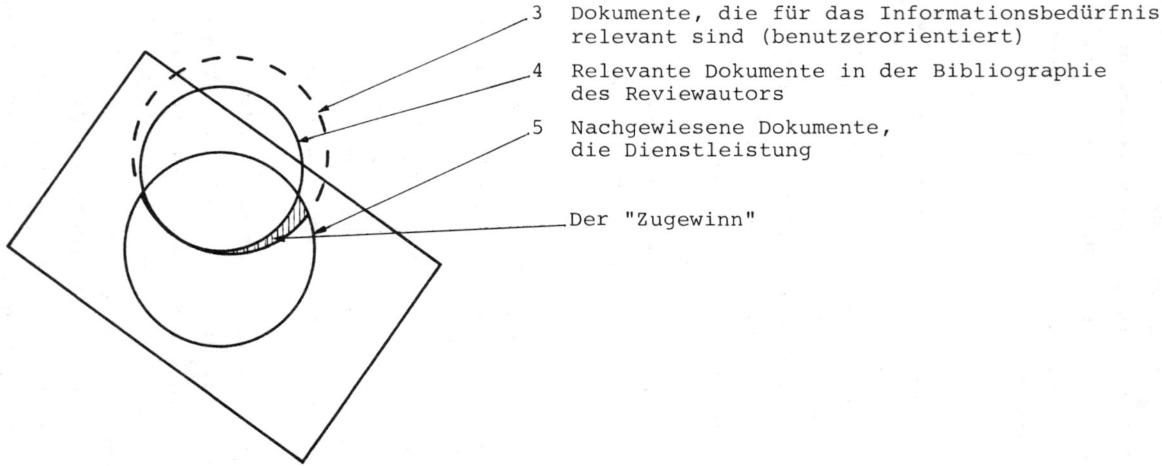

Abbildung 6 <u>Der "Zugewinn"</u>

Je nach der Qualität der auf diesem Wege zugänglich gemachten Literatur wird der Autor als Benutzer des Information-Retrieval-Systems die Wirkung und demzufolge auch den Nutzen der in Anspruch genommenen Informationsdienstleistung als mehr oder weniger groß beurteilen; und wer wollte ihm ein solches Werturteil streitig machen (2).

6. Schlußbetrachtung

Hier sollte gezeigt werden, daß die seit Jahren zunehmend geforderte benutzerorientierte Bewertung von Information-Retrieval-Systemen (1), (2), (7), (8) sinnvoll und durchführbar ist. Gegen die benutzerorientierte Bewertung mit ihren verschiedenartigen empirischen Realisierungsformen wird manchmal vorgebracht, sie würde der eigentlichen Intention von Information-Retrieval-Systemen, nämlich Referenzen zu Themen nachzuweisen, bzw. ihrem prinzipiellen technischen Leistungsvermögen nicht gerecht (10). Die benutzerorientierte Bewertung wird deshalb mitunter als ungerecht empfunden, weil sie Information-Retrieval-Systeme angeblich an einem überzogenen Anspruch mißt.

Dieser Standpunkt beruht, wie hier gezeigt werden sollte, auf einem fundamentalen Irrtum. Der Zweck von Information-Retrieval-Systemen ist ja, den Zugang zur Primärinformation in der Literatur im Hinblick auf individuelle Informationsbedürfnisses zu erleichtern. An dieser Funktion sind Information-Retrieval-Systeme also zu messen (2).

Bibliographische Literaturhinweise und formalisierte thematische Bedarfsformulierungen sind hingegen lediglich instrumentelle Zwischenschritte in der Fachkommunikation über Information-Retrieval-Systeme. Sie sind also ein Mittel zum Zweck, deren Form und inhaltliche Aussagekraft vom derzeitigen technischen Stand der Informationsverarbeitung und -darstellung in diesen Systemen bedingt sind (Sachkenntnis der Fachreferenten bzw. Informationsvermittler, Indexierungstechnik etc.). Diese derzeitige technische Beschränktheit liegt aber nicht in der Natur der Sache.

Die Gefahr der systemorientierten Bewertung liegt meines Erachtens vor allem darin, daß sie auf dem Weg der sicherlich unbewußten Selbsttäuschung zu irreführenden Schlußfolgerungen über den tatsächlichen Nutzen von derzeitigen Information-Retrieval-Systemen und über die wünschenswerten Veränderungen im Bereich der Fachkommunikation führen kann. Frühe benutzerorientierte Experimente haben schon gezeigt, daß z.B. die benutzerorientierte Relevanzquote in der Regel um eine Größenordnung kleiner ist als die systemorientierte Relevanzquote (8). Auf dem Hintergrund dieser Überlegungen ist also nicht auszuschließen, daß seit Jahren zuviel in die Verfeinerung und Ausbreitung derzeitiger Information-Retrieval-Techniken und -Systeme investiert wird - und zu wenig in die Erforschung und Erprobung ganz andersartiger Informationsstrategien (5), (8), (11).

Möglicherweise verspricht z.B. auch das computer-betriebene bibliographische Retrieval - in Kombination mit Indexierungstechniken - eine größere Retrievalqualität als die gebräuchlichen Indexierungsverfahren. Eine derartige Suchlogik könnte das relevante bibliographische Vorwissen des Benutzers systematisch ausnutzen.

Bei dem derzeitigen informationswissenschaftlichen Kenntnisstand, nach dem wir die Primärinformations-Leistung von Information-Retrieval-Systemen nicht im entferntesten quantitativ beschreiben und messen können, erlaubt die benutzerorientierte Bewertung meines Erachtens noch am ehesten eine sinnvolle Beurteilung dieser Systeme.

Die Bewertung von Informationsdienstleistungen ist als kritischer Test zum Vergleich von alternativen Angeboten sehr wünschenswert. Für den Konsumenten erzeugen solche Tests die erforderliche Markttransparenz, wenn ihre Ergebnisse repräsentativ sind und veröffentlicht werden. In bestimmten Bereichen des Dienstleistungssektors hat der "Warentest" ja schon Eingang gefunden, so z.B. in der Versicherungswirtschaft. Für den Anbieter von Informationsdienstleistungen dienen sie zur Konkurrenzanalyse, Preis- und Produktpolitik. Dies gilt besonders auch dann, wenn Informationsdienstleistungen unter Bedingungen eines eingeschränkten Wettbewerbs subventioniert angeboten werden.

Die hier ausgeführten Überlegungen konnten nur einige Grundlagen vermitteln und an einem speziellen Beispiel illustrieren, inwiefern sich die benutzerorientierte Bewertung von der systemorientierten unterscheidet, und welche Gründe für ein ausgedehntes methodisch-empirisches Forschungsprogramm zur benutzerorientierten Bewertung von Informationsdienstleistungen sprechen. Ein solches Forschungsprogramm läßt sich heute in einzelnen Komponenten formulieren, die auf jeweils einen Typ von fachlichem Kommunikationsproblem - bzw. eine spezielle Benutzergruppe - zugeschnitten sind. Ein solcher Vorschlag wurde oben unter der Kurzbezeichnung "Bibliographietest" vorgestellt.

Ein andersartig orientiertes Untersuchungsprogramm beruht auf der sogenannten Benutzerrückmeldung oder auch "Benutzerrückkopplung". Dieses Untersuchungsprogramm ist weniger tiefgehend als der Bibliographietest, aber es kann dafür mit verhältnismäßig geringem Aufwand für individuelle Informationsdienstleistungen breit gestreut qualitative Beurteilungen, Kritik und Anregungen zur Wirkung und zum Nutzen an das Information-Retrieval-System liefern, um den verantwortlichen Managern eine Kontrolle ihres Dienstleistungsangebotes zu ermöglichen.

Das hier angedeutete methodisch-empirische Forschungsprogramm muß sich natürlich auf das vollständige System der fachlichen Kommunikation erstrecken und dessen computerunterstützte Informationssysteme als Subsysteme der Fachkommunikation begreifen, die mit anderen Informationsmöglichkeiten in teils konkurrierender und teils komplementärer Beziehung stehen. Erst so wird es für die Entscheidungsträger in diesem Bereich möglich, die Komponenten des Systems aufeinander abzustimmen, qualitativ zu verbessern und den gesamten Informationsmarkt den sich schnell verändernden Bedürfnissen der Gesellschaft anzupassen.

Literatur

(1) Cleverdon, C.W.: User Evaluation of Information Retrieval Systems, Journal of Documentation, 30 (1974), Nr. 2, S.170-180.

(2) Bookstein, A.: Relevance, Journal of the American Society for Information Science, (September 1979), S.269-273.

(3) Elchesen, D.R.: Cost-Effectiveness Comparison of Manual and On-line Retrospective Bibliographic Searching, Journal of the American Society for Information Science, (March 1978), S.56-66.

(4) Floden, R.E.; Weiner, S.S.: Rationality to Ritual: The Multiple Roles of Evaluation in Governmental Processes, Policy Sciences, 9 (1978), S.9-18.

(5) Garfield, E.: Where is Chemical Information Science Going?, Journal of Chemical Information and Computer Science, 18 (1978), Nr. 1, S.1-4.

(6) Klein, W.: Organisation des Wissens durch Sprache, Konsequenzen für die maschinelle Sprachanalyse, IBM Nachrichten, 27 (1977), Nr. 234, S.11-17.

(7) Möhr, M.: Einige Begriffe aus der Informationsökonomie und Benutzerforschung, Nachrichten für Dokumentation, 30 (1979), Nr. 6, S.237-241.

(8) Overhage, C.F.J.; Reintjes, J.F.: Project Intrex: A General Review, Information Storage and Retrieval, 10 (1974), Nr. 5/6, S.157-188.

(9) Robertson, S.E.: Theories and Models in Information Retrieval, Journal of Documentation, 33 (1977), Nr. 2, S.126-148.

(10) Robertson, S.E.: Between Aboutness and Meaning, in: MacCafferty, M.; Gray, K. (Ed.), The Analysis of Meaning, Aslib, London, 1979, S.202-205.

(11) Sparck Jones, K.: Problems in the representation of meaning in information retrieval, in: MacCafferty, M.; Gray, K. (Ed.) The Analysis of Meaning, Aslib, London, 1979, S.193-201.

(12) Strauch, R.E.: "Squishy" Problems and Quantitative Methods, Policy Sciences, 6 (1975), S.175-184.

(13) Swanson, D.R.: Information Retrieval as a Trial-and-Error Process, The Library Quarterly, 47 (1977), Nr. 2, S.128-148.

(14) Swanson, R.W.: Performing Evaluation Studies in Information Science, Journal of the American Society for Information Science (May-June 1975), S.140-156.

Norbert Henrichs

Benutzungshilfen für das Retrieval bei wörterbuchunabhängig indexiertem Textmaterial

Zusammenfassung

Mit unkontrolliertem Vokabular und originalsprachig indexierter Literatur kann nur schwer effektiv recherchiert werden, weil der Benutzer alle Formulierungsvarianten einer Thematik selten angeben kann. Es werden computergestützte Verfahren des einheitssprachlichen Zugangs, der Suche mit Wortfeldern über Wortfragmente und der Auswertung von Deskriptorgewichtungen beschrieben, die hier Retrievalnachteile ausgleichen und dabei die Vorteile eines differenzierten Vokabulars erhalten.

Abstract

Literature indexed with an uncontrolled vocabulary and in the original language cannot always be retrieved effectively because the user is seldom able to provide all the various formulations of a theme. Computerized monolingual access to the material, searching methods in the data base using computer-generated stems instead of descriptors as well as a ranking algorithm to select central materials from the data base are described. If the disadvantages of a free retrieval language are thus minimized, its differentiation can be preserved.

1. Vorbemerkung zur Problemstellung

Mit Recht hat R. Fugmann in Bd. 1 dieses Werkes (1) auf das Dilemma hingewiesen, einerseits das Vokabular einer Indexsprache (Dokumentationssprache) so zu kontrollieren, daß es für den Formulierungsprozeß von Suchfragen hinreichend transparent bleibt, d.h. daß durchsichtig bzw. "vorhersehbar" ist, welche sprachlichen Varianten von welchen Elementen der Indexsprache repräsentiert werden, andererseits aber für diese Indexsprache ein doch so differenziertes Vokabular zuzulassen, daß eine möglichst hohe Wiedergabetreue des Dokumenteninhalts gewährleistet ist und ebenso eine sprachlich differenzierte Formulierung von Anfragen möglich wird.

Während Fugmann einen Optimierungsvorschlag (hohe Vorhersehbarkeit - hinreichende Wiedergabetreue) unter der Retrievalmaxime "Vollständigkeits vor Genauigkeit" diskutiert, argumentieren wir für die reziproke Maxime "Genauigkeit vor Vollständigkeit" aus der spezifisch geisteswissenschaftlichen Bedürfnislage. Wir haben die Notwendigkeit textsprachlicher Indexierung im Bereich geisteswissenschaftlicher und zumal philosophischer Informationsversorgung an anderer Stelle begründet (2) und können uns hier daher kurzfassen. Das hermeneutische Interesse des Philosophen richtet sich nicht nur auf das Was der Themenstellung, sondern auf das perspektivische Wie ihrer Explikation. Der philosophische Gegenstand gehört in der Regel nicht der sogen. Objektwelt an (wenn er sich auch dahinein auswirkt), sondern ist intentional konstruiert (z.B. Wertvorstellungen und ihre Begründung). Er objektiviert sich ausschließlich durch das Instrumentarium Sprache, mit der die Autoren aber oft genug eigenwillig "kreativ" umgehen. Hier mit einem kontrollierten Vokabular zu indexieren, hieße den Diskurs der Beteiligten zu vergewaltigen, d.h. die Autoren und ihre Rezipienten zu diskriminieren.

Syntaktische Verfahren zur Abbildung von Kontextualität sind hier eine Notwendigkeit (3), aber nicht hinreichend, um eine hohe Wiedergabetreue zu garantieren. Im Bereich dieser Texte bedarf es tatsächlich unmittelbar am Text oder besser an der Autorsprache orientierter Indexierungsvokabularien, auch wenn der Preis, Verlust oder doch erhebliche Erschwerung der Voraussehbarkeit der tatsächlich gespeicherten Formulierungen, hoch erscheint. Hohe terminologische Treue bishin zur Maxime der originalsprachigen Indexierung (weil Übersetzung unzulässige Interpretation impliziert) sind unumgänglich. Eine Analyse der Benutzerfragen der Philosophie-Dokumentation rechtfertigt jederzeit dieses Verfahren. Wie konsequent hier natürlich eine Volltextinvertierung wäre, zeigen immer wieder Anfragen nach wörtlichen Zitaten bzw. nach der Verwendung ganz bestimmter Termini, die trotz des schon relativ umfangreichen Vokabulars (z.Zt. mehr als 45.000 Wörter) nicht befriedigt werden können. Daß hier aus ökonomischen Gründen jedoch Kompromisse geschlossen werden müssen, dürfte plausibel sein.

Ganz sicher gilt nun aber: Wer beim Indexierungsvorgang sprachlich die Zügel schießen läßt, übernimmt die volle Verantwortung für den Retrievalerfolg. Im folgenden werden deshalb Vorschläge für Hilfestellungen entwickelt, die dem Benutzer/Rechercheur im Retrieval zugute kommen. Wir knüpfen dabei an bereits früher Gesagtes an (4), gehen aber auch darüberhinaus bzw. stellen aus der praktischen Erprobung dieser Hilfsmittel gewonnene Verbesserungen vor.

2. Einheitssprachliche Zugangshilfen

Wir haben das Prinzip der originalsprachigen Indexierung erwähnt, das den jeweiligen einzelsprachlichen Besonderheiten und ihrer Übersetzungsproblematik Rechnung trägt. Bei sprachraumübergreifenden Suchfragen (die der Benutzer auf dem Anfrageformular ausdrücklich wünschen kann) fällt dem Rechercheur die Aufgabe zu, die entsprechenden anderssprachigen Äquivalente zu den Suchwörtern zu bilden und als Alternativen bei der Frageformulierung zu verwenden, sofern der Benutzer, der aber oft genug über das Prinzip der Originalsprachigkeit nicht unterrichtet ist, nicht schon selbst solche Äquivalente angegeben hat.

Um das Problem der Auffindung solcher Äquivalente aber nun nicht einerseits den Sprachkenntnissen des Rechercheurs zu überlassen, bzw. den Direktbenutzern im online-Zugriff (etwa künftig über

EURONET) und andererseits dennoch das Prinzip der originalsprachigen Indexierung zu erhalten, wird folgendes Verfahren angewandt: Den Deskriptoren eines originalsprachig und eng an die Autorsprache (unter Verwendung von vorzugsweise präkombinierten Ausdrücken aus dem Text) indexierten Dokumentes wird in einer eigenen Zugriffskategorie ein Satz englischer Uniterms (Einbegriffswörter) vorangestellt. Diese Uniterms bieten nicht eigentlich eine Übersetzung der Deskriptoren einer Dokumentationseinheit, sondern repräsentieren nur die sinntragenden Wortstämme der Indexausdrücke. Die Schwierigkeit bzw. Unzulänglichkeit der (interpretatorischen) Eins-zu-eins-Übersetzung wird damit umgangen. Das folgende Beispiel (aus(3)) mag dies verdeutlichen:

Zeitschrift: Erkenntnis
Band : 6
Jahrgang : 1936
Verfasser : Kraft, Julius
Titel : Das Problem der Geisteswissenschaft
Seiten : 211-222
Historische Bezüge (= im Text zitierte bzw. behandelte wichtige Autoren):
Dilthey, Wilhelm Christian Ludwig (6)/
Hegel, Georg Wilhelm Friedrich (3)
Subjects : humanities / mind / science / logic / mathematics / ideology / dogmatics / experience / psychology / value / historism / philosophy / knowledge
Sachwörter (zu den Indizes vgl. (3)) : Geisteswissenschaft (1-7) / Geist (2-3,5) / Weltwissenschaft (1) / Logik (1) / Mathematik (1) / Weltanschauungsphilosophie (2,7-8) / Dogmatik (2,8) / Erfahrungswissenschaft (4) / Psychologie (4) / Wertordnung (5) / Wert (5) / Historismus (6) / Philosophie, wissenschaftliche (7) / Kunde (8)

Die Zuordnung der englischen Wörter erfolgt computerunterstützt. Die Deskriptoren einer Dokumentationseinheit werden am jeweils vorhandenen Sachwörterbestand vorbeigeführt, dort identifiziert (neue Wörter bzw. Schreibfehler werden angezeigt) und mit dem zugeordneten englischen Term versehen. Je Dokumentationseinheit wird jeder englische Term nur einmal aufgeführt (s.o. value für Wertordnung und für Wert). Da für diese Zugriffsebene - wie gesagt - nur der sinntragende Wortstamm eines präkombinierten Deskriptors berücksichtigt wird oder besser der Wortstamm des semantisch primär akzentuierten Anteils eines Kompositums oder Mehrwortausdrucks, erfogt immer nur eine Uniterm-Zuordnung (s.o. experience für Erfahrungswissenschaft).

Das Retrieval über Sachwörter kann also in einheitlicher Suchsprache geführt werden, allerdings, wie man sieht, sprachlich nur sehr grob. Dies muß aber nicht nur ein Nachteil sein, den der sprachlich Ungeübte inkauf zu nehmen hat. Im Sinne einer Vorabsuche, die zur Vorbereitung einer sprachlich differenzierteren Recherche einen Überblick über die Größenordnung des in der Datenbank zu einem thematischen Komplex vorhandenen Materials gewinnen will, ist eine Verwendung der englischen Termini durchaus effektiv.

3. Formulierungsunterstützung

Für den sprachkundigen Benutzer/Rechercheur ist selbstverständlich über die Zugangskategorie der Originaldeskriptoren (Sachwörter) eine unmittelbare und detailliertere Suche im Bestand der Dokumentationseinheiten möglich. Aber auch der Sprachkundige ist in der Regel den zahlreichen Formulierungsvarianten einer Thematik, die im Deskriptorbestand latent vorhanden sind, nicht gewachsen und bedarf einer assoziativen Unterstützung. Zunächst bedeutet dies, daß ihm die mit den Ausgangssuchwörtern sprachstammverwandten Terme des Vokabulars zugänglich gemacht werden müssen. Einblicksmöglichkeiten lediglich in die Wörterbuchumgebung der Suchwörter reichen dabei nicht aus, um etwa zu FREIHEIT nicht nur FREIHEIT, POLITISCHE, FREIHEIT, RELIGIÖSE zu finden, sondern auch HANDELN, FREIES oder IDEOLOGIEFREIHEIT oder gar WIDERSPRUCHSFREIHEITSBEWEIS.

Der Zugriff auf das Gesamt der über das Alphabet verstreuten stammverwandten Wörter erfolgt über Wortfragmente (max. 5 Zeichen lang) (= Quasiwortstämme), die ihrerseits auch Bestandteil des Suchwörterbuchs sind und denen alle Wörter, die dieses Fragment enthalten, als "Synonyme" zugeordnet sind. Die Generierung dieser Fragmente erfolgt nach dem in (2) beschriebenen Verfahren. Ihm werden bei der Eingabe alle Deskriptoren einer Dokumentationseinheit unterworfen. Unbrauchbare Fragmente (Nicht-Quasiwortstämme) werden über eine Negativliste abgewiesen. Neue Fragmente und damit auch solche, die aus Schreibfehlern resultieren, werden angezeigt und intellektuell bearbeitet, d.h. entweder dem Suchwörterbuch oder der Negativliste zugeordnet. Kürzere

Wörter (z.B. WERT) werden unmittelbar als Träger der "Synonymverknüpfung" verwendet.

Den Sachwörtern des obigen Beispieldokumentes werden demnach diese Fragmente zugewiesen:

Geisteswissenschaft	GEIST / WISSE
Geist	GEIST
Naturwissenschaft	NATUR / WISSE
Logik	LOGIK
Mathematik	MATHE
Weltanschauungsphilosophie	WELTA / ANSCH / SCHAU / PHILO / SOPHI
Dogmatik	DOGMA
Erfahrungswissenschaft	ERFAH / WISSE
Psychologie	PSYCH
Wertordnung	WERTO / ORDNU
Wert	WERT
Historismus	HISTO
Philosophie, wissenschaftliche	PHILO / SOPHI / WISSE
Kunde	KUNDE

Der Benutzer kann sich nun über den Aufruf eines Fragmentes alle zugeordneten Derivate am Bildschirm anzeigen lassen und aus ihnen durch Ankreuzen seinen Suchintentionen am passendsten erscheinende Deskriptoren für das Retrieval auswählen. Da die angezeigten Derivate zugleich die semantische Breite des Stammbegriffs repräsentieren, wird der Benutzer bei dieser Prozedur ständig angehalten, die Implikationen seiner Fragestellung zu überdenken.

Sollen alle Derivate in einer Suchfrage (durch automatische Orderung) Berücksichtigung finden, wird das Fragment (evtl. auch noch maskiert, z.B. FREIØ für FREIE und FREIH) als Suchwort verwendet.

Aus der sehr mechanischen Fragmentbildung resultieren semantische Irrläufer in solchen "Synonymlisten" (z.B. Zuordn-ng von Weltraum auch zum Fragment TRAUM) werden in aller Regel bei der kombinatorischen Suche mit mehreren Suchwörtern ausgeschaltet. Der intellektuelle Aufwand für die Bereinigung der Derivatlisten ist entschieden größer als der mögliche Schaden im Retrieval.

Über die sprachliche Unterstützung hinausgehende Hinweise auf thematische und historische Zusammenhänge der Suchwörter einer Anfrage lassen sich aus der Auswertung der bei der Indexierung festgehaltenen Kontextualität gewinnen (vgl. die Indizes der Sachwörter in o. Beispiel - beschrieben in (3)), allerdings wegen ihrer großen Fülle nicht on-line anbieten. Listen dieser Zusammenhänge (vgl. (3) S. 230 f) sind auf Mikrofiche erhältlich und können bei der Formulierungsvorbereitung genutzt werden.

4. Gewichtetes Retrieval

Textsprachliche und originalsprachliche Indexierung gehen einher mit einer sehr intensiven Erschließung (als Ersatz für die aus ökonomischen Gründen nicht zu vertretende Volltextinvertierung). Die Deskriptoren einer Dokumentationseinheit repräsentieren damit aber möglicherweise in sehr unterschiedlicher Ausführlichkeit im Text dargestellte (Unter-/Neben-)Thematiken. Für den Benutzer/Rechercheur ist es aber wichtig, die Möglichkeit zu haben, zu einer Fragestellung nur solches Material aus der Datenbank zu ermitteln, das bestimmte Suchwörter zentral behandelt. Während nämlich der Forscher auch solche Artikel bearbeiten muß, in denen sozusagen nur beiläufig oder "versteckt" ein Thema berührt wird, benötigt der Examenskandidat nur solche Literatur, in der es hauptsächlich um seinen Prüfungsgegenstand geht.

Dieses Ziel einer Recherche läßt sich auf zwei Wegen alternativ bzw. ergänzend wie folgt erreichen: Unter der Annahme, daß Suchterme dann zentral behandelt werden, wenn wenigstens einer von ihnen im Titel einer Dokumentationseinheit vorkommt, führt ein sich an die Deskriptorsuche anschließender sogen. string search, bezogen auf den Titeltext, zur Auffindung der gesuchten Referenzen.

Da zentralthematische Deskriptoren aber nicht unbedingt Titelterme sein müssen - obige Annahme also vermutlich nur einen Teil des relevaten Materials auffinden hilft - führt hier ein Verfahren zum Ziel, das die Gewichtung von Deskriptoren (im Hinblick auf ihre mehr oder weniger zentralthematische Bedeutung) relativ zu den Mitdeskriptoren berechnet und im Retrieval ausnutzt.

Das hier gemeinte Verfahren beruht ebenfalls auf der Auswertung von kontextuellen Deskriptorverknüpfungen (vgl. wieder (3)):

Deskriptoren gleichen thematischen Zusammenhangs werden mit einer gemeinsamen Indexzahl (als Relationsindikator) versehen und bilden eine thematische Kette. Jeder Dokumenteninhalt wird auf diese Weise durch n Indexketten (n - 1) zu m Deskriptoren (m - 2) beschrieben. Dabei ergeben sich in der Regel durch gleiche Deskriptoren Vernetzungen der Ketten.

Die Berechnung der Gewichtung eines Deskriptors (geändert gegenüber (3)) berücksichtigt:

1. die Häufigkeit eines Deskriptors, d.h. die Anzahl der Indexketten, in denen der Deskriptor in der betreffenden Dokumentationseinheit vorkommt (= Deskriptorwert);
2. die Mächtigkeit der Indexketten, in denen der Deskriptor vorkommt, d.h. pro Kette die Summe ihrer Deskriptorwerte (= Indexkettenwert);
3. die Komplexität eines Dokuments, d.h. pro Dokumentationseinheit die Summe ihrer Indexkettenwerte (= Dokumentwert), normiert auf 100.

Auf das o. Beispiel einer Dokumentationseinheit bezogen, heißt dies (Historische Bezüge und Sachwörter werden zsammengefaßt):

a) Deskriptorwerte

Dilthey	:	Index 6	1
Hegel	:	3	1
Geisteswissenschaft	:	1 - 7	7
Geist	:	2 - 3,5	= 3
Naturwissenschaft	:	1	= 1
Logik	:	1	= 1
Mathematik	:	1	= 1
Weltanschauungsphilosophie	:	2,7 - 8	= 3
Dogmatik	:	2,8	= 2
Erfahrungswissenschaft	:	4	= 1
Psychologie	:	4	= 1
Wertordnung	:	5	= 1
Wert	:	5	= 1
Historismus	:	6	= 1
Philosophei, wissenschaftliche	:	7	= 1
Kunde	:	8	= 1

daraus ergeben sich

b) Indexkettenwerte

Indexkette/Deskriptor	1	2	3	4	5	6	7	8
Dilthey						1		
Hegel			3					
Geisteswissenschaft	7	7	7	7	7	7	7	
Geist		3	3		3			
Naturwissenschaft	1							
Logik	1							
Mathematik	1							
Weltanschauungsphilosophie		3					3	3
Dogmatik		2						2
Erfahrungswissenschaft				1				
Psychologie				1				
Wertordnung					1			
Wert					1			
Historismus						1		
Philosophie, wissenschaftliche							1	
Kunde								1
Summe	10	15	11	9	12	9	11	6

daraus errechnet sich der

c) Dokumentwert

Indexkettenwert 1 = 10
Indexkettenwert 2 = 15
Indexkettenwert 3 = 11
Indexkettenwert 4 = 9
Indexkettenwert 5 = 12
Indexkettenwert 6 = 9
Indexkettenwert 7 = 11
Indexkettenwert 8 = 6

Summe = 83 = 100%

Das Deskriptorgewicht ergibt sich nun aus der Summe seiner Indeskettenwerte bezogen auf den normierten Dokumentwert:

	Σ Indexketten-werte	% Gewicht
Dilthey	9	10,84
Hegel	11	13,25
Geisteswissenschaft	77	92,77
Geist	37	44,58
Naturwissenschaft	10	12,05
Logik	10	12,05
Mathematik	10	12,05
Weltanschauungsphilosophie	32	38,82
Dogmatik	21	25,31
Erfahrungswissenschaft	9	10,84
Psychologie	9	10,84
Wertordnung	12	14,46
Wert	12	14,46
Historismus	9	10,84
Philosophie, wissenschaftliche	11	13,25
Kunde	6	7,23

(Deskriptoren mit kleinem Deskriptorwert profitieren von der Indexketten-Gemeinschaft mit Deskriptoren hoher Deskriptorwerte.)

Die hier vorgeführte Gewichtungsberechnung erfolgt per Programm vor der Eingabe einer Dokumentationseinheit in die Datenbank. Das Gewicht wird dort den Deskriptoren als Zusatzinformation beigefügt und kann daher im Retrieval abgefragt werden. Im Sinne der o. skizzierten Zielsetzung, nur Dokumente aus der Datenbank auszuheben, in denen die Suchbegriffe zentral behandelt werden, kann der Benutzer/Rechercheur also im Retrieval die Bedingung formulieren, daß sich auf seine Suchfrage nur solche Dokumente qualifizieren, in denen einzelne oder alle Suchwörter einen von ihm bestimmten Gewichtungswert erreichen (z.B. $\geq$ 40%).

Wer hier Verluste befürchtet, kann sich wenigstens die Ausgabe der aufgrund einer Deskriptorkombination gefundenen Dokumentationseinheiten nach Gewichtung seiner Suchwörter sortieren lassen.

5. Schlußbemerkung

Monolinguale Zugangskategorie zum Ausgleich der verschiedensprachigen,weil originalsprachigen Indexierung, Fragmentsuche, wo die sprachliche Vielfalt der Formulierungen für den Benutzer/ Rechercheur unüberschaubar ist, Auswertung einer kontextabhängigen Deskriptorgewichtung, wo es gilt, Haupt- und Nebenthematiken im Retrieval zu unterscheiden. Die vorstehenden Ausführungen haben diese Hilfe zur Anwendung einer wörterbuchunabhängigen, freien Retrievalsprache skizziert.

Recherchen werden nicht nur am Terminal abgewickelt. Die Erfahrungen zeigen, daß für die Formulierungs- und Strategievorbereitung wie für die intellektuelle Nachselektion des Ergebnisses nicht wenig Zeit von teuren Mitarbeitern aufgewendet werden müssen. Bei wachsenden Datenbanken und steigenden Benutzeransprüchen an die Recherchequalität wird dieser Aufwand zwangsläufig größer werden. Computerunterstützte Benutzungserleichterungen solcher Datenbasen sind daher wohl die Konsequenz. Sie haben aber nur einen Sinn, wenn gleichzeitig die Leistungsfähigkeit auch der Dokumentationssprachen in ihrer Funktion als Indexierungs- wie als Retrievalsprachen verbessert wird. Dies hat einmal zu geschehen durch die Verbesserung der Syntax dieser Sprachen (vgl. noch einmal (1) und (3)), dies muß aber auf der anderen Seite auch geschehen durch eine dem tatsächlichen Sprachgebrauch in Wissenschaft, Wirtschaft und Verwaltung entsprechender Anreicherung der Vokabularien der Dokumentationssprachen. Was für sprach- bzw. textorientierte Wissenschaften unumgänglich ist, ist für alle anderen Bereiche zweifellos auch nützlich. Fachsprachliche Strenge mag ein Ideal für Terminologen sein, ist aber im lebendigen Alltag der Informationsproduktion nicht zu erreichen. Informationsvermittlungssprachen sollten daher nicht am leblosen Ideal von Terminologen orientiert sein, sondern an der lebendigen Sprache der beteiligten Informationsproduzenten und -rezipienten. Daß man im Retrieval mit einer reichhaltigen Sprache fertig werden kann, haben die vorstehenden Aufführungen zu zeigen versucht.

Anmerkungen

(1) Fugmann, Robert: Die Aufgabenteilung zwischen Wortschatz und Grammatik in einer Indexsprache, im Bd. 1 dieses Werkes: Aufbau von Datenbasen. S. 67 ff.

(2) Henrichs, Norbert: Sprachprobleme beim Einsatz von Dialog-Retrieval-Systemen, in: Deutscher Dokumentartag 1974, Bd. 2, München 1975, S. 219-232

(3) Henrichs, Norbert: Dokumentenspezifische Kennzeichnung von Deskriptorenbeziehungen. Funktion und Bedeutung, in: Deutscher Dokumentartag 1974, Bd. 1, München 1975, S. 343-353

(4) vgl. in (2) die Beschreibung von OFFERTE S. 227 ff.

Nandakishore Banerjee

Die Systemkonzeption von CONDOR

Zusammenfassung

Es werden benutzungsseitige und systemtechnische Anforderungen an computergestützte Informationssysteme formuliert, die im System CONDOR von Siemens als Informationssystem mit Funktionen sowohl eines Organisations- als auch eines Fachinformationssystems realisiert werden sollen. Die Konzeption von CONDOR wird vorgestellt. CONDOR wird daten- und strukturunabhängig und modular konzipiert. Probleme des Datenbankaufbaus und des Retrieval (hartes/weiches Retrieval) werden dargestellt. Es wird über die bisherige und geplante (linguistische) Grundlagenforschung berichtet.

Abstract

This article discusses the demands which the user as well as the system analyst place on computerized systems, demands which the Siemens CONDOR system as an information system with the functions of an information management as well as of subject-oriented information system is expected to meet. The CONDOR conception - data-independent, structure-independent and modular - is presented. In addition, the article reports on fundamental (linguistic) research of the past and future.

1. Zielsetzung eines Forschungsprojekts

Die künftigen Benutzer von Informationssystemen werden formatierte und unformatierte Informationen integriert in einem System benötigen, da die gesuchten Informationen im allgemeinen als Mischdaten vorliegen. Heute ist es jedoch üblich, für die Verarbeitung dieser beiden Datenarten verschiedene Systeme einzusetzen, d.h. einerseits Datenbanksysteme und andererseits Information-Retrieval-Systeme. Ein integriertes Datenbank/Information-Retrieval-System (DBS/IRS) zu realisieren, ist das Ziel des Forschungsprojekts CONDOR (COmmunikation in Natürlicher Sprache mit Dialog-Orientierten Retrieval-Systemen) bei der Firma SIEMENS, das seit 1973 zu 50% vom Bundesministerium für Forschung und Technologie gefördert wird. CONDOR hat eine langfristige Zielsetzung, in der die Benutzeradäquanz einen hohen Stellenwert besitzt. Was ein benutzeradäquates Informationssystem ist, muß noch definiert werden. In jedem Fall muß ein integriertes DBS/IRS leistungsfähiger und komplexer sein als die heutigen Systeme.

2. Zur Typologie von Informationssystemen

Komplexe Informationssysteme lassen sich prinzipiell dadurch beschreiben, daß sie in sich mehrere einfache Informationssysteme enthalten, z.B.

- Dokumentationssystem
- Informationsvermittelungssystem
- Organisations-Informationssystem
- Fachinformationssystem
- Verwaltungsinformationssystem

CONDOR wird nach dieser Bestimmung ein komplexes Informationssystem sein, weil es entsprechend den Definitionen von Beling/Wersig (1973) als Informationssystem entwickelt werden soll, das sowohl die Funktionen eines Organisations-Informationssystems als auch eines Fachinformationssystems wahrnehmen kann.

Der Typ des Organisations-Informationssystems ist wahrscheinlich am prägnantesten durch das Büroinformationssystem (BIS) repräsentiert.

Das BIS stellt hohe Anforderungen an das Konstruktionsprinzip eines elektronischen Informationssystems, vorausgesetzt, daß es nicht isoliert nur im Bereich der Abrechnungen und Routineposition eingesetzt oder daß der Vorteil des Computereinsatzes nicht nur in der Beschleunigung des Informationsdurchsatzes gesehen wird. Wichtiger erscheinen uns die realen Qualitätsverbesserungen durch den Computereinsatz, die mit traditionellen Arbeitsmethoden nicht zu bewältigen sind oder für die es nicht genügend Menschen mit entsprechender Qualifikation gibt.

Der Typ des Fachinformationssystems (FIS) ist in der Bundesrepublik auf Grund der Planung und Realisierung des IuD-Programms als Fachinformationszentrum (FIZ) realisiert. Das Primärziel der FIS/FIZ besteht offenbar darin, die Effizienz der Informationsvermittlung auf einem Fachgebiet zu erhöhen. Wenn man jedoch das Konzept und die Organisationsform des bislang arbeitenden FIS näher betrachtet, dann ist man geneigt, einige Bedenken anzumelden. Die Gefahr, daß die Fachinformationssysteme sich in 'Fachinformationsfriedhöfe' verwandeln, wird in Zukunft real existieren, wenn die Überlegungen "zur Eingrenzung der Fachbereiche bei der Bildung der Fachinformationssysteme" (IuD-Programm 1976) stärker in den Vordergrund gestellt werden als die zur Realisierung von Feedback-Mechanismen zwischen Fachinformationszentren und der realen Umwelt, in der sich kontinuierlich "die Struktur der zu verarbeitenden Information ändert und damit auch die Verarbeitungsprozesse" (Graßmugg 1978).

Wie auch immer moderne Informationssysteme organisiert sein werden, es steht außer Zweifel, daß sie ohne DV-Einsatz nicht funktionsfähig sein werden. Allerdings - und dem trägt die DV-Förderung in den 80er Jahren Rechnung - wird man sich "weniger am Instrument 'Datenverarbeitung' orientieren als an den Problemen, die bei der Einführung und Anwendung moderner Informationstechniken zu lösen sind" (Marx 1978). Wichtiger als die Lösung der Hardware-Probleme wird die Entwicklung einer anspruchsvolleren Informationssystem-Software sein.

3. Einsatzbedingungen

3.1 Transparenz der Verarbeitungsprozesse

Der Wirkungsgrad eines jeden Informationssystems hängt vom Grad seiner Akzeptanz durch die Anwender ab. Dies um so mehr, wenn es sich um ein rechnergestütztes Informationssystem handelt. Denn jeder Verarbeitungsschritt, der automatisch abläuft, ist ein Teil der Entscheidungsfindung, der dem menschlichen Anwender abgenommen worden ist. Dies wird der Anwender nur dann als eine echte Entscheidungshilfe akzeptieren, wenn das System ihm Orientierungsmöglichkeiten bietet, etwa aufgrund welcher Methoden und Parameter aus Eingangsdaten, die der Anwender kennt, bestimmte Ergebnisse oder Zwischenergebnisse ermittelt werden. Ohne diese Art von Transparenz wäre der Anwender gezwungen, entweder Entscheidungen zu treffen ohne genaue Kenntnisse der Entscheidungskriterien, oder die Anwendung des Systems für solche Fälle abzulehnen. Daraus darf man ableiten, daß die Transparenz der Verarbeitungsprozesse für den Einsatz von rechnergestützten Informationssystemen unabdingbare Voraussetzung sein muß. Andernfalls wäre der Einsatz solcher Systeme für Aufgaben, wie z.B. den Arzt bei der Diagnose, den Manager beim Planen oder den Richter bei der Urteilsfindung zu unterstützen, nicht nur undurchführbar, sondern auch noch unverantwortlich.

3.2 Benutzeradäquate Kommunikationssprache

Jedes rechnergestützte Informationssystem muß eine Kommunikationssprache haben, damit der Benutzer einerseits seinen Informationswunsch beschreiben und andererseits die Reaktion des Systems verstehen kann. Der Benutzer ist am besten bedient, wenn er seinen Informationswunsch in der Form einer Beschreibung seines Problems darstellen kann. Die Problembeschreibung gelingt ihm am besten in der Kommunikationssprache, die ihm im Zusammenhang mit dem Problembereich am geläufigsten ist.

Ist nun ein elektronisches Informationssystem der Kommunikationspartner des Benutzers, dann muß dieser sich für seine Problembeschreibung der Sprache bedienen, die das System interpretieren kann. Für ein EDV-System ist eine formale Sprache am ehesten interpretierbar, obwohl es auch hier vom Leistungsgrad des Systems abhängt, wie mächtig oder beschränkt das interpretierbare Sprachrepertoire ist. Wenn der Anwender mit einem System konfrontiert wird, das nur eine formale Sprache interpretieren kann, muß er in jedem Falle einige Einschränkungen in Kauf nahmen:

- Er muß diese formale Sprache beherrschen, wenn er das System benutzen will.
- Die formale Sprache ist häufig für die Beschreibung vieler Probleme nicht differenziert genug.

Diese beiden Einschränkungen zwingen den Benutzer, sein Problem inadäquat darzustellen. Dies hat zur Folge, daß der Benutzer nicht alle Informationen erhält, die für seine Problemlösung relevant sind, oder daß er Ballastinformationen erhält, weil er sein Problem nicht präzise formulieren konnte oder durfte.

Daraus ist die Einsatzbedingung eines rechnergestützten Informationssystems ableitbar, die besagt, daß für jede Problembeschreibung die adäquate Kommunikationssprache verfügbar sein muß. Dies bedeutet in der Praxis, daß ein solches System sowohl formale Sprachmittel als auch die natürliche Sprache als Kommunikationssprache im Sprachrepertoire beinhalten muß. Darüberhinaus muß es dem Benutzer Möglichkeiten bieten, sein Problem strukturiert zu schildern.

3.3 Benutzeradäquate Kommunikationsform

Der Erfolg einer Mensch-Maschine-Kommunikation hängt ebenso von der mit dem System möglichen Kommunikationsform ab. Rein formal gesehen handelt es sich hier um einen Dialog, da nicht nur der Benutzer dem System etwas mitteilen muß, sondern auch umgekehrt das System dem Benutzer. Allerdings darf sich die Dialogfähigkeit eines Systems nicht darin erschöpfen, daß Mensch und Maschine lediglich Mitteilungen austauschen. Je größer der Anteil des Benutzers an EDV-Tätigkeiten "in Relation zur Gesamttätigkeit des Benutzers" (Müller-Böhling 1978) wächst, desto höher werden die Anforderungen an die Dialogfähigkeit. Wenn ein

Computersystem eine Teilkomponente eines zwischenmenschlichen Kommunikationsprozesses wird, dann muß die Dialogfähigkeit eines solchen Systems zunehmend im Sinne einer Simulationsfähigkeit der zwischenmenschlichen Kommunikation betrachtet werden.

Eines der wichtigsten Merkmale der zwischenmenschlichen Kommunikation besteht in der Flexibilität, d.h. in der Fähigkeit der Kommunizierenden, situationsabhängig auf die Reaktion des Kommunikationspartners einzugehen, ihn zu informieren oder von ihm entsprechende Informationen zu holen. Daher wird beim Entwurf eines Informationssystems die flexible Dialogführung hohe Priorität haben und Gradmesser für die Benutzerfreundlichkeit sein müssen.

Seit geraumer Zeit wird versucht, wissenschaftliche Methoden zur Quantifizierung der Benutzerfreundlichkeit zu finden, damit diese von Entwicklern von Dialogsystemen als Entwurfskriterien verwendet werden können. Die Gesellschaft für Mathematik und Datenverarbeitung (GMD) hat in der letzten Zeit eine solche Untersuchung (und eine Kontrolluntersuchung) durchgeführt. 950 Benutzer wurden 1976 über eine Fragebogenaktion gebeten, Dialogsystem-Eigenschaften im Hinblick auf Benutzerfreundlichkeit zu gewichten (vgl. Dzida 1977). Die Befragten waren DV-Experten mit Erfahrung in der Benutzung von Dialogsystemen, insbesondere auf den Gebieten Textverarbeitung und interaktive Programmierung. Nach der Auswertung von 331 zurückgesandten Fragebögen wurden 31 Dialogsystem-Eigenschaften ermittelt, die die Benutzer mit den Kategorien "nahezu unabdingbare Voraussetzung" bis "wünschenswert, angenehm" bewerteten. Mit einer Faktorenanalyse wurden diese Eigenschaften in 5 "Benutzerfreundlichkeitsdimensionen" gruppiert. Die 5 Dimensionen (Faktoren) sind:

- Einfache Anwendbarkeit
- Dialogflexibilität
- Rückkoppelungsfähigkeit
- Selbsterklärungsfähigkeit
- Verläßlichkeit

Der Faktor einfache Anwendbarkeit ist so zu verstehen, daß der Benutzer die Einarbeitung in die System-Benutzung ohne fremde Hilfe, ohne DV-Fachkenntnisse, ohne Benutzerhandbücher, dafür aber mit Dialogunterstützung durchgeführt haben will.

Der Faktor Dialogflexibilität bedeutet, daß der Benutzer nicht mit einer starren, nicht variierbaren Dialogführung konfrontiert wird, sondern je nach Fähigkeiten und Kenntnissen und Stand des Verarbeitungsprozesses differenziert gesteuert wird.

Der Faktor Rückkoppelungsfähigkeit ist so zu interpretieren, daß der Benutzer im Interesse einer rationellen Vorgehensweise seine Aktion vom Feed-Back abhängig machen möchte. Das Feed-Back kann darin bestehen, daß der Benutzer auf die günstige oder ungünstige Auswirkung seiner Eingabe aufmerksam gemacht wird, daß er nicht mit einer schlichten Fehlermeldung konfrontiert, sondern mit Korrekturhinweisen und Vorschlägen versehen wird, die ihn in einer Sackgassensituation zu solchen Alternativschritten anregen, die das System situationsabhängig verarbeiten kann.

Der Faktor Selbsterklärungsfähigkeit bedeutet die Möglichkeit der Transparentmachung eines jeden beliebigen Dialogschritts durch Eigeninitiative oder Benutzerinitiative.

Der Faktor Verläßlichkeit bedeutet Konsistenz des Systems dahingehend, daß es sich in ähnlichen Situationen ähnlich verhält, gleichgültig ob es sich um die Eingabe des Benutzers oder die Ausgabe des Systems handelt.

Der Faktor Dialogflexibilität ist nicht identisch mit dem oben erwähnten Ausdruck "flexible Dialogfähigkeit". Flexible Dialogfähigkeit ist die Fähigkeit des Systems, jederzeit über seinen Verarbeitungszustand informiert zu sein und unter Berücksichtigung des variablen Faktors, Benutzerreaktion, situationsabhängig zu handeln. Ohne diese Eigenschaft ist keiner der 5 Faktoren technisch realisierbar.

Wenn man bedenkt, daß dieser Anforderungskatalog von DV-Experten stammt, dann können wir davon ausgehen, daß Anwender von rechnergestützten Informationssystemen, die vorwiegend DV-Laien sind, nicht weniger fordern werden.

3.4 Anpassungsfähigkeit des Systems an den Benutzerbedarf

Ein komplexes System sollte nicht zuletzt aus Wirtschaftlichkeitsgründen ein Mehrzwecksystem sein. Für jeden einzelnen Anwendungsfall ein komplexes System zu erstellen, wäre nicht rentabel. Für den Benutzer noch wichtiger ist, daß Anwender oder Anwendergruppen von einem System in verschiedenen Anwendersituationen verschiedene Aufgabenerfüllung erwarten dürfen. Die diversen Aufgaben eines Mehrzwecksystems können am Beispiel eines Büroarbeitsplatzes verdeutlicht werden. Die Tätigkeiten an einem Arbeitsplatz, z.B. an einem Sachbearbeiterplatz, bestehen aus mehreren Arbeitsvorgängen, wie

- Aufbau und Fortfühung einer Aktenablage;
- Suche nach Informationen in der Ablage;
- Aufbau und Fortführung eines arbeitsplatzbezogenen Literaturverzeichnisses;
- Suche nach Informationen im Verzeichnis;
- Erledigung von Kleinkorrespondenz;
- Festlegung und Koordinierung von Sitzungsterminen;
- Durchführung der eigentlichen Sacharbeit, sei es nun die Arbeit eines Rechtsanwaltes, eines Steuerberaters, eines Buchhalters, eines Dokumentars usw.

Es ist nicht zu übersehen, daß die einzelnen Arbeitsvorgänge durchaus autonom sein können, jedoch ihrem Inhalt entsprechend zusammengehören. Es besteht z.B. eine Beziehung zwischen einem Forschungsbericht, dessen bibliographische Daten in ein Literaturverzeichnis aufgenommen sind, und dem Verfasser dieses Berichts, der vielleicht im Adressenverzeichnis der Ablage vermerkt ist. Wenn man nun nicht nur nach dem Bericht sucht, sondern auch nach der Adresse des Verfassers, dann braucht man als Informationsressource sowohl die Ablage als auch das Literaturverzeichnis. Weiter müssen wir annehmen, daß zwischen dem Prozeß der eigentlichen Sacharbeit und den einzelnen Informationsressourcen Wechselbeziehungen bestehen.

Der Einsatz verschiedener Einzwecksysteme würde den Arbeitsplatz nicht rationell gestalten. Der Sachbearbeiter kann - sofern er auf Rechnerunterstützung zurückgreifen will - nur ein integriertes Informationssystem gebrauchen, das sich in seinem Funktionsumfang an den jeweiligen Arbeitsvorgang anpassen kann.

4. CONDOR - Zielsetzung

Die bisherige Erörterung der Einsatzbedingungen haben gezeigt, daß die Nützlichkeit eines computergestützten Informationssystems für den Anwender sehr stark von der Leistungsfähigkeit eines solchen Systems im Hinblick auf die Kriterien Transparenz, Kommunikationssprache, Kommunikationsform und Anpassungsfähigkeit abhängt. Aus dieser globalen Zielsetzung lassen sich die benutzungsseitigen und die systemtechnischen Anforderungen an das System CONDOR als ein Informationssystem mit Funktionen sowohl eines Organisations-Informationssystems als auch eines Fachinformationssystems ableiten.

Bevor diese Anforderungen näher spezifiziert werden, wäre es nützlich, die potentiellen Benutzer von CONDOR grob zu klassifizieren.

4.1 Benutzertypen

Die Benutzer des Systems können zunächst in 2 Klassen eingeteilt werden: Benutzer ohne und Benutzer mit DV-Kenntnissen.

(Die Probleme der Benutzer, die über DV-Kenntnisse verfügen müssen - Operateure, Informations-Software-Entwickler, Datenbankverwalter etc. - seien zunächst ausgeklammert.)

Die Benutzer ohne EDV-Kenntnisse müssen je nach Aufgabenstellung weiter differenziert werden:

- Anwendersystem-Designer - wird aufgrund seiner Kenntnisse des Anwendungsgebietes und der Probleme der Benutzerklasse, die er vertritt, aus dem vorhandenen Funktionsangebot das anwenderspezifische System zusammenstellen. Er wird mit dem System nicht ständig, aber zeitweise intensiv arbeiten.
- Informationsvermittler - besitzt Grundkenntnisse eines Fachgebietes oder mehrerer, wie z.B. ein Bibliothekar. Er arbeitet ständig mit dem System und besitzt aufgrund der Anwendungsbreite einen relativ genauen Überblick über den Datenbankinhalt.

Sowohl der Anwendersystem-Designer als auch der Informationsvermittler gehören zur Gruppe der sogen. "Mid-User", die sozusagen im Auftrag der Endbenutzer das System benutzen. Die Endbenutzer sind:

- Fachspezialist - besitzt genaue Kenntnisse eines Fachgebietes und kann das System regelmäßig oder gelegentlich benutzen.
- Nicht-Fachspezialist - recherchiert nach Informationen aus einem Fachgebiet, in dem er nicht vorgebildet ist. Er kann diese Tätigkeit regelmäßig oder gelegentlich ausführen.
- Datenerfasser - ein Nicht-Fachspezialist, der eine vorwiegend input-orientierte Beziehung zum System hat. Er kann aber auch gelegentlich eine output-orientierte Beziehung (Retrieval-System-Beziehung) haben, z.B. bei Plausibilitätsprüfungen oder bei Änderungen von gespeicherten Informationen. Er benutzt das System ständig.

Ein wesentlicher Aspekt der CONDOR-Zielsetzung, dem Endbenutzer mehr Flexibilität, mehr Handlungsspielraum im Umgang mit dem System zu ermöglichen, kann am Beispiel der geschilderten Benutzertypen näher spezifiziert werden. Ein wesentlicher Nachteil der traditionellen rechnergestützten Informationssysteme besteht darin, daß zwischen den individuellen Endbenutzerschnittstellen, die eventuell von Anwendungsfall zu Anwendungsfall verschieden sein können, und der standardisierten Systemschnittstelle, die der Hersteller liefert, eine Lücke existiert, die nur durch zusätzliche Programmierung geschlossen werden kann. Die Ursache dieser Erscheinung, die Datenabhängigkeit der Systeme, wird später erörtert. Als Folge davon kann kein Anwendersystem ohne die Mitwirkung von Anwenderprogrammierern erstellt werden. Daher ist eine Anforderung an das System CONDOR so zu definieren: Es muß sowohl für die Endbenutzer als auch für die Mid-user möglich sein, anwenderspezifische Systeme ohne die Mitwirkung von Anwenderprogrammierern zu erstellen.

Eine weitere Anforderung an CONDOR ist darin zu sehen, daß der Endbenutzer ohne die Mitwirkung von Informationsmittlern Informationen wiedergewinnen kann. Dies bedeutet nicht, daß die Funktion des Informationsmittlers überflüssig werden soll. Es bedeutet lediglich, daß jeder Endbenutzer die Entscheidungsfreiheit haben muß, das System selbst zu benutzen, wenn er es für sinnvoll erachtet.

4.2 Benutzungsseitige Funktionsanforderungen

Das System muß so konzipiert werden, daß alle Daten aus der realen Welt des Benutzers - inkl. der logischen Anordnung dieser Daten aus der Benutzersicht - im System abbildbar und recherchierbar sein müssen. Die Daten können sein:

- formatiert und/oder unformatiert
- numerisch und/oder natürlichsprachliche Texte und/oder
- bildhaft

Aus dieser Voraussetzung ergeben sich Anforderungen mit Bezug auf

- Datenbankaufbau,
- Informationswiedergewinnung
- Verfügbarkeit von Informationen,
- Weiterverarbeitung von Informationen,
- Dialoggestaltung,
- Lernfähigkeit des Systems.

4.2.1 Datenbankaufbau

Die Phase des Datenbankaufbaus ist charakterisiert durch die folgenden Verarbeitungsprozesse:

4.2.1.1 Informationsbeschreibung

Der Anfangszustand der Datenbankaufbauphase ist dadurch gekennzeichnet, daß das System sich in einem problemunabhängigen Zustand befindet, d.h. keinerlei spezifisches Wissen über das Anwenderproblem besitzt. Zuerst müssen daher dem System alle Informationsarten und die Beziehungen zwischen den Elementen dieser Informationsarten bekanntgemacht werden, damit eine symbolische Abbildung der realen Welt des Benutzers in der Datenbank möglich wird. Die Bezeichnung 'Informationsart' steht für eine Menge von Objekten von gleichstrukturiertem Inhalt.

Zur Beschreibung von Informationen und Relationen muß das System dem Benutzer ein Beschreibungsrepertoire zur Verfügung stellen. Ferner muß es möglich sein, Objekte in beliebiger Tiefe in Strukturelemente zu zergliedern, diese durch Attribute näher zu spezifizieren und Relationsarten und Benennungen festzulegen.

Diese Beschreibungssprache muß unabhängig sein von systeminternen Schnittstellen. Mit Hilfe geeigneter Regeln muß das System jedoch die Beschreibung des Benutzers automatisch in interne Datenstrukturen umwandeln können. Diese Vorgehensweise ermöglicht dem Benutzer, die Effektivität und die logische Konsistenz des von ihm definierten Informationsmodells anhand von einigen Testdaten zu erproben und gegebenenfalls zu modifizieren, bevor mit der Erfassung von umfangreicherem Informationsmaterial begonnen wird. Es kann trotzdem vorkommen, daß in einer späteren Phase, wenn die Datenbank schon gefüllt ist, die Notwendigkeit einer Umdefinition des Informationsmodells festgestellt wird. In diesem Fall muß das System die Möglichkeit bieten, die erfaßten Informationen entsprechend zu konvertieren.

4.2.1.2 Informationserfassung

Der Verarbeitungsprozeß der Informationserfassung - die Voraussetzung für maschinelle Verarbeitung von Informationen - ist derzeit der größte Engpaß, der in der Zukunft naturgemäß umso größer wird, je mehr Informationen maschinell verarbeitet werden sollen. Es muß also ein Bündel von Maßnahmen getroffen werden, um diesen

Zustand radikal zu ändern. Diese Maßnahmen sollen einerseits die Reduktion von mehrfachen Erfassungen und des systembedingten Erfassungsaufwands und andererseits eine Dezentralisierung der Erfassung ermöglichen.

Schon heute spricht man von der künftigen "Dokumentationsproduktionsstraße" (Graßmugg 1978). Damit ist gemeint, daß Informationen normalerweise nicht an einem einzigen Punkt in der endgültigen Form entstehen, sondern in einem mehrstufigen Prozeß. Der Entstehungsprozeß ist häufig insofern sehr unrationell, als mehr oder weniger der gleiche Inhalt mehrmals schriftlich verfaßt wird (handgeschrieben - maschinengeschrieben - korrigiert - neugeschrieben ...). Sollte das Dokument auch noch in einer Datenbank aufgenommen und zum Zwecke der Weiterverarbeitung inhaltlich erschlossen werden, dann muß häufig eine teilweise oder gänzliche Neuerfassung erfolgen, um es für die inhaltliche Erschließung mit Steueranweisungen zu versehen, wodurch das Dokument für die Außenwelt verunstaltet wird. Ein beträchtlicher Teil dieses unnötigen Schreibaufwands läßt sich schon heute durch den Einsatz von Textautomaten vermeiden. Sollte jedoch der Textautomat in der Zukunft zu einem optimalen Erfassungsplatz entwickelt werden, dann müssen vor allem zwei Voraussetzungen erfüllt werden:

- Errichtung von Kommunikationsnetzwerken aus Textautomaten, Großcomputern, Fernkopierern, Fernschreibern, Klarschriftlesern usw.
- Ausstattung der Textautomaten mit intelligenten Funktionen, insbesondere mit mächtigen Erschließungsfunktionen.

Das Kommunikationsnetzwerk wird dazu beitragen, daß Dokumente vom Entstehungsort ohne zusätzlichen Schreibaufwand beliebig transportiert und gleichzeitig verfügbar gemacht werden können. Durch Bereitstellung von mächtigen Erschließungsfunktionen können

- die manuelle Präcodierung von Steueranweisungen für inhaltliche Erschließung weitgehend überflüssig werden;
- die fehlerhafte Eingabe durch Plausibilitätsprüffunktionen vermindert werden;
- die versions/zeitorientierte Verwaltung von Informationen ermöglicht werden.

Zur weiteren Reduktion vom Schreibaufwand sind anspruchsvolle Textmanipulationsfunktionen nötig und die Möglichkeit, über Erfassungsstrategien situationsgerechte Erfassungsformulare am Bildschirm anzubieten.

4.2.1.3 Informationsänderung

Der Verarbeitungsprozeß der Informationsänderung beschränkt sich nicht nur auf die Änderung während der Direkterfassung über Schreibautomaten. Es müssen Funktionen bereitgestellt werden, um Massenänderungen sowohl in Primärinformationen als auch in Sekundärinformationen, die durch Erschließung der Primärinformationen gewonnen werden, durchführen zu können. Der Verarbeitungsprozeß Massenänderung besteht, technisch gesehen, aus einem impliziten Retrieval nach bestimmten Informationen und der eigentlichen Änderung dieser Informationen. Die benutzungsseitige Anforderung besteht in diesem Fall darin, daß dem Benutzer ein ausreichendes Beschreibungsrepertoire zur Verfügung stehen soll, womit er seinen Änderungswunsch ohne Kenntnisse des systeminternen Verwaltungsmechanismus beschreiben kann.

4.2.1.4 Informationserschließung

Der Verarbeitungsprozeß Informationserschließung bewirkt eine Neuordnung der Primärinformationen durch intellektuelle und/oder automatische

- Invertierung derjenigen Informationseinheiten, die als häufig verwendbare Suchkriterien betrachtet werden;
- Vernetzung und Klassifizierung der erfaßten Objekte und/oder Begriffe nach bestimmten Ordnungskriterien.

Der Benutzer muß während des Verarbeitungsprozesses 'Informationsbeschreibung' (siehe 4.2.1.1) die zu invertierenden Elemente definieren können. Was natürlichsprachliche Informationen betrifft, soll der Benutzer angeben können, ob er Begriffe in Vollform, Grundform oder Stammform invertiert haben will oder ob er zusätzlich oder statt dessen syntaktisch konsistente Phrasen invertieren möchte.

Zur Objekt- und Begriffsklassifikation sollen folgende Funktionen bereitgestellt werden:

(i) Dokument-Scanner

Die Dokumentstruktur soll möglichst automatisch über interne Regelsysteme erkannt werden. Es sollen alle formalen Informationen, die im Lay-out und in den Zeichen enthalten sind, interpretiert und klassifiziert werden. Ein Beschreibungsrepertoire soll dem Benutzer ermöglichen, Regeln zu definieren, mit denen das System mit Bezug auf eine Informationsart

- Dokumentabschnitte wie Kapitel, Absatz usw. oder Überschriften oder Unterstreichungen erkennt und je nach Benutzeranweisung mit einem entsprechenden Relevanzfaktor versieht;
- eine Tabellenstruktur erkennen und ihr einen vorgegebenen semantischen Inhalt zuordnen kann.

(ii) Inhaltliche Erschließung von natürlichsprachlichen Texten

Natürlichsprachliche Informationen bilden einen wesentlichen Bestandteil aller Informationen, die rechnergestützte Informationssysteme zunehmend verarbeiten müssen. Die benutzungsseitige Anforderung an das System besteht darin, daß Funktionen vorhanden sein müssen, die ,von einer begrenzten Menge an intellektuell vorgegebener Information ausgehend, die Inhaltsanalyse automatisch durchführen können. Hierbei müssen die inhaltstragenden Begriffe in den Dokumenttexten und die sprachlichen Grundrelationen über Zusammenhänge und Abhängigkeit zwischen den Begriffen erkannt und benannt werden können.

(iii) Objekt- und Begriffsklassifikation

Eine vollständige Klassifikation bezieht sich nicht nur auf die objektinterne Inhaltsbeschreibung, sondern auch auf die Einordnung dieses Inhalts in den Gesamtinhalt der Datenbank. Hierfür bieten sich prinzipiell zwei Methoden an:

- die extensionale Methode der expliziten Zuordnung von Klassifikationsmerkmalen zu Objekten oder Begriffen,

- und die intensionale Methode der algorithmischen Ableitung solcher Beziehungen.

Die Informationssysteme müssen beide Klassifikationsmethoden anbieten. Die extensionale Methode ist erforderlich, damit

- eine explizite Klassifikation vorgenommen werden kann, falls eine automatische Klassifikation nicht durchführbar ist;
- das Ergebnis einer automatischen Klassifikation revidiert werden kann, wenn es objektiv oder aus der Sicht des jeweiligen Benutzers subjektiv unzureichend ist.

Die intensionalen automatischen Klassifikationsfunktionen müssen folgende Aufgaben erfüllen:

- Auf der Basis der statistischen Verteilung soll ermittelt werden, wie global (allgemein) oder lokal (spezifisch) die Aussagefähigkeit der einzelnen Begriffe oder von Begriffen in bestimmten sprachlichen Relationen innerhalb der gesamten Informationsmenge einer Datenbank zu beurteilen ist.
- Auf der Basis der obigen Relevanzbeurteilung sollen Objekte thematisch klassifiziert werden. Mit anderen Worten, Objekte mit einer ähnlichen Verteilung von bestimmten Begriffen oder von Begriffen in bestimmten sprachlichen Relationen werden zu einer Klasse zusammengeführt.

4.2.2 Informationswiedergewinnung

Ein komplexes Informationssystem muß auch unscharf formulierten Anforderungen entsprechen können. Beim Retrieval entsteht Unschärfe u.a. dadurch, daß es für einen Benutzer in vielen Fällen unmöglich ist, sein Problem eindeutig und vollständig zu beschreiben. Und ebenfalls ist es häufig nicht möglich, die Güte der vom System nachgewiesenen Information unabhängig vom jeweiligen Benutzer zu quantifizieren. Es wird vom Funktionsangebot des Verarbeitungsprozesses 'Informationswiedergewinnung' abhängen, in welchem Maße und wie mühelos der Benutzer dennoch zufriedenstellende Ergebnisse erhalten kann.

Der Umfang der benutzungsseitig erforderlichen Retrievalfunktionen hängt wesentlich von der Retrievalsituation ab, die man in 'hartes' und 'weiches' Retrieval unterteilen kann.

4.2.2.1 "Hartes" Retrieval

Hartes Retrieval liegt dann vor, wenn dem System die Strukturen der Informationen, die gesucht werden, exakt bekannt sind und der Benutzer mit Hilfe einer formalen Retrievalsprache diese Strukturen und die gesuchten Wörter eindeutig benennen kann. Es muß ferner ein Befehlsvorrat bereitgestellt werden, womit der Benutzer zur Aufbereitung und Ausgabe der gefundenen Informationen Format, Umfang und Reihenfolge definieren kann.

Diese Minimalkonfiguration von Retrievalfunktionen setzt jedoch beim Benutzer eine präzise Kenntnis sowohl des Informationsmodells des Anwendersystems als auch der gespeicherten Informationen voraus. Um die Abhängigkeit des Rechercheerfolgs von der Systemkenntnis des Benutzers zu reduzieren, sollten verschiedene Zusatzfunktionen zur Verfügung gestellt werden.

(i) Zeigen des Informationsmodells

Das während des Verarbeitungsprozesses 'Informationsbeschreibung' definierte Informationsmodell enthält sowohl die Benennungen als auch die Beziehungen der Informationsstruktur. Wenn dieses Modell oder eine Teilmenge davon dem Benutzer während des Retrievalvorgangs gezeigt und als Suchargumente angeboten werden kann, dann ist eine benutzerseitige Kenntnis der Namen und Zuordnungen der relevanten Informationsstrukturen keine unbedingte Voraussetzung mehr.

(ii) Zeigen der Werte

Als eine weitere Unterstützung sollen auch Werte in Verbindung mit den übergeordneten Informationsstrukturen angeboten werden, wenn der Benutzer diese Werte nicht eindeutig angeben kann. Dies kann bei nichtnumerischen Werten häufig vorkommen. Auch in diesem Fall sollte die Möglichkeit gegeben sein, eine Auswahl der gezeigten Werte als Suchargumente direkt auszunutzen.

(iii) Synonymverknüpfungen

Ein weiterer Schritt zur benutzerseitigen Daten- und Strukturunabhängigkeit ist in der Möglichkeit zu sehen, Synonyme, Schlagworte, Abkürzungen und dergleichen mit den Namen der Informationsstrukturen oder mit den Werten zu verknüpfen und diese als äquivalente Suchargumente zu benutzen. Solche Erweiterungen können sowohl von einzelnen Endbenutzern (individuelle Synonymlexika) oder von Informationsmittlern vorgenommen werden. Im letzteren Fall ist jedoch die Grenze zum weichen Retrieval schon erreicht. Die vom Informationsmittler intendierten Assoziationen müssen nicht mit denen der einzelnen Benutzer übereinstimmen. Die Benutzung des angebotenen Vokabulars kann zur Diskrepanz zwischen der Deutung des Systems und der Intention des Benutzers und dadurch zum Nachweis von Ballastinformationen führen.

4.2.2.2 "Weiches"Retrieval

Eine Retrievalsituation ist dann als weich zu bezeichnen,

- wenn der Benutzer nicht genau weiß, wonach er sucht, und daher zur gesuchten Information nur schrittweise hintasten kann;
- wenn die angebotenen Informationen den Benutzer nicht zufriedenstellen und daher die Recherche fortgesetzt werden muß.

Weiches Retrieval wird vor allem dann benötigt, wenn die gesuchten Informationen oder Teile davon unformatiert in natürlicher Sprache vorliegen. In einem solchen Fall kann ein Benutzer selten die Suchargumente sprachlich exakt so wiedergeben, wie sie als Werte in der Datenbank gespeichert sind. In dieser Situation muß das System die Möglichkeit besitzen, dem Benutzer aus der automatischen Inhaltsanalyse und der Objekt- und Begriffsklassifikation (siehe 4.2.1.4) gewonnenen Sekundärinformationen als mehrstufige Entscheidungshilfen zu einer Navigation innerhalb der Datenbank anzubieten.

4.2.2.3 Rationalisierung des Retrievalvorgangs

Zu den eigentlichen Retrievalfunktionen müssen aber auch Funktionen bereitgestellt werden können, die den Retrievalvorgang dadurch rationalisieren, daß sie einerseits den Retrievalweg verkürzen helfen, und andererseits die gefundenen Informationen nach bestimmten Selektionskriterien ordnen, um den Benutzer bei der Überprüfung der Ergebnisse zu unterstützen.

Ein Ordnungskriterium kann folgendermaßen ermittelt werden: Objekten, Begriffen oder Begriffsrelationen können entweder explizit bei der Erfassung oder automatisch bei der Erschließung Gewichte zugeordnet werden. Die automatische Gewichtung erfolgt auf der Basis von Häufigkeitskriterien und, falls es sich um natürlichsprachliche Aussagen handelt, der sprachlichen Relevanzbewertung. Die Suchargumente können, falls sie Bestandteile einer natürlichsprachlichen Aussage sind, ebenfalls explizit oder automatisch gewichtet werden. Durch den Vergleich der Gewichte der Suchargumente einerseits und der gefundenen Informationen bzw. Informationsstruktur andererseits können diese nach einer Relevanzskala geordnet werden.

Zur Verkürzung des Retrievalweges müssen vor allem zwei Maßnahmen getroffen werden:

(i) Formularsprache

Eine gegenüber der formalen Retrievalsprache rationellere Kommunikationsform ist ein Dialog in Formularform. Ein (Bildschirm-) Formular enthält eine Sequenz von Suchaufträgen, die teils formatiert (implizite formale Retrievalsprache) und teils in natürlicher Sprache frei formulierbar sein können. Für unterschiedliche Anwendersituationen müssen entsprechende Formulare aufgebaut werden. Die Formularerstellung muß einfach,d.h. für jeden Benutzer durchführbar sein. Der Benutzer muß während des Retrievalvorgangs beliebig das Formularangebot, und evtl. auch Erläuterungen dazu, abrufen und zur Verwendung auswählen können.

(ii) Retrievalstrategie

Suchfragen, die häufig vorkommen und in einer festen Sequenz auftreten, müssen über Retrievalstrategien zusammenfaßbar sein. Über besondere Sprachmittel muß dafür gesorgt werden, daß innerhalb von Strategien eine Suchfrage die Ergebnisse von Vorgängersuchfragen bedingt oder unbedingt als Einzelargumente verwenden kann. Diese wahlweise parameterisierbaren Retrievalstrategien können im Dialog definiert und während des Retrieval aufgerufen und evtl. nach der Aktualisierung der Parameter durch Angabe von Suchargumenten abgearbeitet werden. Bei nichtparameterisierten Strategien muß es möglich sein, schon während der Informationserschließung neue Ergebnisse zuzuordnen, bzw. hinzufügen, damit das Ergebnis bei der Anfrage eines Benutzers bereits vorliegen kann.

4.2.3 Verfügbarkeit von Informationen

Durch die optimale Verfügbarkeit aller im Rechner vorhandenen Informationen für alle Benutzer kann, soweit datenschutzrechtlich zulässig, der Erfassungs-, Erschließungs- und Retrievalaufwand erheblich reduziert werden. Zu diesen Informationen gehören neben primären und sekundären (erschlossenen) Informationen auch die vielen temporären Zwischenergebnisse, die im Verlauf von maschinellen Verarbeitungsprozessen entstehen, so daß ein Benutzer eventuell sogar die Zwischenergebnisse als Notlösung verwerten kann, wenn er z.B. die Entscheidungskriterien des Endergebnisses nicht gutheißen kann, wohl aber die eines bestimmten Zwischenergebnisses.

Zur Frage der Verfügbarkeit von Informationen gehört auch die Problematik der Datenbankverbundsysteme und die datenbankinterne Aufteilung von Informationen in sogenannte "Pools" (Sammlung von Informationen von gleichstrukturiertem Inhalt, d.h. von einer Informationsart). Die Benutzung von verteilten Datenbanken und die Einteilung in Pools ist jedoch nur dann zweckmäßig, wenn sie die Benutzerlogik nicht beeinträchtigt.

Diese Bedingung beeinflußt u.a. die Technik der Erschließung von natürlichsprachigen Informationen erheblich. Werden bislang Informationen über den Inhalt von Datenbanken oder Pools weitgehend über (für jeweilige Fachgebiete aufgebaute) Lexika bereitgestellt, so ergeben sich bei datenbank- bzw. poolüberschreitenden Recherchen häufig Probleme. Es sollte also gewährleistet sein, daß die Inhaltserschließungsverfahren (und dann auch die Formulierung der Suchfragen) unabhängig von fachspezifischen Lexika durchgeführt werden können.

4.2.4 Dialoggestaltung und Lernfähigkeit

Ein System mit umfassendem Angebot an leistungsstarken Funktionen und dem Ziel, die Entscheidung über die Art und Weise der Anwendung dieser Funktionen weitgehend den Benutzern zu überlassen, muß auch einen ebenso anpassungsfähigen Dialog anbieten. Sonst würde der Benutzer mit den angebotenen Funktionen wenig anfangen können.

Ein Dialog hat die Aufgabe, den Benutzer zu seinem Ziel zu navigieren und ihm die Menge von Informationen anzubieten, die für diesen Zweck erforderlich ist, d.h. nicht mehr Informationen und nicht weniger.

Stellt sich vor allem beim 'weichen Retrieval' heraus, daß das System bei bestimmten Problemstellungen auffallend häufig abweichende Ergebnisse liefert, dann muß das System daraus lernen können, um von vornherein bei diesen Problemstellungen "richtige" Ergebnisse zu liefern.

Lernfähigkeit dieser Art wird in der Zukunft für Informationssysteme unverzichtbar sein. Das System muß so konzipiert werden, daß es diese Wandlungen registrieren und sich auf die veränderte Situation einstellen kann, ohne daß sich Softwareentwickler einschalten müssen.

4.3 Systemtechnische Anforderungen

Die technische Realisierung der soeben geführten Funktionen setzt eine konsequente Einhaltung einiger Konstruktionsprinzipien voraus. Diese Prinzipien lassen sich aus gewissen gemeinsamen Merkmalen der geforderten Funktionen ableiten. Diese Merkmale sind Anpaßbarkeit, Hantierbarkeit und Transparenz, denen zwei wesentliche Konstruktionsprinzipien entsprechen müssen: die Daten- und Strukturunabhängigkeit und das Bausteinprinzip.

4.3.1 Daten- und Strukturunabhängigkeit

"Datenunabhängigkeit ist die Isolierung der Daten von den Programmen. Je höher der Grad an Datenunabhängigkeit ist, desto geringer ist der Aufwand für Programmänderung im Falle einer Änderung der Daten" (Wedekind 1974).

Mit anderen Worten, mit größerer Datenunabhängigkeit wird das Anwendungsspektrum eines Programms größer. Maßgeblich ist dafür jedoch die Unabhängigkeit des Programms von Daten während der Entwurfszeit, und weniger die Unabhängigkeit während der Compile-, Ausführungs- oder Ladezeit.

Anhand von einigen Beispielen soll der Zusammenhang zwischen Datenunabhängigkeit und Anpassungsfähigkeit eines Programms gezeigt werden.

Angenommen, die Funktion zur Inhaltsanalyse (siehe 4.2.1.4) ist so konzipiert, daß die linguistischen Regeln als Daten darstellbar sind und die Programme selbst aus universalen Datenmanipulationsfunktionen bestehen, so wird die Anpassung der Inhaltsanalyse an eine neue Sprachumgebung (z.B. englisch statt deutsch) dann keine Programmänderung verursachen, sondern nur die Beschreibung der englischen Sprachregeln in Datenform benötigen. Diese Tätigkeit kann ausschließlich von einem Linguisten durchgeführt werden. Wie allgemein nun das Anwendungsspektrum der Inhaltsanalyse (z.B. nur für Deutsch und Englisch oder für alle indogermanischen Sprachen usw.) sein kann, wird abhängen von der Universalität sowohl der Datenmanipulationsfunktionen wie der Mittel zur Beschreibung der Sprachregeln.

Ein anderes Beispiel wäre das automatische Verfahren zur Objekt- und Begriffsklassifikation (siehe 4.2.1.4). Eine strikte Trennung zwischen Klassifikationsalgorithmen, Darstellung der Klassifikationsmerkmale und Interpretation dieser Klassifikation ist erforderlich, wenn das Verfahren nicht nur auf eine spezifische Objektart wie z.B. Texte anwendbar sein soll, sondern auch auf andere Objektarten, wie z.B. graphische Gebilde, statistische Meßdaten. Zusätzliche Anpassungsfähigkeit des Verfahrens kann z.B. durch einen Mechanismus zur Klassifikationssteuerung erreicht werden, mit dem dem Benutzer mehrere Klassifikationsschemen zur Darstellung von Klassifikationsergebnissen zur Auswahl gestellt werden können.

Ein weiteres Beispiel ist die Beschreibung des Informationsmodells. Zur Beschreibung kann man entweder eine schnittstellenabhängige Datendefinitionssprache (DDL) verwenden oder aber zur Verwirklichung einer optimalen Schnittstellenunabhängigkeit das sogenannte semantische Modell auf der Basis eines deskriptiven Modellierungskonzepts (Lockemann 1978). In diesem Fall beschreibt der Anwender nur Objekte, Attribute und Relationen,unabhängig von einem spezifischen Datenmodell. Das Informationsmodell läßt sich dadurch leicht auf verschiedene Betriebssystem/Hardware-Umgebung übertragen, eine günstige Voraussetzung z.B. für ein integriertes Büroinformationssystem mit Aufgabenverteilung zwischen Großrechnern und intelligenten Stand-alones (Terminals ohne Verbindung zu einem Großrechner).

4.3.2 Bausteinprinzip

Durch das Konstruktionsprinzip der Datenunabhängigkeit läßt sich die Anpassungsfähigkeit des Systems erheblich verbessern, weil der Programmänderungsaufwand reduziert wird, insbesondere durch die Auslagerung von Steueranweisungen (Ablauflogiken). Dadurch bleiben nur einzelne Prozeduren als codierte Programme übrig. Auch diese Prozeduren müssen aber gelegentlich geändert werden. Daher wäre es sinnvoll, die Prozeduren in kleinen Einheiten zu programmieren. Um die Größe dieser Einheiten pragmatisch zu definieren, kann Transparenz als ein Bestimmungsfaktor herangezogen werden. Es ist gefordert worden, daß Zwischenergebnisse eines Verarbeitungsprozesses und die zugrundeliegenden Parameter beliebig abrufbar sein müssen. (s. 4.2.3) Um dies technisch zu realisieren, könnte man die Prozeduren so gestalten, daß der Output einer Prozedur zugleich auch das verfügbare Zwischenergebnis ist. Eine Prozedur darf daher zur Erzeugung eines Zwischenergebnisses nicht mehr Verarbeitungsschritte beinhalten, als nötig ist. Die Parameter, die das Zwischenergebnis aus dem Input für die Prozedur ermittelt haben, können während der Definition der Ablauflogik als Informationen abgesetzt werden. Wenn diese Informationen als Teil der Systemdokumentation recherchierbar wären, dann stünden sie sowohl dem allgemeinen Benutzer als Erläuterungstext zu den Ergebnissen als auch dem Entwickler als eine sehr transparente Dokumentation zur Verfügung. In dieser Form kann man die Prozeduren als Funktionen oder Bausteine bezeichnen. Das gesamte System würde dann als ein Funktionsrepertoire verfügbar sein, aus dem sich die einzelnen Anwendersysteme relativ problemlos maßschneidern lassen. Aus der Sicht des Entwicklers ist die Wartung und Entwicklung eines solchen Systems, auch wenn es sich um ein komplexes System handeln sollte, eine zu bewältigende Aufgabe.

5. CONDOR - Stand der Entwicklung

Die Entwicklung von CONDOR seit 1973 läßt sich in zwei Phasen einteilen. Die Arbeiten bis etwa 1977 sind vorwiegend als Grundlagenforschung zu betrachten mit dem Ziel, Modelle von solchen Verfahren und Konstruktionsprinzipien zu entwickeln, die für die künftige Realisierung des Systems CONDOR als fundamental betrachtet werden.

Seit 1978 begann die Durchführung einiger Pilot-Erprobungen von Anwendersystemen mit unterschiedlichen Anwendungszielen. Die Anwender-Systeme werden unter aktivster Mitwirkung der Anwender definiert und aufgebaut.(Hierauf kann an dieser Stelle nicht weiter eingegangen werden.) Gleichzeitig wurde auch mit dem Redesign von CONDOR begonnen, um die Ergebnisse aus der ersten Entwicklungsphase, die ja nach und nach und mit verteilten Schwerpunkten ermittelt wurden, in eine einheitliche technologische Basis für das Gesamtsystem umzusetzen.

5.1 Grundlagenforschung 1973-1977

5.1.1 Automatische Linguistische Analyse (LA)

Unter dem Arbeitstitel LA wurde ein Verfahren entwickelt zur automatischen Entwicklung und Gewichtung von potentiellen Deskriptoren aus Texten aus beliebigen Fachgebieten der deutschen Sprache, ohne daß der Benutzer zur Art, Menge und Beziehung zwischen den Deskriptoren irgendwelche Angaben machen muß. Eine weitere Aufgabe des Verfahrens ist die Abspeicherung der Texte in formaler Sprache zum Zwecke einer gezielten Suche innerhalb der einzelnen Texte (Feinrecherche) während des Retrievalprozesses. Neben der Fachgebietsunabhängigkeit war ein weiteres Ziel der Modellentwicklung,durch Auslagerung der sprachspezifischen Daten (Regeln) auf interne Datenträger die Datenunabhängigkeit signifikant zu verbessern.

5.1.2 Automatische Deskribierung und Klassifikation von Texten (DEKL)

Mit Hilfe dieses Verfahrens können Textdeskriptoren aus der gesamten Datenbank oder aus definierten Teilen davon automatisch gewichtet werden. Ferner werden über Klassifikationsverfahren Deskriptoren und Texte thematisch gruppiert (s. Panyr 1978). Das Klassifikationsergebnis, ein Dokumenten- und Begriffsnetz, wird während des Retrievalprozesses zur Dokumentenrecherche über Suchfragen in natürlicher Sprache herangezogen. Das Klassifikationsergebnis kann zusätzlich dem Benutzer während des Retrievalprozesses auch als eine Navigationshilfe angeboten werden.

5.1.3 Datenverwaltungssystem (DATVS)

Zwei Zielsetzungen von CONDOR, daß die zu verarbeitenden Daten formatiert und unformatiert sein können und daß der konzeptionelle Abstand "zwischen den Modellvorstellungen des Menschen von der Realität und dem ... formalisierten Datenschema" (Müller 1978) maximal verringert werden soll, erforderten die Entwicklung eines geeigneten Datenverwaltungssystems. Das System sollte große Mengen von Primär- und Sekundärdaten speichern können. Die Darstellung von multiplen Feldern und variablen Feldlängen sollte möglich sein. Die Datenunabhängigkeit sollte durch klare Schnittstellen (physikalische Unabhängigkeit, Zugriffspfadunabhängigkeit und logische Datenunabhängigkeit) gewährleistet sein. Die Ausbaufähigkeit des Konzepts zu verteilten Datenbanken mußte ebenfalls berücksichtigt werden.

5.1.4 Dialog-Maschine (DM)

Gegen Ende 1975 begann die Entwicklung eines Verfahrens, das zur optimalen Realisierung der Konstruktionsprinzipien Datenunabhängigkeit und Bausteinprinzip, und dadurch zur Erfüllung der Forderungen nach Transparenz und Anpassungsfähigkeit des Systems,einen wesentlichen Beitrag leisten sollte. Der Ursprung der Entwicklung geht auf die Vorstellung zurück, ein Verfahren sei erforderlich zur

- dialogunterstützten Generierung und Modifizierung von Ausgabetexten (Einzeltexten, kompletten Masken und kombinierbaren Textbausteinen);
- Erzeugung von maschinell auswertbaren Protokolldaten von Dialogsitzungen.

Es stellte sich heraus, mit dem gleichen Verfahren lassen sich ohne Kenntnis von Programmiersprachen interaktiv

- Ablauflogik (Steuerungen) definieren und dokumentieren;
- Simulation und Test von Ablauflogiken durchführen.

Daher wurde die Dialog-Maschine seit Ende 1976 zur Entwicklung einiger Komponenten (siehe 5.1.5 und 5.1.6) eingesetzt, und zwar als ein problemneutrales Instrument zur individuellen Entwicklung und Abarbeitung beliebig komplexer Steuerungs-Software. Die bisherige Erfahrung hat gezeigt, daß durch den Einsatz der DM sowohl der Entwicklungsaufwand bei der Erstellung von Steuerungen und Dialoggenerierungen als auch der Pflegeaufwand beträchtlich reduziert werden konnten. Darüberhinaus haben die durch die DM realisierten impliziten Strukturierungsmaßnahmen und -hilfen die Tranparenz des Systems erhöht.

5.1.5 Dokumentrecherche (DOKRET)

1977 wurde das erste Modell des CONDOR-Retrievalsystem zur Wiedergewinnung von natürlich-sprachlichen Textinformationen über Suchanfragen in natürlicher Sprache erstellt. Die Komponenten LA, DEKL und DATVS wurden über die DM zu einem System zusammengebaut. Mit der DM wurde ebenfalls der Benutzerdialog generiert.

Zum Testzweck wurden Textdokumente aus diversen Fachgebieten wie Jura, Medizin, DV und heterogenen Zeitungs- und Zeitschriftenartikeln über die Komponenten LA, DEKL und DATVS automatisch erschlossen. Während der Recherche werden freiformulierte Suchfragen über die LA analysiert und die Ergebnisse mit dem durch die Inhaltserschließung ermittelten Begriffs- und Dokumentennetz verglichen.

Der Befund von relevanten Dokumenten kann dem Benutzer über verschiedene Rankingalgorithmen in der Reihenfolge ihrer Übereinstimmung mit dem Ergebnis der Suchfragenanalyse angeboten werden. Bei unpräzisen Ergebnissen kann ein Präzisierungsdialog eingeleitet werden, indem dem Benutzer aus dem Begriffsnetz Suchbegriffe mit den vernetzten Nachbarbegriffen zur Modifikation der Suchfrage angeboten werden.

5.1.6 Strategische Problembeschreibung (SPB)

In der zweiten Hälfte 1977 wurde die Entwicklung der Komponente zur Informationsbeschreibung und Verarbeitung formatierter Informationen aufgenommen. In diesem Fall war eine systematische Anwendung der DM-Technologie möglich.

Zuerst wurde ein Definitionssystem entwickelt, mit dem die Strukturen der Anwenderinformationen, die beliebig strukturiert und gemischt formatiert/unformatiert sein können, in einem einfachen Dialog bekanntgegeben werden können. Dabei benötigt der Anwender keine Kenntnisse irgendeiner Datenbeschreibungssprache. Informationsstrukturen, Regeln, Verarbeitungsstrategien, Erläuterungstexte und Ausgabeformate werden über den Dialog definiert. Damit steht ein Anwendersystem zur Verfügung, mit dem folgende Verarbeitungsprozesse aktiviert werden können:

- Erfassung von Anwenderinformationen, wobei Plausibilitätsprüfungen (derzeit in begrenztem Umfang), die im Definitionsdialog festgelegt werden, durchgeführt werden können.
- Wiedergewinnung über formale Retrievalsprache mit gewichtbaren Suchkriterien mit zusätzlichen Möglichkeiten zur Synonymverwendung und zum vom Benutzer definierbaren Menue-Dialog.
- Ausgabe über Lay-out-Steuerung.
- Protokollierung von Erfassungs- und Retrievaldialogen.

5.2 Redesign

Die laufende Version ist auf der Benutzeroberfläche integriert. Was die systeminternen Schnittstellen betrifft, ist die Integration in der jetzigen Form nicht ausreichend. Ein Grund dafür liegt in der Entwicklung der einzelnen Komponenten mit unterschiedlichen Technologien.

Eine der wichtigsten Aufgaben beim Redesign wird in der konsequenten Anwendung der DM-Technologie liegen. Vorerst muß jedoch die Dialog-Maschine selbst neu entworfen werden, damit die vorliegenden Erfahrungen optimal ausgenutzt werden können. Es wird möglich sein, die DM leistungsstärker und zugleich einfacher zu gestalten.

Die neue DM wird ein erhöhtes Maß an Portabilität bieten.

Die Anwendersysteme werden von den Charakteristika angeschlossener Endgeräte völlig unabhängig sein. Über definierte Anwenderschnittstellen werden Fremdprogramme anschließbar sein. Mit Hilfe spezieller Steuerkommandos wird es möglich sein, an beliebiger Stelle und zu beliebigem Zeitpunkt in den Steuerfluß einzugreifen. Damit hätte der Benutzer z.B. die Möglichkeit, auf den jeweils letzten oder speziell bekannten Dialogschritt zurückzusetzen, und Auskunft über den jeweiligen Zustand des Systems zu erhalten.

5.3 Schwerpunkte künftiger Grundlagenforschung

Durch Redesign soll auch eine tragfähige Grundlage geschaffen werden, durch die das System um Funktionen erweitert wird, die z.Z. entweder nur in Ansätzen vorhanden oder geplant sind. Die Erweiterung selbst wird vom Ergebnis der Grundlagenforschung auf einigen Gebieten abhängen.

Ein Schwerpunkt der Forschung wird in der Realisierbarkeit der verteilten Intelligenz liegen. Hierzu gehören ebenso ein brauchbares Konzept der verteilten Datenbanken wie der Einsatz von Mikroprozessoren zur Parallelverarbeitung von einzelnen Funktionen. Ziel dieser Forschungseinrichtung ist eine dezentrale Organisation der einzelnen CONDOR-Komponenten. Insbesondere im Rahmen von Büroinformationssystemen wird die Verarbeitbarkeit von dynamischen Handlungsabläufen ein weiterer Schwerpunkt der künftigen Forschung sein.

Die automatische Erschließung von bildhaften Informationen über Klassifikationsalgorithmen wird wahrscheinlich schon in nächster Zukunft dringend benötigt, sobald die ersten Versuche mit dem integrierten Büroinformationssystem Akzeptanz gefunden haben.

Einen sehr breiten Spielraum hat die Erweiterungsmöglichkeit der Verarbeitung von natürlich-sprachlichen Informationen. Die linguistische Analyse in der neuen Konzeption wird sich durchaus in die Richtung von leistungsfähigem natürlich-sprachlichen Fakten-Retrieval, Problem-Solving, Sprachübersetzung und akustischer Spracheingabe weiterentwickeln lassen. Solche Benutzungsanforderungen können manchem heute noch utopisch anmuten. Man wird aber vermutlich schon in einigen Jahren nach diesen Funktionen verlangen, sobald man sich an die Benutzung der relativ benutzerfreundlichen und flexiblen Informationssysteme gewöhnt hat.

Literaturverzeichnis

Beling, G.; Wersig, G., 1973: Zur Typologie von Daten und Informationssystemen, München 1973

Billmeier, R., 1979: Ein pragmatisch orientiertes linguistisches Analyseverfahren zur automatischen Strukturerkennung für deutsche Sätze: Anwendung eines ATN-Parsers in einem Informationssystem. In Band 1

Cuadra, C.A., 1971: On-line-System: Promise and Pitfalls. Journal of the American Society for Information Science 22 (1971)

Diebold Management Report, 1978: Interview mit Professor Syzpersky über das deutsche IuD-Wesen

Dzida, W; Herda, S.; Itzfeldt, W.D.; Schubert, H., 1977: Was ist Benutzerfreundlichkeit? In: Der GMD-Spiegel 3/77, Bonn

Dzida, W.; Herda, S.; Itzfeldt, W.D., 1978: Factors of User-Perceived Quality of Interactive Systems. Bericht Nr. 40 des Instituts für Software-Technologie, GMD, Bonn

Graßmugg, B., 1978: Autobahnen für Information - vom Schreibautomaten bis zum Computernetzwerk. In: Online/adl, Sonderausgabe 1978

IuD-Programm 1976: Programm der Bundesregierung zur Förderung der Information und Dokumentation (IuD-Programm) 1974-1977, Bonn 1976

Kubicek, H., 1978: Partizipatives Innovationsmanagement. In: Online/adl, Sonderausgabe 1978

Lockemann, P.C.; Mayr, H.C., 1978: Rechnergestützte Informationssysteme, Berlin 1978

Marx, G., 1978: Computergestützte Bürosysteme und die Förderung der Datenverarbeitung durch die Bundesregierung. In: Online/adl, Sonderausgabe 1978

Mertens, P., 1978: Die technische Gestaltung von Bildschirm-Dialogen, Online/adl-nachrichten 9/77

Müller, G., 1978: Informationsstrukturierung in Datenbanksystemen, München 1978

Müller-Böhling, D., 1978: Arbeitszufriedenheit bei automatisierter Datenverarbeitung, München 1978

Panyr, J.: STEINADLER - ein Verfahren zur automatischen Deskribierung und zur automatischen thematischen Dokumentationsklassifikation. In: Nachrichten für Dokumentation 4/5-1978

Wedekind, H., 1974: Datenbanksysteme I, Mannheim 1974

Zimmermann, H., 1979: Ansätze einer realistischen automatischen Indexierung unter Verwendung linguistischer Verfahren. In Band 1

Jürgen Krause

Mensch-Maschine-Interaktion in natürlicher Sprache. Zur Bewertung eines natürlichsprachigen Frage-Antwort-Systems

1. Stand der Entwicklung und Erwartungen
2. Methoden der Systementwicklung und Evaluierung
3. Das USL-System und seine Evaluierung
4. Natürliche versus formale Abfragesprache

Zusammenfassung

Eines der Gebiete, in denen der Einsatz von natürlicher Sprache im Rahmen der Mensch-Maschine-Interaktion seit langem postuliert und anhand experimenteller Modellimplementierungen erprobt wurde, sind Informationssysteme, bei denen die natürliche Sprache als Abfragesprache fungiert. Offen bleibt bis heute, ob Systeme dieser Art in echten Anwendungen sinnvoll einsetzbar sind. Natürlichsprachliche Abfragesprachen konkurrieren hier mit formalen Abfragesprachen. - Der Beitrag berichtet über den Einsatz des experimentellen Informationssystems "User Speciality Languages" (USL) in einer realen Anwendung.

Abstract

Practice-oriented natural language-based information systems have been and still are being discussed intensively. Much of the argumentation for and against natural language is still speculative. Hence it has been concluded that the argument can only be settled by evaluative studies in real application situations. - The paper discusses new evaluation results of USL (a question-answering system of IBM, Germany) and the results of tests which have compared natural language as a query language with formal query languages.

1. Stand der Entwicklung und Erwartungen

Die Möglichkeiten von natürlichsprachlichen Anfragen an Datenbanken beschäftigen seit Jahren die Phantasie von Wissenschaftlern der Computerlinguistik, linguistischen Informationswissenschaft, künstlichen Intelligenz, Wirtschaftsinformatik, Rechtsinformatik und Informatik und die von Nichtfachleuten. Lehmann/Blaser 1979, 33ff. enthalten eine Zusammenstellung der kontroversen Aussagen über Vorzüge und Nachteile der natürlichen Sprache als Retrievalsprache (2).
Bei interdisziplinären Gesprächen und bei Gesprächen mit Nichtfachleuten zeigt sich, neben der Position der krassen Ablehnung, oft noch ein Großteil der Wunschträume und Hoffnungen, die zumindest bei Beginn vieler Forschungsprojekte zur natürlichsprachlichen Mensch-Maschine-Interaktion im Hintergrund standen und stehen.

Als Vorteile und geschäftlicher Nutzen eines natürlichsprachlichen Interface werden genannt:

o Jeder, ob Manager, Mitarbeiter oder Sekretärin, kann sofort, ohne technisches Training und mühelos, Informationen abrufen.

o Die Datenbanken erreichen dadurch einen höheren Akzeptanzgrad, werden folglich öfters genutzt, und somit steigt der Auslastungsgrad der DV-Investitionen.

o Die Fehlerquote sinkt, da eine "falsche Ausdrucksweise" aus schlechter Kenntnis einer formalen Retrievalsprache entfällt.

o Alles in allem würde ein natürlichsprachliches Interface nicht nur die Abfrage von Datenbanken komfortabler gestalten, sondern auch die Kosten zur Wiedergewinnung von Informationen senken.

Die Erwartungshaltung - und insbesondere die zeitliche Entwicklung dieser Erwartungshaltung während der letzten 15 Jahre - in den wissenschaftlichen Publikationen über natürlichsprachliche Interfaces bei Informationssystemen spiegelt diesen Optimismus allerdings nicht wieder.

1.1 Systeme der Künstlichen Intelligenz

In der heutigen Forschung, an der eine starke Gruppe von Vertretern der Künstlichen Intelligenz (KI) teilnimmt, spielen Miniweltmodelle eine große Rolle. In ihnen werden meist auf der Wissensgrundlage von Spieldaten einzelne Problemkreise der Mensch-Maschine-Interaktion herausgestellt und punktuell realisiert; z. B. das Problem der Pronominalisierung und Referenz anhand weniger einfacher Anwendungsstrukturen oder Beispielen für Partnertaktik in HAM-RPM (cf. Wahlster/Hahn 1976, cf. auch Hahn 1978). Der Vielzahl der aufgegriffenen Probleme entspricht allerdings nicht die Breite ihrer Behandlung, die für den Einsatz in realen Anwendungsituationen nötig wären (cf. auch Harris 1977a). So lassen sich z.B. Pronomen zwar in den angegebenen Beispielen auflösen, es finden sich jedoch meist sehr schnell andere Umgebungen, in denen der Algorithmus zur Zuweisung des Bestimmungswortes zu Fehlern führt.
Versucht man diese Modelle zu komplettieren, gelangt man zu äußerst komplexen und umfangreichen Gebilden. Zudem ist die Übertragbarkeit auf andere Weltausschnitte zumindest ungeklärt. In fast allen Fällen muß jedoch von einem hohen Aufwand für den Aufbau einer neuen Spielwelt ausgegangen werden.

Es ist deshalb nicht verwunderlich, daß die Gruppe der Skeptiker unter den Computerlinguisten eher wächst, wenn es um die Frage geht, ob in naher Zukunft in der Praxis einsetzbare Systeme realistisch seien. Ein Beispiel ist Klein 1977, ein anderers die äußerst pessimistische Sicht in Fraser 1977, der sich 10 Jahre zuvor (in Fraser 1967) noch optimistisch äußerte.

1.2 "Subset"-Systeme für den praktischen Einsatz

Neben der bisher aufgezeigten Entwicklung im Bereich der künstlichen Intelligenz gab und gibt es Forschergruppen, die von Anfang an den praktischen Einsatz von Frage-Antwort-Systemen in echten Anwendungssituationen als primäres Ziel verfolgten. Beispiele hierfür sind REL (Thompson/Thompson 1975), ROBOT (Harris 1977a, Harris 1977b), USL (Lehmann/Ott/Zoeppritz 1977, Lehmann 1978, Ott/ Zoeppritz 1979) und TQA (früher REQUEST; PLATH 1976; zur Evaluierung cf. Damerau 1979). Systeme dieser Art streben eine möglichst starke Breite und Dichte in der Handhabung sprachlicher Phänomene an. Fällt z.B. die Entscheidung, <u>sein</u> und <u>haben</u> zuzulassen, berücksichtigt man möglichst alle in den geplanten Anwendungsgebieten zu erwartenden Lesarten. Es werden dagegen kaum Versuche gemacht, Phänomene wie Dialogstrategien, generelle Inferenzsubsysteme und ähnliches zu realisieren.

Die angestrebte Breite und Dichte innerhalb der behandelten Probleme steht im engen Zusammenhang mit der Zielvorstellung, ein System zu entwickeln, das bewußt nur eine Untermenge (einen Subset) der natürlichen Sprache zu Verfügung stellt. Dieser Grundgedanke scheint zumindest potentiell tragfähig, da einerseits eine Einschränkung durch die in der realen Benutzersituation abzufragende Datenbank gegeben ist und andererseits die Fragesituation selbst eine Einschränkung der allgemeinen Einsatzmöglichkeiten für die natürliche Sprache darstellt. Allerdings ist der Schluß nicht a priori zwingend, daß damit eine merkliche Reduktion der sprachlichen Möglichkeiten gegeben oder möglich ist. Es spricht nur viel dafür. Von den Entwicklern dieser "Subset"-Systeme wird postuliert, daß der Benutzer eines Subsets schnell lernt, die bestehenden Restriktionen zu handhaben.

Bis heute blieben jedoch eine Reihe prinzipieller Fragen unbeantwortet, die m.E. entscheidend für die praktische Verwertbarkeit der Subsetidee sind:

o Gibt es überhaupt Problemstellungen im Bereich des Information Retrieval, die mit Hilfe eines praktikablen Subsets der natürlichen Sprache gelöst werden können? Schlimmstenfalls würde man die Beobachtung machen, daß kaum Problemstellungen existieren, bei denen der Umfang der auftretenden sprachlichen Phänomene merklich eingeschränkt ist.

o Und wenn es diese Problemstellungen gibt, - wie müßte dann der sprachliche Subset aussehen, welche Sprachstrukturen müßte er z.B. enthalten und welche könnten fehlen?

o Kann der Subset genügend generell formuliert werden,oder braucht man für jede neue Anwendung eine von Grund auf verschiedene Grammatik?

o Paßt sich der Benutzer unbewußt an den Subset an, oder muß er ihn "lernen", und wenn er ihn lernen muß, lernt er ihn einfacher, gebraucht er ihn sicherer als eine formale Abfragesprache?

o Ist es sinnvoll, formale Abfragestrukturen mit natürlichsprachlichen zu vermischen, d.h. natürlichsprachliche Abfragesprachen um formale Bestandteile zu erweitern?

o Sicher gibt es Datenbanken, Problemstellungen, Benutzergruppen bzw. eine Koppelung dieser drei Größen, bei denen formale Abfragesprachen der natürlichsprachlichen vorzuziehen sind. Aber was für Fälle sind das? Wo sind formale Abfragesprachen einfacher, effektiver und sinnvoller? Wo liegen die praktischen Grenzen für natürlichsprachliche Abfragen?

2. Methoden der Systementwicklung und Evaluierung

Insgesamt gesehen erscheint mir die Subsetidee vielversprechend genug, einen Versuch zu rechtfertigen, die oben genannten Fragestellungen zu beantworten. Es bleibt die Frage, wie dies geschehen soll, welches Vorgehen am zuverlässigsten und ökonomischsten ist. Über den ersten Schritt wird es kaum unterschiedliche Meinungen geben: Man benötigt einen Prototyp. Dieser Prototyp eines natürlichsprachlichen Interface wird all das enthalten an Strukturen und Funktionen, was die Systementwickler für nützlich halten. Diese "Nützlichkeitserwartung" basiert vielleicht auf vorausgegangenen Experimenten mit ähnlichen Systemen oder einfach auf der Intuition. Die Erwartungen können auch auf einer Fragebogenaktion basieren, bei der die Systementwickler potentielle Benutzer über ihre Wünsche und Bedürfnisse befragt haben. Die entscheidende Frage jedoch ist, ob diese Methoden genügen, ob ihre Anwendung zu einem praktikablen Subset führt. Diese Frage wird ausführlicher diskutiert in Krause 1979c. Ich will das Ergebnis nur kurz zusammenfassen:

- Der Hauptnachteil bei der Intuition des Systementwicklers ist, daß er eine völlig verschiedene Ausgangslage im Vergleich zum späteren Benutzer des natürlichsprachlichen Interface hat. Der Benutzer weiß über das enge Fachgebiet Bescheid, das er abfragen möchte. Er hat keine oder nur wenig EDV- und Programmierkenntnisse. Der Systementwickler bringt genau die entgegengesetzten Voraussetzungen und Fähigkeiten mit. Es ist kaum vorstellbar, daß sich der eine erfolgreich in die Lage des anderen versetzen kann. Andererseits gibt es zugegebenermaßen Fragestellungen, die sich durch Anwendung der Intuition zufriedenstellend lösen lassen, zumal wenn sie von einer fundierten Ausbildung in Informationswissenschaft und Linguistik unterstützt wird.

- Was die Fragebögen angeht, so gibt es auch hier psychologische Untersuchungen, die Vorsicht geraten sein lassen (cf. z.B. Thomas 1977, Festinger 1957). Z.B. tendiert ein Benutzer, der längere Zeit mit einem System gearbeitet hat, dahin, das System gut zu finden, weil er in dieses Unternehmen bereits viel Aufwand und Energie gesteckt hat.

Neben der Intuition und Fragebogenaktionen sind einige Tests mit oder ohne Prototyp durchgeführt worden:

- Miller 1978 testete natürlichsprachliche Fragen, indem er

eine zweite Person einsetzte, die - versteckt vor dem abfragenden Benutzer - ein automatisiertes, natürlichsprachliches Interface simulieren sollte.

o Tennant 1979 evaluierte die Frage-Antwort-Systeme PLANES (cf. Waltz 1978) und "Automatic Advisor" (Tennant 1979) mit Universitätsstudenten als Benutzern. Die Studenten hat ten keine Vorkenntnisse, weder in bezug auf die Datenbank noch auf das Frage-Antwort-System. Es wurden ihnen Aufgaben gestellt, die Sie mithilfe von PLANES bzw. des "Automatic Advisor" lösen sollten.

Diese und ähnliche Tests basieren auf dem legitimen Interesse, die Umgebung der Tests zu kontrollieren (3). Man versucht, einen oder mehrere Parameter der Mensch-Maschine-Kommunikation zu isolieren. Der Nachteil dieses Vorgehens ist, daß die Umgebung des Tests mehr oder minder künstlich wird. Die Grundannahme muß deshalb sein, daß dies die Ergebnisse nicht beeinflußt, daß von ausgeblendeten Parameternabgesehen werden kann, und daß von ihnen kein Einfluß ausgeht auf die getesteten Parameter. Gerade hier liegt aber die Schwachstelle der Tests. Einerseits stimmt es, daß man hochkomplexe Strukturen wie die Vorgänge bei der natürlichsprachlichen Mensch-Maschine-Kommunikation nicht ohne Abstraktion behandeln kann, andererseits weiß man heute zu wenig über den praxisorientierten natürlichsprachlichen Mensch- Maschine-Dialog, als daß man mit einiger Plausibilität angeben könnte, welche Parameter darin eine Rolle spielen, welche wichtig und welche zu vernachlässigen wären.
Man könnte auf den Gedanken kommen, das fehlende Wissen durch eine Übertragung der Kenntnisse über den Mensch-Mensch-Dialog zu kompensieren, d.h. also, menschliche Kommunikation zu simulieren. Es gibt jedoch einige Hinweise dafür, daß dies nicht möglich ist, zumindest nicht pauschal. Der Benutzer weiß, daß er mit einer Maschine kommuniziert; er hat eine bestimmte Einstellung der Maschine gegenüber und seine Vermutungen, wie die Maschine reagieren wird (cf. auch Krause 1979c, wo Beispiele angegeben sind).

Beachtet man all diese Schwierigkeiten, scheint der vielversprechendste Weg der zu sein, das System in einer echten Anwendungssituation zu testen. D.h., man braucht Benutzer, die eine Datensammlung und echte Informationsbedürfnisse haben und die bereit sind, für ihre Problemlösung ein natürlichsprachliches Interface einzusetzen. Der Einsatz des Systems ist zu beobachten und zu analysieren. Er kann und sollte mit anderen Methoden (z.B. Fragebögen) kombiniert werden, was die Chance erhöht, die speziellen Nachteile und Irrtumsmöglichkeiten jeder einzelnen Evaluierungsmethode zu umgehen.

Diese Evaluierungstechnik wurde bei der Benutzerstudie verwendet, von der im folgenden die Rede sein wird. Das benützte natürlichsprachliche Interface war USL.

3. Das USL-System und seine Evaluierung

3.1 USL

3.1.1 Hauptkomponenten

USL wurde am wissenschaftlichen Zentrum der IBM in Heidelberg (WZH) im wesentlichen von H. Lehmann, N. Ott und M. Zoeppritz entwickelt.

Das System verfügt über drei Hauptkomponenten: einer syntaktischen, die aus der natürlichsprachlichen Abfrage einen oberflächenorientierten Strukturbaum erzeugt, Interpretationsroutinen, die mithilfe einer semantischen Analyse den Strukturbaum in einen Ausdruck einer formalen Abfragesprache umsetzen und einer relationen Datenbank (cf. vor allem Ott/Zoeppritz 1979). Das Zusammenwirken der Komponenten zeigt vereinfacht Bild 1 (cf. auch Lehmann 1978b, 71).

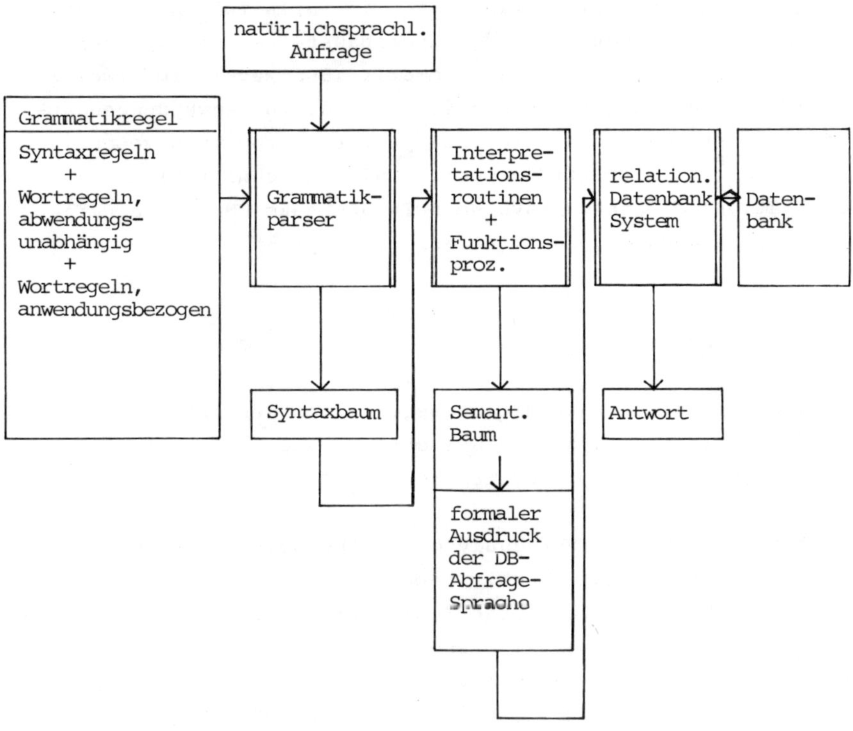

Bild 1:

Hauptkomponenten von USL

USL zieht im starken Maße bereits bestehende Software mit heran. Der Grammatikparser stammt ursprünglich von M. Kay. Er wurde zusammen mit einem Funktionsprozessor im REL-Projekt (cf.Thompson/ Thompson 1975) verwendet. Beide Programme entwickelte eine Arbeitsgruppe am IBM Scientific Center in Paris zu USAGE weiter. USAGE wiederum bildet einen der Grundbausteine von USL. Für USL mußte vor allem die deutsche Grammatik (800 Regeln im erweiterten Backus Naur Format, einschließlich ca. 200 anwendungsunabhängiger Wortregeln) und die Interpretationsroutinen geschrieben werden (cf. auch Ott/Zoeppritz 1979, Abschnitt 5).
Das relationale Datenbanksystem PRTV übernahm USL von einer englischen Forschungsgruppe in Peterlee.

3.1.2 Dreistufige Analyse

Wie Bild 1 zeigt, findet die Transformation der natürlichsprachlichen Anfrage in einen Ausdruck der formalen Anfragesprache an das relationale Datenbanksystem in drei Stufen statt:

"Input by a user is first analyzed by the parser, which builds up tree structure that roughly represents the functional dependencies of the elements in the input string ... The tree structure built by the parser is passed to the interpreter which executes the function calls associated with each node of the tree. The functions successively build a normalized tree structure representing the dependency structure except for the scope of quantifiers and pronominal references. This tree is then pruned to generale executable expressions in the formal data base." (Lehmann 1978b, 71)

In einigen Fällen (Ja/Nein-Fragen, Quantifikation und arithmetischen Operationen) muß sich nach der Suche in der Datenbank ein weiterer Verarbeitungsschritt anschließen (cf. Zoeppritz 1978, 5 und Ott 1977).
Die Antwort erfolgt tabellarisch. Es wird nicht versucht, natürlichsprachliche Antworten zu erzeugen.

Der Grund für die dreistufige anstelle einer zweistufigen Analyse (vom Syntaxbaum direkt in die formale Abfragesprache) liegt darin, daß sich einige Probleme der Koordination, Quantifikation und die Possesivpronomen auf der eingeführten Zwischenstufe besser lösen lassen (cf. Lehmann 1978a, 563). Prinzipiell wäre es auch möglich, direkt von der natürlichsprachlichen Formulierung in die Datenbankabfragesprache zu übersetzen (cf. Lehmann 1978a, 563). Der spätere Übergang vom ursprünglich gewählten Datenbanksystem zu einem anderen wäre damit jedoch wesentlich erschwert. Beim gegenwärtigen Design von USL sind von einem Wechsel des Datenbanksystems vor allem die Interpretationsroutinen betroffen. Die Grammatikregeln bleiben davon z.B. völlig unberührt.

3.2 Evaluierung von USL

Mit USL wurden bis jetzt vier größere Benutzerstudien durchgeführt. Erste Ergebnisse enthalten Lehmann/Ott/Zoeppritz 1978, Ott 1979 und Krause/Lehmann 1980.
In Lehmann/Ott/Zoeppritz 1978 werden erste Beobachtungen zu einer Schulanwendung mit dem Karl-Friedrich-Gymnasium in Mannheim (die KFG-Studie) und einer weiteren Schulanwendung diskutiert. Es finden sich aber auch Hinweise auf einige kleinere Evaluierungen von USL, die seit 1976 durchgeführt wurden. Der Bericht basiert auf 451 Benutzerfragen. Hauptsächliche Untersuchungsgegenstände sind, welche Strukturen und Funktionen von USL Verwendung fanden und einige Fehleranalysen. Ott 1979 beschreibt v.a. den Aufbau der KFG-Anwendung, die Datenbasis in der Größenordnung von zwei Megabytes, das Vokabular, das benutzt wurde und die Erweiterungen von USL, die für die KFG-Studie nötig waren. Ott 1979 enthält zudem die Ergebnisse einer Fragebogenaktion.

3.3 Die KFG-Studie

Die KFG-Studie ist es auch, die uns im folgenden beschäftigen wird: Die Studie wurde von Lehrern des Karl-Friedrich-Gymnasiums in Mannheim in Zusammenarbeit mit dem USL-Team durchgeführt. Von Seiten des KFG ging es um die "prognostische Relevanz von Zeugnisnoten der Klasse 5 bis 8 für den weiteren Schulerfolg aus einem ausgewählten Gymnasium" (Titel der Studie, cf. Huber/Mathes/Schütz 1979). Es sollte herausgefunden werden, ob die Zeugnisnoten einzelner Fächer in den unteren Klassenstufen eine Vorhersage über die zu erwartenden Abiturleistungen der Schüler zulassen.
Die Datenbasis bestand aus den Fachnoten von 430 Schülern aus vier Jahrgängen. Erfaßt wurden alle Noten ab der 5. Klasse bis zum Abitur (über 41000 Notenwerte). Hinzu kamen Angaben über Abgang, Versetzung und Schichtzugehörigkeit. Die beigegebene Abfragebeispiele sollen einen kurzen Eindruck von den gestellten Fragen vermitteln. Die Auswertung der Studie von Seiten des wissenschaftlichen Zentrums der IBM zielte einerseits auf das Erkennen von Fehlern und Lücken in der zur Zeit der Studie eingesetzten USL- Version und andererseits auf die Beantwortung der eingangs genannten prinzipiellen Fragen.

Als Primärdaten standen für die Auswertung zur Verfügung:

a) Die Protokolle der laufenden Sitzungen
b) Erkenntnisse über die Ursachen, Motive und Reaktionen des Benutzers aus Sitzungsbeobachtungen
c) Eine Kommentierung der Sitzungsprotokolle durch den Benutzer selbst
d) Fragebögen (cf. Ott 1979)
e) Der sachliche Ergebnisbericht der Studie, der dokumentiert, was der Benutzer durch die Fragen mit USL für seine Problemlösungen erreichte (cf. Huber/Mathes/Schütz 1979).

Zwischen April 1978 und August 1979 wurden in über 50 Einzelsitzungen mehr als 7000 Fragen gestellt.

Beispielanfragen der KFG-Studie

```
    ?
1   starte KFG,noten
    UPDATE REQUESTED FOR READ-ONLY DISK.                    26.1.79

    ?
2   wieviele schueler sind nichtversetzt?
    ANZAHL:    172

    ?
3   nv=nichtversetzte schueler  ←
    OK

    ?
4   wieviele nv gehen aus sexta ab? ← Fehler: falsche Präposition
    NICHT VERSTANDEN
    BITTE PRÜFBEFEHLE ODER LEERZEILE EINGEBEN

    ?
5   wieviele nv gehen in sexta ab?
    ANZAHL:     16

    ?
7   wieviele nv gehen in welcher klassenstufe ab? ← Fehler: undefinierte Relation
    ONCODE:   8094

    ?
8   wieviele nv gehen in quarta ab?
    ANZAHL:     18
--------------------------------------------------------------------------------
    ?                                                       14.2.79
2   sex2h=Differenz (sex2,sex1)
    OK

    ?
3   Liste Durchschnitt der Nctenschnitte von sex2h in sexta ← Tippfehler
    NICHT VERSTANDEN
    BITTE PRÜFBEFEHLE ODER LEERZEILE EINGEBEN

    ?
4   Liste Durchschnitt der Nctenschnitte von sex2h in sexta
          1 648184
```

Für die vorliegende Arbeit wurden vier Testsitzungen und 14 Problemlösungssitzungen mit 2151 Fragen eines Benutzers ausgewertet. Insgesamt fragten drei Lehrer, aber der Anteil von zwei Lehrern liegt bei etwa 10%. Die 14 Problemlösungssitzungen fanden zwischen August und November 1978 statt. Alle folgenden Angaben beziehen sich auf diese vorläufige Untermenge der Auswertung. Vom Inhaltlichen her wurden bis jetzt vor allem Fehlersituationen im Dialog und die benutzten sprachlichen Strukturen ausgewertet.

3.4 Fehleranalyse

Als Fehler wird jede Art des Mißglückens des Dialogs Mensch-Maschine gewertet. D.h., daß sowohl der Benutzer (z.B. bei Tippfehlern) als auch das System (z.B. bei Algorithmusfehlern) am "Scheitern" des Dialogs "schuld" sein können.

3.4.1 Gesamtfehlerraten und Fehlertypen

Die Tabelle 1 auf der folgenden Seite zeigt, daß die Gesamtfehlerrate bei 7% liegt. Dies scheint und war zufriedenstellend niedrig für eine echte Anwendersituation. Die Evaluierung einer anderen Schulanwendung im Jahre 1977 mit einer früheren USL-Version hatte eine Fehlerrate von 12,3% ergeben.

Was sich aus der Tabelle 1 nicht ablesen läßt, ist der in einem Test von Rosenbaum 1968 festgestellte Umstand, daß die Fehlerrate sinkt, je länger der Benutzer mit dem Subset arbeitet. Auch zur Länge der Sitzung (Übermüdung) und zum zeitlichen Abstand der einzelnen Sitzungen voneinander (Vergessen) läßt sich in diesen Fall keine plausible Verbindung ziehen.
Nimmt man die Erkenntnisse aus den Benutzerbeobachtungen hinzu, scheint es vielmehr so zu sein, daß der Benutzer bei der KFG-Anwendung so stark von seiner jeweiligen Problemstellung in Anspruch genommen wurde, daß ein regelmäßiger Lerneffekt in bezug auf die Fehlervermeidung nicht auftrat. Zumindest trifft dies auf die ersten 14 Sitzungen zu.

Tabelle 1

Länge der Sitzung (in Std./ Min.)	Abstand v. Sitzung zu Sitzung (in Tagen)	Datum d. Sitzung	Anzahl Benutzer-eingaben	Fehler absolut	Fehler relativ (in %)	
2/50	-	11.08.78	95	3	3.16	
g 3/30	24	04.09.78	129	5	3.88	
g 2/40	2	06.09.78	140	8	5.71	
2/10	1	07.09.78	154	7	4.55	5.93
5/50	1	08.09.78	244	26	10.66	
g 1/30	3	11.09.78	67	0	0	
3/30	2	13.09.78	162	22	13.58	
4/10	23	06.10.78	179	13	7.26	
5/40	14	20.10.78	191	11	5.75	
2/50	13	02.11.78	91	7	7.69	
4/40	1	03.11.78	210	15	7.14	7.54
4/20	7	10.11.78	256	7	2.73	
2/15	4	14.11.78	73	8	10.96	
4/0	10	24.11.78	160	18	11.25	
49/55		14 Sitzungen	2151	150		

Gesamtfehlerrate: 6.97%

(g = geschätzt)

Tabelle 2

Datum (1978)	Fehler absolut	Leere Eingabe +	- *)
11.08	3	2	-
04.09	5	3	1
06.09	8	6	-
07.09	7	3	1
08.09	26	5	2
11.09	0	-	-
13.09	22	1	2
06.10	13	4	1
20.10	11	2	1
02.11	7	-	-
03.11	15	-	3
10.11	7	1	-
14.11	8	1	-
24.11	18	5	1
		35	12

*) + Spalte = korrekte Antwort des Benutzers
- Spalte = unkorrekte Antwort

Wichtig für die Analyse ist auch die Verteilung der Fehler auf die einzelnen Fehlertypen. Eine genaue Beschreibung und Klassifikation enthält Krause 1979c, 20f. Ich möchte nur eine Beobachtung zum Fehlertyp "Leere Eingabe" herausgreifen. Immer wenn die Syntax von USL eine Eingabe nicht sinnvoll verarbeiten kann, erscheint die Meldung: "Nicht verstanden. Bitte Prüfbefehl oder Leerzeile eingeben". Der Benutzer hat dann die Möglichkeit, eine Prüfroutine zu starten, die der Fehlersuche dient. Interessiert er sich nicht dafür, was auf 99,9% aller Fälle zutrifft, muß er in der USL-Version der KFG-Studie, eine "Leere Eingabe" abschikken, wenn er weiterfragen möchte. Die Tabelle 2 zeigt, daß in etwa ein Viertel aller Fälle die Leerzeile nicht eingegeben wurde, was einen neuen Fehler verursachte, obwohl der Text der Fehlermeldung an Klarheit nichts zu wünschen übrig ließ.
In der aktuellen Situation konzentriert sich der Benutzer jedoch auf seine Frage. Er weiß oft bereits den Grund für den Fehler, den er machte (z.B. bei Tippfehlern), und tendiert deshalb dazu, sofort die korrigierte Frage einzugeben.
Das zeigt, daß es nicht genügt, eine Fehlermeldung klar und deutlich abzufassen. Man hat die Gesamtsituation in Rechnung zu stellen, was in diesem Falle hieße: Der Benutzer muß - ohne zwischengeschobene leere Eingabe - sofort die korrigierte Frage absenden können.

3.4.2 Fehlerfolgen und Fehlerstrategien

Wir haben bis jetzt einzelne Fehlersituationen isoliert betrachtet. Ein einzelner Fehler innerhalb eines Dialogs ist jedoch, falls er nicht allzu häufig auftritt, eines der kleineren Übel. Was Fehler im Mensch-Maschine-Dialog erst eigentlich störend und unangenehm macht, sind Fälle, bei denen mehrere Fehler hintereinander in einer Folge von Abfragen auftreten. Oder anders ausgedrückt: Ist die Fehlerrate eines Systems zufriedenstellend niedrig, wird es wichtiger, wie und ob der Benutzer die Ursache seiner Fehler erkennt und wie er die Fehlersituation handhabt.

Bei der KFG-Studie wurden von den 150 Fehlern der ersten 14 Sitzungen 106 sofort erkannt. Verblüffend war, daß Tippfehler praktisch keine Probleme machten. Sie wurden meist sofort erkannt und verbessert.
Die restlichen Fehler waren Bestandteil von Fehlerfolgen, d.h., der Benutzer benötigte mehr als zwei Anfragen, bis er zur richtigen Antwort kam oder den Versuch erfolglos abbrach.

Beobachten wir die Strategien, die in diesen Fehlerfolgen benutzt wurden, und die Gründe für Fehlschläge bei der Suche nach der richtigen Abfrageform, fallen zwei Dinge auf:

- Der Benutzer hatte große Schwierigkeiten, wenn er durch USL gezwungen war, seine Wortstellungsmöglichkeiten einzuschränken. Z.B. war erlaubt Schüler die versetzt in Sexta sind und der Benutzer fragte Schüler, die versetzt sind in Sexta.

- Der Benutzer hatte ebenfalls große Schwierigkeiten, wenn er die Wahl seiner Präpositionen einschränken mußte. Z.B. war vorgegeben Abiturleistung von einem Schüler aus einer Klasse - und der Benutzer fragte: .... in einer Klasse.
  Der Benutzer fand keine erfolgreichen Strategien, diese Fehler zu erkennen, Fehler, die auf Oberflächenphänomenen der Sprache basieren.
  Deshalb können Fehler dieser Art nicht akzeptiert werden, auch wenn sie nicht sehr häufig sein sollten. Man kann keine Situation akzeptieren, in der der Benutzer nicht weiß, was er tun soll.

- Andererseits machten Fehler, die die benutzerabhängige Semantik betrafen, keine Schwierigkeiten (z.B. wenn eine Synonymierelation nicht angegeben war).

Diese Beobachtungen aus der Fehleranalyse gewinnen an Aussagekraft und Plausibilität, wenn man sie mit ersten Ergebnissen vergleicht, die die Strukturanalyse ergab.

3.5 Strukturanalyse

Eine Strukturanalyse der Benutzerabfragen bietet sich schon deshalb an, weil einer der entscheidenden Einwände gegen die Subset-Idee ist, daß nie ein Ende damit sein wird, dem Subset neue Strukturen hinzuzufügen. D.h. also, jeder Subset ist ein Faß ohne Boden,und das ändert sich erst, wenn der Subset faktisch kein Subset mehr ist.
Die Frage ist deshalb, in welcher Relation die Strukturen, die das USL-System vorsieht oder vorsehen sollte, zu denen stehen, die die Benutzerstudien benötigen. In Lehmann/Ott/Zoeppritz 1978 wurde die Gebrauchshäufigkeit der in USL vorgesehenen Strukturen in den dort zugrundegelegten Benutzerabfragen untersucht. Der Ausdruck "Struktur" bezieht sich auf Phrasen und Satztypen. Ergebnis war, daß praktisch alle zur Verfügung gestellten Strukturen auch benutzt wurden.
Die KFG-Studie ergab weiter, daß Paraphrasierungsmöglichkeiten extensiv genutzt wurden. Keine Oberflächenstruktur wurde ausschließlich verwendet, wenn dazu eine Variante zur Verfügung stand (4), obwohl der Benutzer wußte, daß sich in bezug auf die zu erwartende Antwort nicht der kleinste Unterschied ergeben konnte.

3.6 Zusammenfassung und Generalisierbarkeit

Fassen wir die Ergebnisse zusammen:

- Es hat sich gezeigt, daß es zumindest eine reale Anwendung von einer nicht zu unterschätzenden Größenordnung gab, die erfolgreich mit einem Subset des Deutschen arbeitete.

- Es ergaben sich weiter Hinweise darauf, daß die Syntax sich wahrscheinlich nicht aufgrund von speziellen Anwendungen einschränken läßt: syntaktisch begründete Fehler verursachen Schwierigkeiten,und Variationen der Ausdrucksweise werden extensiv genutzt.
  Daraus läßt sich ableiten, daß natürlichsprachliche Inter-

faces eine umfangreiche anwendungsunabhängige Syntax haben sollten (also keinen Syntax-Subset).

o Auf der anderen Seite zeigte sich, daß das Vokabular und die Anzahl der Relationen, die für 'eine' Anwendung nötig sind, relativ klein bleibt. So benötigte die KFG-Studie 85 Relationen und 103 Wörter. Andere mit USL durchgeführten Studien ergaben ähnliche Ergebnisse (cf. Krause/Lehmann 1980). Hinzu kommt, daß der Benutzer über erfolgreiche Strategien verfügt, die in der benutzerspezifischen Semantik begründeten Fehler zu handhaben.
Dies jedoch sind wichtige Voraussetzungen für die praktikable Übertragung eines natürlichsprachlichen Frage-Antwort-Systems von einer Datenbankanwendung auf die andere, ohne daß z.B. mit großen benutzerunabhängigen Wörterbüchern und Begriffsnetzen gearbeitet werden müßte. Es scheint zumindest einen ausreichend großen Bereich von Datenbankanwendungen zu geben, wo dies möglich ist.
Nichts ausgesagt ist damit allerdings über Art und Umfang des Teils der Semantik, der als benutzerunabhängig von USL vorgesehen ist (z.B. die Behandlung von <u>mit</u> und <u>haben</u>, der Zeitangaben und Quantoren). Hierzu ergaben sich bei der bisher vorgenommenen Teiluntersuchung noch keine nennenswerten generellen Hinweise.

Das sind die - für die Subset-Idee und USL - ermutigenden Ergebnisse der Studie. Auf der anderen Seite darf man zwei Dinge nicht vergessen:

o das eine betrifft die Generalisierbarkeit der Ergebnisse,
o das andere ihren Nutzen

Zuerst zur Generalisierbarkeit:
Neben den auf der Hand liegenden Gründen, die es verbieten, bei den vorgestellten Benutzerstudien Verallgemeinerungen vorzunehmen (u.a. kleine Benutzerzahl, Abhängigkeit vom verwendeten System, von der Fragestellung und der Datenbasis), gibt es einige verstecktere Fehler, die bei der Interpretation solcher Studien

zu berücksichtigen sind.
Ermöglicht z.B. ein System eine kompliziertere Grammatikstruktur, die es erlauben würde, eine bestimmte Frage auszudrücken, nicht, so sucht der Benutzer nach Ersatz. Er kann ihn finden, indem er die angestrebte Einzelfrage durch eine Reihe einfacher strukturierter ersetzt. In diesen Fragen kommen dann weniger Fehler vor. Zudem steigt die Gesamtanzahl der Fragen. Die Gesamtfehlerrate sinkt. Wird die komplexere Frage durch eine Systemverbesserung eingeführt, kann die absolute Fehlerrate steigen, obwohl das System den Benutzerbedürfnissen besser angepaßt ist.

Was dagegen für die Plausibilität der angegebenen Ergebnisse spricht, ist, daß so verschiedene Gebiete wie die Strukturanalyse und die Fehleranalyse Beobachtungen lieferten, die sich einheitlich erklären ließen und die gleichen Grundthesen stützten.

4. Natürliche versus formale Abfragesprache

Schwerwiegender scheint mir der zweite Punkt zu sein:
Wir konnten zwar zeigen, daß es 'eine mögliche' und erfolgreiche Anwendung gibt, aber offen ist, ob es eine vernünftige Anwendung war. D.h., hätte der Benutzer nicht sein Problem mit einer formalen Anfragesprache gleich gut oder besser formulieren können?

Ich glaube, es ist die entscheidende Frage auf dem Gebiet der natürlichsprachlichen Interfaces, herauszufinden, in welchen Teilbereichen sie besser verwendbar oder vorzuziehen sind, und ob diese Bereiche groß genug und wichtig genug sind, so daß die Entwicklung natürlichsprachlicher Schnittstellen auch kommerziell interessant sein könnte.

Aber wie läßt sich diese Frage beantworten?
Im Falle der KFG-Studie müßte man andere Lehrergruppen finden, die die gleichen Fragen mit der KFG-Datenbank beantworten. Ihnen würde man dann nicht USL,sondern formale Anfragesprachen

zur Verfügung stellen. Aus der vergleichenden Analyse dieser Studien und der KFG-Studie ergäben sich Schlußfolgerungen über Vor- und Nachteile von formalen vs. natürlichsprachlichen Abfragesprachen.
Es bedarf nicht vieler Überlegungen, um diese Versuchanordnung als illusionär und nicht realisierbar zu erkennen. Niemand stellt 16 Monate lang Fragen zu einem Problem, das seine Kollegen bereits gelöst haben. Und wenn, dann mit anderer Zielsetzung und einem anderen Erfahrungshintergrund. Am ehesten wäre es noch möglich, eine Lehrergruppe zu finden, die die Notenbücher einer anderen Schule auswertet. Aus dem Vergleich ließen sich sicher interessante Schlüsse ziehen.

Als parallele Vergleichsstudie festlegen läßt sich solch eine Untersuchung kaum, wenn an der Prämisse festgehalten wird, daß Benutzer mit echten Daten eine für sie relevante Problemstellung lösen sollen. Man kann in diesem Fall nur Hilfsmittel zur Verfügung stellen und nimmt dann eine Beobachtungsposition ein. Wie sich die Studie entwickelt, ob sich z.B. nach kurzer Zeit die anfangs ins Auge gefaßte Problemstellung ändert oder nicht, ob von der Benutzergruppe im Laufe der Zeit nur ein Benutzer übrigbleibt, wie lange und wie häufig gefragt wird u.ä., entzieht sich den Auswertern der Studie weitgehend. Die Studie läuft ab nach Gesetzmäßigkeiten, die aus den Benutzern und deren Problemstellung resultieren. Das ist die Stärke und gleichzeitig die Schwäche der Untersuchungsmethode. Die Schwäche, daß kaum echte Parallelsituationen zu konstruieren sind, macht sie jedoch - zusammen mit der ökonomischen Aufwendigkeit - für Vergleichstests in den meisten Fällen in der Praxis unbrauchbar.
Man muß deshalb nach anderen Versuchsanordnungen suchen. Machen wir uns nochmals die wesentlichen Vor- und Nachteile der drei Hauptgruppen von Evaluierungsmethoden klar, die bisher eine Rolle spielten:

a) Der Übersetzungstest
   Natürlichsprachliche Fragen werden von einem Benutzer in einen entsprechenden formalen Ausdruck übersetzt.
   Der Vorteil der Methode ist die hohe Kontrollierbarkeit der

Testumgebung. Die einzelnen Parameter lassen sich durch die vorgegebene Frage leicht isolieren. Die Auswertung ist voll intersubjektiv überprüfbar. Dazu kommt der niedrige finanzielle und zeitliche Aufwand, der zur Durchführung und Auswertung dieser Tests notwendig ist.
Der Nachteil liegt darin, daß der Test von einem nichtzutreffenden Modell ausgeht. Es wird so getan, als ob der Benutzer seine Fragestellungen zuerst für sich natürlichsprachlich formuliert und dann in die formale Abfragesprache übersetzt. Es gibt keine Anzeichen für die Richtigkeit einer solchen Annahme. Eher im Gegenteil. So hatte der Benutzer einer anderen USL-Anwendung zu Beginn (cf. Krause 1980) starke Schwierigkeiten, natürlichsprachlich zu sagen, welche Anfragen er z.B. mit USL stellen wolle. Der Benutzer hatte seine Fragen seit etwa fünf Jahren mithilfe einer formalen Sprache gestellt. Er formulierte Ausdrücke wie <u>Liste Maschine Wartungsgebiet 3 Summenbildung</u>. Diese Tendenz trat erst beim dritten Gespräch zurück.

b) Die echte Anwendungssituation
Dieser Test ist von allen vorstellbaren Versuchsanordnungen am wenigsten künstlich. Deshalb ist auch die Chance, neue Parameter und bisher unbekannte gegenseitige Beeinflussungen zu finden, am größten.
Der Nachteil liegt in den mangelnden Steuerungsmöglichkeiten und Einschränkungen in bezug auf die intersubjektive Überprüfbarkeit der Ergebnisse. Der finanzielle und zeitliche Aufwand zur Durchführung derartiger Studien ist zudem im Vergleich zu den anderen Methoden um ein vielfaches höher.

c) Aufgabentest
Diese Methode nimmt eine Mittelposition zwischen a) und b) ein. Die Steuerungsfähigkeit ist höher als bei b), aber niedriger als bei a). Die Künstlichkeit der Umgebung ist bei b) höher und bei a) niedriger. Ähnlich steht es um die anderen unter a) und b) genannten Vor- und Nachteile.

Es ist sicher falsch anzunehmen, daß z.B. mit der Methode des Übersetzungstest gar keine vernünftigen Ergebnisse zu erzielen

seien. Die Schwierigkeit besteht darin, daß man nicht weiß, welche Parameter mit welcher Methode sinnvoll getestet werden können, bei welchen Parametern die Nachteile einer bestimmten Methode keine verfälschende Rolle spielen.
Es scheint deshalb notwendig, die Evaluierungen natürlichsprachliche vs. formale Anfragesprachen mit einer Methodenstudie zu verbinden. Die Grundzüge einer solchen Studie enthält das folgende Bild

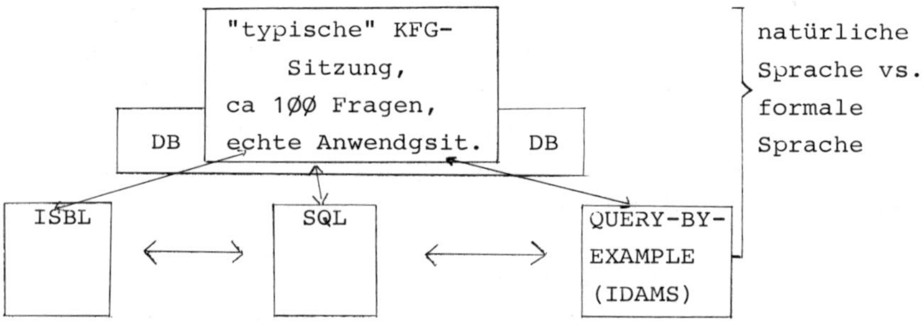

a) echte Anwendersituation
b) Übersetzungstests
c) 'Aufgaben' (ev. erweitert um 'ideelles natürlichsprachliches Interface')

jeweils zwei "Extrem"-gruppen

I) "sehr gute" Kenntnis von Datenbankinhalt und Sprache

II) kontrolliertes Lernen von Datenbankinhalt und Sprache

Bild 2

Auszugehen wäre von einer "typischen" KFG-Sitzung (echte Anwendersituation). Typisch heißt, daß möglichst eine Sitzung zu wählen ist, die die verschiedenen Dialogtypen der Gesamtstudie enthält (z.B. routinemäßiges Ergänzen von Informationen, Suche nach Unstimmigkeiten, Hypothesenprüfung, wobei die Ergebnisse der vorausgegangenen Fragen die Folgefragen stark beeinflussen). Weiter sollten möglichst viele verschiedene strukturelle Ausdrucksformen und Fehlersituationen auftreten. Bei der KFG-Studie entspricht die Sitzung vom 2.11.78 diesen Anforderungen relativ gut. Sie könnte deshalb als Ausgangspunkt dienen.
Als formale Vergleichssprachen sind drei formale Abfragesprachen vorgeschlagen, die - in bezug auf die Anwendung durch den Benutzer - drei verschiedene Typen repräsentieren. Die Auswahl orientiert sich an den Möglichkeiten des wissenschaftlichen Zentrums Heidelberg der IBM. Selbstverständlich könnten auch andere formale Sprachen gewählt werden. Wichtig ist nur, daß damit in etwa das Spektrum an Lösungsvorschlägen abgedeckt wird, das von den Entwicklern formaler Sprachen vertreten wird. ISBL wurde hauptsächlich deshalb aufgenommen, weil es die formale Abfragemöglichkeit der USL-Version der KFG-Studie ist, was zusätzliche Vorteile mit sich bringt. Die ISBL-Strings, die als Ergebnis der USL-Analyse entstehen, können verglichen werden mit denen, die bei den Tests von den Benutzern gewählt wurden. Einerseits zeigt dies eventuell Optimierungsmöglichkeiten auf, und andererseits gibt erst dieser Vergleich Auskunft, wieviel Zeit durch die Wahl der natürlichen Abfragesprache zusätzlich - im Vergleich zur formalen - benötigt wurde. Das allgemein übliche Verfahren solche Aussagen dadurch zu treffen, daß die Analysezeit zum Erreichen des formalen Anfrageausdrucks angegeben wird, ist unzureichend. Diese Zeit hätte nur dann eine Aussagekraft, wenn der Benutzer der formalen Anfragesprache immer den gleichen formalen Ausdruck bei der Anfrage bilden würde wie den, der bei der natürlichsprachlichen Analyse entsteht.
Die Fragen der KFG-Sitzung sollten von zwei Benutzergruppen jeweils in eine der drei formalen Sprachen übersetzt werden. Als Benutzergruppen wurden die beiden Endpunkte eines breiten möglichen Spektrums gewählt. Dahinter steht die Überlegung, daß bei

Extremgruppen Trends am deutlichsten hervortreten könnten. Zusätzlich sollten andere Vertreter beider Benutzergruppen Aufgaben lösen,und zwar wieder jeweils mithilfe der drei formalen Abfragesprachen. Die Aufgaben müßten so formuliert werden, daß sie den in der KFG-Sitzung vom 27.11.78 gelösten Problemen möglichst nahekommen. Als weitere Variante des Aufgabentests könnte versucht werden, durch einen vor dem Benutzer vorborgen gehaltenen Mittler zwischen Datenbank und natürlicher Anfrage ein ideelles natürlichsprachliches Interface zu simulieren. Die natürlichsprachliche Anfrage würde zum Mittler übertragen, dieser würde die Anfrage in eine ihm vertraute formale Anfrage übersetzen und das Ergebnis an den Benutzer weitergeben. Damit könnten Einflüsse, die vom speziellen Entwicklungsstand des verwendeten natürlichsprachlichen Frage-Antwort-System ausgehen, ausgeschaltet werden. Allerdings ist damit zu rechnen, daß der Mittler selbst wieder verfälschende Elemente mit einbringt.

Der Hauptvorteil dieses vielschichtigen Verfahrens wäre, daß sich die Interpretation auf Fakten aus methodisch verschiedenen ausgerichteten Tests stützen könnte. Die Hoffnung besteht, daß sich dadurch auch einige Aussagen über den Gültigkeitsbereich der einzelnen Methoden ergeben.

Zusätzlich müßte man dann dieses Verfahren auf andere Datenbankinhalte und natürliche Sprachen ausweiten, um zu einer Relativierung der Aussagen in bezug auf verschiedene Typen von Datenbankinhalten und verschiedene natürliche Sprachen zu gelangen.

Erst dann wäre es möglich, die Frage zu beantworten, ob überhaupt und eventuell auf welchen Gebieten natürlichsprachliche Ansprachen den formalen überlegen sind.

Der finanzielle und zeitliche Aufwand, der zur Durchführung der vorgeschlagenen Studien nötig wäre, ist sicher groß. Er scheint m.E. gerechtfertigt durch die Wichtigkeit der zu beantwortenden Frage.

Anmerkungen

(1) Der vorliegende Aufsatz ist eine Zusammenfassung dreier Vorträge, die am 21.8.1979 auf der '4. Internat. Conference on Computing in the Humanities' am Darthmouth College in Hanover (USA), am 14.09.1979 am wissenschaftlichen Zentrum der IBM Deutschland in Heidelberg (Kolloquium-Reihe) und am 11.10.1979 vor der CONDOR-Gruppe der Siemens AG in München gehalten wurden.
Die Evaluierung von USL, über die berichtet wird, führte ich 1978/79 als postdoctoral IBM fellow am wissenschaftlichen Zentrum der IBM Deutschland in Heidelberg in enger Zusammenarbeit mit dem USL-Team (H. Lehmann, N. Ott, M. Zoeppritz) aus. Dem Team bin ich für zahlreiche Anregungen, Hinweise und seine Geduld, mir die notwendigen Kenntnisse über USL zu vermitteln, besonders dankbar. Besonders zu danken habe ich auch L. Miller (IBM Research Center Yorktown Heights, USA) für lange Gespräche in Heidelberg und Yorktown Heights. Seine Vorschläge und Anregungen beeinflußten die am Ende des Beitrags vorgeschlagegenen Evaluierungsmethoden wesentlich. Für Diskussionen und Anregungen zum Thema dieses Beitrags danke ich weiter meinen Kollegen vom wissenschaftlichen Zentrum der IBM in Heidelberg H.-J.Schek, G. Müller und H. Horlaender sowie I. Batori (IBM Stuttgart), F. Damerau, E. Muckstein, S. Petrick, M. Pivonsky, W. J. Plath (alle IBM Research Center Yorktown Heights, USA), H. Zemanek (IBM, Wien) und P. Goldberg (IBM, USA).

(2) Fast alle Aufsätze zu bestimmten Informationssystemen mit einer natürlichsprachlichen Abfragekomponente setzen sich zumindest kurz mit dieser Problematik auseinander. Einige Beispiele aus der Bundesrepublik Deutschland sind Brecht 1977 und Berry-Rogghe/Lutz/Saukko 1979 für PLIDIS, Habel/Schmidt/Schweppe 1978 für BEAST, Hahn 1978 für HAM-RPM und Billmeier 1978 für CONDOR.

(3) Hierzu gehört aus dem Gebiet der formalen Abfragesprache auch ein Test von Thomas/Gould 1975. Die Autoren wollten überprüfen, welche Vorzüge die formale Abfragesprache QUERY-BY-EXAMPLE hat. Sie gaben einer Gruppe von Nichtprogrammierern Fragen in Englisch, die in QUERY-BY-EXAMPLE übersetzt werden sollten. Man beobachtete, wie lange der Übersetzungsvorgang dauerte, wo Schwierigkeiten oder Fehler auftraten und ähnliches.

(4) Ein einfaches Beispiel: Schüler, die nichtversetzt sind wurde gleichermaßen benutzt wie nichtversetzte Schüler, obwohl der Relativsatzanschluß zu einer wesentlich längeren Formulierung führt. Andererseits wurde der Artikel oft mit dem Hinweis eingespart, daß die Formulierung dadurch kürzer würde.

Literatur

Berry-Rogghe, G. L., Lutz, H. D., Saukko, K. 1979. Das Informationssystem PLIDIS, in: Kolvenbach, M. et al. (eds.). Künstliche Intelligenz und natürliche Sprache. Tübingen. 39-92.

Billmeier, R. 1978. Konzeption einer automatischen Inhalts- und Strukturanalyse für ein Information-Retrieval-System. SDv 2. 103-114.

Brecht, W. Anwendungsspezifische Einflußgrößen auf ein natürlichsprachliches Informationssystem. SDv 2. 93-97.

Damerau, F. J. 1979: The Transformational Queston Answering (TQA) System. Operational Statistics-1978. IBM T.J. Watson Research Center Yorktown Heights, N.Y., RC 7739.

Festinger, L. 1957: A theory of cognitive dissonance. New York.

Fraser, B. 1967: On Communication with Machines in Natural Language, in: Ton, J.T. (ed.). Computer and Information Sciences II. New York. 315 - 337.

Fraser, B. 1977: Pessimistische Ausblicke auf die Möglichkeit zur Verbesserung der Mensch-Maschine-Kommunikation, in: Eisenberg, P. (ed.). Semantik und künstliche Intelligenz. Beiträge zur automatischen Sprachbearbeitung II. Berlin, New York. 39 - 58.

Habel, C. U., Schmidt, A., Schweppe, H. 1978. DDAOT - Ein natürliches Datenbankinterface. SDv 2. 121-126.

Hahn, W. v. 1978. Überlegungen zum kommunikativen Status und der Testbarkeit von natürlichsprachlichen Artificial-Intelligence-Systemen. SDv 1. 3-16

Harris, L.R. 1977a: User oriented data base query with the ROBOT natural language query system, in: Proceedings. Very Large Data Bases. Third International Conference On Very Large Data Bases (Tokyo, Japan, October 6 - 8, 1977). New York et al. 303 - 311.

Harris, L.R. 1977b: ROBOT: A high performance natural language data base query system. Fifth International Joint Conference on Artificial Intelligence. Cambridge, Mass.

Huber, J., Mathes, P., Schütz, W. 1979: Noten am KFG. Zufall oder Notwendigkeit, in: Elternvereinigung des KFG Mannheim (Hrsg.). Karl-Friedrich-Gymasium Mannheim. Jahresbericht 1978/79. Mannheim. 39-87

Klein, W. 1977: Organisation des Wissens durch Sprache. Konsequenzen für die maschinelle Sprachanalyse. IBM-Nachrichten H. 234. 11 - 17.

Krause, J. 1979a: Natural language processing and information retrieval. The problem of complexity. IBM Heidelberg Scientific Center. Technical Report 79.04.002.

Krause, J. 1979b: Powerful grammar structures. An approach to question answering systems and automatic indexing, in: Malachi, Zvi (ed.). Prodeeding of the Shefayim. International Conference on Literary and Linguistic Computing. Israel. April 22-27,1979.

Krause, J. 1979c: Preliminary results of a user study with the "User Specialty Languages"-system and consequences for the architecture of natural language interfaces. IBM Heidelberg Scientific Center. Technical Report 79.004.003

Krause, J. 1980: Die TA-Studie. Erfahrungen und Probleme beim Aufbau einer Datenbank für ein natürlichsprachliches Frage-Antwort-System (in Vorbereitung)

Krause, J., Lehmann, H. 1980. The User Specialty Languages. A natural language based information system and its evaluation, in: Krallmann, D. (ed.). Proceedings of the International Colloquium on Literary and Linguistic Computing, Bonn, December 1979.

Lehmann, H. 1978a: Interpretation of Natural Language in an Information System. IBM-Journal of research and development No. 5. 560 - 572.

Lehmann, H. 1978b. The USL System for Data Analysis, in: Rahmstorf, G., Ferguson, M. (ed.). Proceedings of a workshop on natural language for interaction with data bases. Laxenburg, Österreich. 69-86.

Lehmann, H., Ott, N., Zoeppritz, N. 1977: USL-Benutzerspezifische Sprachen. SDv 2.127-133.

Lehmann, H., Ott, N., Zoeppritz, N. 1978: User experiments with natural language for data base access. 7th International Conference on Computational Linguistics. Bergen, August 1978.

Miller, L. A. 1978: Behavioral studies of the programming process. IBM Thomas J. Watson Research Laboratory. Yorktown Heights, New York 10598.

Ott, N. 1979: Bericht über die KFG-Studie. IBM Heidelberg Scientific Center. Technical Note.

Ott, N., Zoeppritz, M. 1979: USL - An experimental information system based on natural language, in: Bolc, L. Natural Communication with Computers Vol. 2. München, Wien.

Plath, W. J. 1976: REQUEST: A natural language question answering system. IBM Journal of research and development No. 4. 326-335.

Rosenbaum, R. 1968: Learnability of a transformationally generated subset of English. IBM Research, RC-2069.

Tennant, H. 1977: The Automatic Advisor. Master's Thesis. University of Illinois at Chicago Circle.

Tennant, H. 1979: Experience with the Evaluation of Natural language Questions Answers. Advanced Automation Group. University of Illinois at Urbana - Champaign.

Thomas, J. 1977: Psychological Issues in Data Base Management, in: Proceedings. Very Large Data Bases. Third International Conference On Very Large Data Bases (Tokyo, Japan, October 6 - 8, 1977). New York et al. 169 - 184.

Thomas, J., Gould, J. 1975: A psychological study of Query by Example. National Computer Conference Proceedings. AFIPS Press 44. 439 - 445.

Thompson, F. B., Thompson, B. H. 1975: Practical natural language processing: The REL system as prototype. Advances in Computers Vol. 13. New York.

Waltz, D. L. 1978: An English Language Question Answering System for a Large Relational Database. CACM Vob. 21, July 1978. 526-539.

Wahlster, W., v. Hahn. W. 1976: Einige Erweiterungen des natürlich sprachlichen AI-Systems HAM-RPM, in: Laubsch, J. H., Schneider, H.-J. (eds.). Workshop Dialoge in natürlicher Sprache und Darstellung von Wissen. Berlin. 204 - 225.

Heinz Habermann, Klaus Sailer, Thomas Seeger,
Detlef Skalski, Dietmar Strauch

Datenbankaufbau und Information Retrieval in der Unterrichtspraxis. Dargestellt am Beispiel von Lehrveranstaltungen unter Verwendung des Datenbanksystems RIQS (Remote Information Query System)

1. Einleitung
2. RIQS-Herkunft, Implementierung, Leistungsfähigkeit. Besonderheiten hinsichtlich Datenbankaufbau und Retrievalkomponenten
3. Aufbau einer Datenbasis mit RIQS - dargestellt am Beispiel einer Lehrveranstaltung über Inhaltserschließung
4. Anwendung von RIQS im Rahmen von Retrievalübungen

Zusammenfassung

Datenbankaufbau und Umgang mit IRS werden beispielhaft unter didaktischen Gesichtspunkten anhand von Lehrerfahrungen mit dem Datenbanksystem RIQS betrachtet. Zunächst wird RIQS hinsichtlich seiner Leistungsfähigkeit und seiner Eignung für Lehrzwecke im tertiären Bildungsbereich beschrieben. Anschließend werden Probleme der Vermittlung von Kenntnissen und Fähigkeiten im DV-Bereich anhand zweier Lehrveranstaltungen über Inhaltserschließung und Retrieval benannt, die im Wintersemester 1978/79 an der Freien Universität Berlin mit Bibliothekarstudenten und Studenten der Informations und Dokumentationswissenschaft durchgeführt wurden. Abschließend wird auf einige Kernprobleme jeweils der DV-Ausbildung im Gegenstandsbereich Bibliothek, Information und Dokumentation eingegangen.

Abstract

Data bank construction and IRS are considered from the didactic point of view, based on teaching experience with the RIQS data bank system. First, RIQS is described with respect to its performance and its appropriateness for teaching purposes at the graduate and post-graduate level. Then problems connected with the transfer of knowledge and skills in the area of data processing are cited, based on two courses dealing with content analysis and retrieval conducted at the Free University of Berlin in the fall term 1978/79 for students of library science and information and documentation. Finally, a few of the central problems related to training in data processing for libraries, information and documentation respectively are discussed.

1. Einleitung

Dieser Beitrag berichtet über Probleme der DV-Ausbildung an Ausbildungsstätten des tertiären Bereiches (Fachhochschulen und Universitäten) insbesondere hinsichtlich Datenbankaufbau und Retrieval am Beispiel des Datenbanksystems RIQS (Remote Information Query System). Dabei wird auf Erfahrungen der Autoren in teilweise langjähriger (und oft nicht sehr befriedigender) Unterrichtspraxis an Berliner Ausbildungsstätten zurückgegriffen. Darüber hinaus fließen in diesen Beitrag Erkenntnisse ein, die im Rahmen des "Forschungsprojektes Integrierte Ausbildungskonzeption Bibliothek, Information und Dokumentation - Teilprojekt DV-Curriculum" (FIABID/DV) gewonnen werden konnten.

Die besondere Lehrsituation und das spezifische Datenbanksystem machen es im Rahmen dieses Sammelbandes erforderlich, daß

- das weitgehend unbekannte Datenbanksystem RIQS mit dessen Hilfe BID-spezifische (BID = Bibliothek, Information und Dokumentation) DV-Lehrveranstaltungen durchgeführt wurden, hinsichtlich seiner Leistungsfähigkeit, seiner Anwendungsmöglichkeiten und seiner Eignung für Lehrzwecke beschrieben wird. Es soll an dieser Stelle darauf hingewiesen werden, daß das Datenbanksystem RIQS nicht zu der Gruppe der BID-spezifischen IRS gehört, wie sie in der dokumentarischen Praxis seit Jahren entwickelt und angewendet werden. Hier wird lediglich über Erfahrungen berichtet, die mit RIQS hinsichtlich der Anwendung des Systems auf Fragestellungen der Information und Dokumentation gemacht werden. Dabei werde von der Vorstellung ausgegangen, daß unter dem Gesichtspunkt der besonderen Lehr- und Lernsituation jedes einigermaßen flexible System geeignet sein kann, selbst wenn es - verglichen mit den "professionelleren" Systemen aus dem BID-Bereich - nicht den Grad an Komfort aufweist. Gerade die Grenzen der Anwendungen auf bestimmte Fragestellungen und der mehr oder weniger vorhandene Komfort von Systemen kann unter dem Gesichtspunkt der Bewertung ein wesentlicher didaktischer Aspekt sein, ebenso wie die Erarbeitung von anwendungsspezifischen Leistungsparametern (Was muß ein Datenbanksystem können, wenn diese oder jene Fragestellung gelöst werden soll?) sehr fruchtbare Lernelemente bilden kann.

- Ablauf, Organisation und Durchführung von zwei inhaltlich (d.h. prozessual im Sinne des bibliothekarischen/dokumentarischen Arbeitsablaufes) aufeinander bezogenen Lehrveranstaltungen dargestellt werden, in der Absicht, sich daraus ergebende didaktische Probleme der Vermittlung von Kenntnissen und Fähigkeiten in der BID-spezifischen Ausbildung benennen zu können.

- die didaktischen, unterrichtsspezifischen, organisatorischen und nicht zuletzt die apparativen Probleme für eine erfolgreiche und praxisbezogene Vermittlung von Kenntnissen hinsichtlich Datenbanksysteme und Retrieval aufzulisten und sich daraus ergebende Schlußfolgerungen zu ziehen.

Bevor mit der Darstellung der genannten Probleme begonnen werden kann, soll kurz die Konzeption von FIABID/DV* beschrieben werden, um zu erläutern, daß bibliothekarische und dokumentarische Studenten in identischen Lehrveranstaltungen vertreten waren, über die im folgenden berichtet wird.

Das FIABID-Gesamtprojekt verfolgte die Fragestellung, unter welchen gegenwärtigen und künftigen Bedingungen eine Integration von bibliothekarischen und dokumentarischen (informationswissenschaftlichen) Ausbildungsinhalten und -gängen sinnvoll und bedarfsgerecht zu gestalten sei. Im Verlauf der umfangreichen empirischen, prognostischen und curricularen Arbeiten wurden integrative Modelle entwickelt, wie und mit welchem jeweiligen Praxisbezug bibliothekarische und dokumentarische (informationswissenschaftliche) Ausbildung miteinander verzahnt werden kann.

Gleichermaßen als erster konkreter Verusch, ein Integrationsmodell praktisch erproben zu können, wurde im Rahmen des Teilprojektes FIABID/DV eine Reihe von DV-bezogenen Lehrveranstaltungen durchgeführt mit dem Ziel

- einige Erfahrungen der BID-spezifischen DV-Ausbildung zu sammeln und unterschiedliche Formen der Vermittlung zu testen,
- andererseits Erfahrungen hinsichtlich der Integration von Ausbildungen zwischen bibliothekarischen und dokumentarischen (informationswissenschaftlichen) Studenten und dies über ebenenspezifischen Beschränkungen (Fachhochschule und Universität) hinaus zu machen.

Diese Erfahrungen sind ausführlich in einer Reihe von detaillierten Projektberichten /1/ beschrieben und dienen als Material-

---

*Das Projekt FIABID/DV wurde in den Jahren 1978/79 vom Bundesministerium für Forschung und Technologie im Rahmendes Gesamtprojektes FIABID gefördert.

basis für die folgenden Ausführungen, wenngleich hier ein bislang nicht näher analysierter Betrachtungsgesichtspunkt (Datenbankaufbau und Information Retrieval) in den Vordergrund gerückt wurde.

2. RIQS-Herkunft, Implementierung, Leistungsfähigkeit, Besonderheiten hinsichtlich Datenbankaufbau und Retrievalkomponenten

2.1 Herkunft von RIQS und Einsatzschwerpunkte

RIQS (Remote-Information-Query-System) wurde mit den aus zwei Vorläuferdatenbanksystemen (TRIAL und INFOL) gewonnenen Erfahrungen vom Vogelback-Computing-Center der Northwestern-Univeristy (Evanston, Illinois) im Jahre 1969 fertiggestellt.

Man hatte an diesem Rechenzentrum rechtzeitig den Bedarf der Forscher dieser Universität an einem leistungsfähigen Programmsystem für die Verwaltung und Auswertung ihrer häufig umfangreichen Datensammlungen erkannt. Jeder Forscher sollte dieses Programmsystem aber auch selbständig - "persönlich" - einsetzen können.

Diese Grundforderungen erfüllt das Datenbanksystem RIQS. Mit ihm können sowohl formale und inhaltliche Dokumentbeschreibungen,wie in einem elektronischen Katalog,als auch Meßwerte und andere Fakten gespeichert werden.

Mit einem einfachen und wirkungsvollen Vokabular lassen sich Anweisungen und Formeln für die Auswertung des Datenbankinhalts durch das Programmsystem zusammenstellen.

Über erfolgreiche Anwendungen für die unterschiedlichsten Forschungsvorhaben berichten beispielsweise Mittmann und Borman /2/.

Aus der Vielzahl der bisher realisierten Anwendungsmöglichkeiten seien hier die folgenden genannt

Sozialwissenschaften

- Analyse einer westafrikanischen Islam-Bibliothek
- Verwaltung von Daten über das soziale Verhalten von freilebenden Rhesusaffen

- Anwendung eines archäologischen Feldforschungs-Retrievalsystems für das untere Illinois-Flußtal-Forschungsprogramm
- Eine weltweite Studie politischer Parteien
- Simulation internationaler Konflikte. Eine computergestützte Bibliographie.

Verwaltung

- Management von Verwaltungsdaten in einer Universität
- Ein integriertes Informationssystem: POMRAD
- Eine demographische Raumanalyse

Medizin

- Entwicklung der englischen Phonologie vor dem zweiten Lebensjahr. Eine strukturelle Beschreibung von Einzelwort-Lautäußerungen und früh(kindlich)en Wortkombinationen
- Ein Kardiologie-Information-Retrieval-System
- Selektives Retrieval, statistische und interaktive graphische Analyse von Datenmaterial aus Hautuntersuchungen (Histopathologie)
- Regionales System des Mittelwestens zur Behandlung von Rückenmarkverletzungen.
- Eine Möglichkeit der interaktiven Leistungsbeschreibung von Krankenhäusern.

Trotz dieser vielfältigen Anwendungsgebiete wird RIQS wohl auch in Zukunft nicht für die Verwaltung von umfangreichen maschinellen Bibliographien und Dokumentbeschreibungen innerhalb der amerikanischen Informationsnetze zur Verfügung stehen. Dem stehen sein individueller Zuschnitt, seine Einschränkung auf eine Datenbasis, seine Beschränkung auf maximal 100.000 Sätze und weitere Einschränkungen, über die noch zu sprechen sein wird, entgegen.

Das Datenbanksystem RIQS weist aber alle Komponenten moderner Datenbanksysteme auf. So stellt es eine Datendefinitionssprache (DDL: Data-Definition-Language) und eine Datenmanipulations- und Abfragesprache (DML: Data-Manipulation-Language, IQL: Informations Query Language) für die Benutzung im Stapel- und Dialogbetrieb zur Verfügung.

Mit dieser letztgenannten Eigenschaft - verbunden mit einem einfachen und knappen Anweisungsvokabular - ist RIQS als Modell für die Ausbildung im BID-Anwendungsbereich geeignet. Hier ist der scheinbare Nachteil des geringeren Komforts von RIQS im Vergleich zu gängigen Datenbanksystemen eher von Vorteil für die Ausbildung. RIQS ist schnell überschaubar.

2.2 Charakteristiken der RIQS-Version an der CYBER 172 der Freien Universität Berlin

RIQS wurde 1977 von der Freien Universität Berlin erworben. Vom gleichen Hersteller befand sich schon seit langem das Programmsystem zur Auswertung umfangreicher statistischer Daten (SPSS = Statistical-Package-for-the-Social-Science) im Einsatz. Zwischen RIQS uns SPSS existiert eine Schnittstelle. Vorverarbeitete Daten von RIQS können für weitgehende statistische Analysen in eine besonders verarbeitungsgünstige Form gebracht, in einer Datei abgelegt und von dort später von SPSS gelesen und verarbeitet werden.

Für den Einsatz im Bereich der Bibliothekswissenschaft wurde das Programmsystem RIQS innerhalb der Lehrveranstaltung "Aufbau und Benutzung individueller Datenbanken" im Wintersemester 1977/78 erstmalig - nicht nur Bibliothekaren - vorgestellt. Aufgrund seiner dabei an verschiedenen Einsatzbeispielen gezeigten Eigenschaften wurde das Programmsystem für das Forschungsprojekt FIABID/DV ausgewählt.

Summarisch weist die an der CYBER 172 installierte Version folgende Charakteristika auf:

- RIQS wird vom Betriebssystems NOS/BE wie ein Benutzerprogramm verwaltet.
  Für RIQSONLINE (die Dialogabfragesprache) ist außerdem noch das Teilnehmersystem INTERCOM erforderlich.
  Für die Programme sind zwischen 10KWörter (Batch-Version) und 22KWörter (RIQSONLINE) erforderlich.
- Dieselbe Datenbank kann von mehreren Terminals mit RIQSONLINE gleichzeitig abgefragt werden.
  Änderungen an der Datenbank können nur von einer Datenstation aus im Stapelbetrieb erfolgen. Die Datenbank ist dann zwischenzeitlich für andere Benutzer gesperrt.
- Datensicherungsmaßnahmen werden nicht vom System durchgeführt. Der Benutzer muß sich selber um Datensicherung und Datenschutz kümmern. Eine einfache Datensicherung ist ein Duplikat der gerade aktuellen Datenbank auf einem Magnetband.
- Die Datenbanken werden auf Magnetplatten mit jeweils 114 Mio-Zeichen Speicherkapazität gespeichert.
  Die Testdatenbanken mit etwa 100 Titelaufnahmen von Monographien zeigten einen Speicherplatzbedarf von 1,5 bis 2 PRUS (640 Zeichen) pro Titelaufnahme. Dieser ungewöhnlich hohe Spei-

cherplatzbedarf rührt von den Verwaltungsdaten der Datenbank her. Bis zu 1.000 Titelaufnahmen reduziert sich der Faktor auf 1 PRU je Titelaufnahme.

- RIQS und RIQSONLINE kosten jeweils 3.000 Dollar. Die RIQSONLINE Version kann aber nicht ohne RIQS erworben werden. Mit RIQSONLINE ist kein Datenbankaufbau möglich.

2.3 Leistungsfähigkeit des Datenbankprogrammsystems

RIQS umfaßt eine Anzahl von Programmoduln zur Durchführung der verschiedenen Aufgaben. Die wichtigsten Moduln und ihre Aufgaben sind:

- CREATE/RECORD DEFINITION	zur Speicherung der Satzstruktur und der Definition der Datenarten. Aufnahme der Sätze in die Datenbank
- UPDATES	zur Aktualisierung (Hinzufügen, Streichen, Ändern von Sätzen)
- SEARCHES	zum Recherchieren in der Datenbank, zur Erstellung von Programmen und von Systemdateien für die SPSS-Nachbearbeitung
- INDEX	zum Erstellen von alphabetisch nach Feldinhalten sortierten Listen bzw. Registern KWIC, KWOC, INVERT (invertierte Liste) und AUTHOR (alphabetisch sortierte Liste nach der Zeichenfolge eines spezifizierten Feldes).

Eine Datenbank kann aus maximal 99.999 Sätzen bestehen. Es sind maximal 500 ITEMS (Felder) definierbar. Jedes Feld kann maximal 150 Unterfelder (SUBITEMS) aufweisen. Die Satzgröße ist auf höchstens 40.000 Zeichen beschränkt.

Die Benutzersprache für Aufbau und Benutzung von Datenbanken ist self-contained (d.h. es bedarf nicht der Einbettung in eine höhere Programmiersprache). In RIQSONLINE existieren keine HELP-Möglichkeiten, wie sie die Benutzer von SPSSONLINE gewohnt sind.

Die Benutzersprache erlaubt den Aufruf von Programmoduln sowie deren Versorgung mit den notwendigen Parametern zum Aufbau, zur Aktualisierung und Nutzung der Datenbank. Mit RIQSONLINE können Standardprozeduren für Mittelwerte, Standardabweichungen und

Korrelationskoeffizienten aufgerufen werden, und der Benutzer kann eigene Prozeduren für Berechnungen und Druckbildgestaltung definieren.

Folgende wichtige Einschränkungen reduzieren die Leistungsfähigkeit:

- Für die Texteingabe werden nur Wörter bis höchstens 20 Zeichen akzeptiert. Wörter mit mehr Zeichen werden somit verstümmelt gespeichert und wiedergegeben.
- Recherchen mit verkürzten Schlüsseln (Maskierungen zur Identifikation von Präfixen, Suffixen, Infixen) sind nicht möglich.
- Zeichenkettenvariablen innerhalb der Prozedurdefinition dürfen höchstens 10 Zeichen zugewiesen werden.
- Es kann nach Zeichenketten von höchstens 300 Zeichen innerhalb der Sätze einer Datenbank gesucht werden. Das reicht im allgemeinen aus, könnte aber z.B. bei Zeitschriftentiteln nicht genügen.

2.4 Besonderheiten hinsichtlich Datenbankaufbau und Retrievalkomponenten

Aufbau und Aktualisierung der Datenbank sind nur mit den in der RIQS-Batch-Version verfügbaren Programmoduln RECORD DEFINITION und UPDATES möglich. Es sind in der Batch-Version auch alle Retrievalkomponenten der Moduln INDEX und SEARCHES ansprechbar. In RIQSONLINE ist dagegen nur der Modul SEARCHES verwendbar.

Das folgende Beispiel zeigt, aufgrund welcher Anweisungen der Modul RECORD DEFINITION die Datenbank einrichtet. Die damit für die Datei (hier TEST) gewählten Kategorien werden dann als Verwaltungsinformation ("Directory") der Datei gespeichert und sind sowohl für die folgenden Dateneingaben als auch für die Recherchen verfügbar.

```
CREATE TEST FILE              INPUT DATA
RECORD DEFINITION             (1) DER GRUENE WALDxEIN MAERCHEN (2)
(1) Titel/UNTERTITEL                                  20/2/80
(2) ERWERBUNGSDATUM           (1) TUTANCHAMUN (2) 13/1/80
MULTIPLE (1)                  .........
DATA RESTRICTIONS             xEOR
TYPES                         xEOF
DATE (2)
```

Die Eingabe der Satzstruktur beginnt mit dem Kommando CREATE filename FILE und nachfolgender Vereinbarung RECORD DEFINITION. Filename ist der bis zu vierzigstellige Datenbankname (hier TEST). Nach der RECORD DEFINITION folgen in aufsteigender Numerierung (lückenlos!) Itemnummer und Name des Feldes. Darauf folgt die Aufführung der in Unterfelder geteilten Kategorien (MULTIPLE), im Beispiel nur Feld 1. Anschließend leitet DATA RESTRICTIONS TYPES die Vereinbarung der Datenarten (alphanumerisch, ganzzahlig (INTEGER), dezimal mit Einheitendefinition, z.B. 1 M = 100 CM, Datum (DATE) ein.

Abgeschlossen wird die Datendefinition mit der Festlegung des Eingabeformats INPUT DATA (Dateneingabe aus der Eingabedatei INPUT). Anschließend folgen die Eingabedaten für die Ersteingabe.

Zunächst muß die Feldnummer in Klammern angegeben werden, danach folgt der Feldinhalt. Unterfelder werden durch x von dem vorhergehenden Unterfeld getrennt. Jeder neue Satz muß mit der Feldnummer (1) beginnen.

<u>Besonderheiten:</u>

- Es sind nur Großbuchstaben möglich und Sonderzeichen (BCD/ASCII)
- Von den Sonderzeichen darf der Doppelpunkt nicht in den Eingabedaten vorkommen.

Die Retrievalkomponenten werden durch die Moduln INDEX und SEARCHES zur Verfügung gestellt.

Retrievalkomponente SEARCHES:
Suchfragen sind durch die logischen Operatoren AND, OR, NOT verknüpfte Relationen (Vergleichsausdrücke). Für die Bildung der Relationen sind die Vergleichoperatoren

- CONTAINS (enthalten in Feld oder Satz)
- EQ (Equal)
- NE (Not equal)
- LT (Lower than)
- LE (Lower or equal)
- GE (Greater or equal)
- GT (Greater than)

verfügbar. Vergleichsoperatoren können Konstante, Feldinhalte, Inhalte von Unterfeldern, Variable miteinander verknüpfen.

Eine Suchanfrage hat die Struktur

IF Operand Vergleichsoperator Operand THEN Aktion

Beispiel:

IF (1) CONTAINS 'WALD' THEN DISPLAY RECORD

Auf beiden Seiten des Vergleichsoperators müssen dabei aber Operanden des gleichen Typs stehen (alphanumerisch bzw. numerisch). Für Vergleiche von alphanumerischen Operanden sind nur CONTAINS, EQ und NE erlaubt.

Suchanfragen betreffen im allgemeinen sämtliche Datensätze der Datenbank, sofern nicht durch vorhergehende Suchanfragen die Datenbank in Teilmengen aufgeteilt wurde (Aktion: PLACE IN SET Mengennummer n). Das kann im ersteren Fall zu langen Suchzeiten, wenn auch nicht zu langen Rechenzeiten, führen (Antwortzeit nicht unter einer Stunde bei großen Satzzahlen, bedingt durch die häufigen Zugriffe zu den Magnetplattendateien. Im Mittel dauert ein Zugriff 40 Millisekunden). Dieser Fall kommt aber praktisch bei den in Lehrveranstaltungen verwendeten Datenbanken mit geringen Satzzahlen nicht vor.

Sind die Mengen festgelegt, so kann die Suchanfrage mit dem Kommando BEGIN SEARCH OF SET n (n = 1 bis 34) auf eine Menge oder den Durchschnitt (INTERSECTION), die Vereinigung (UNION) oder das Komplement (COMPLEMENT) von Mengen eingegrenzt werden.

Mengen können ebenfalls zur stufenweisen Erhöhung der <u>Precision</u> in RIQSONLINE und zur Reduzierung des <u>Noise</u> verwendet werden. Ohne die Aktion der Mengenbildung (s.o.) werden sonst bereits alle Treffersätze (der <u>Recall</u>) komplett aus der Datenbank geholt. Nach der RIQS-Batch-Recherche kann mit dem INDEX-Modul das in einen SET plazierte Suchergebnis nach dem Inhalt eines spezifizierten Feldes ausgedruckt werden. Das ist mit RIQSONLINE nicht möglich. Das Suchergebnis wird unsortiert (in Reihenfolge der Aufnahmenummern) ausgegeben.

Retrievalkomponente INDEX:

Zunächst ein Beispiel für die Anwendung der INDEX Kommando:

```
ACCESS TEST FILE
INDEX
INVERT ON (1).
INDEX
AUTHOR ON (1). PRINT (2)/(1).
INDEX
KWIC ON (1.2) USING STOPWORDS MAERCHEN.
INDEX
KWOC ON (2) USING KEY WORDS MAERCHEN.
```

Mit einem Batch-Zugriff zur Datenbank können mehrer Aufträge zur Registererstellung gegeben werden. Jeder Auftrag beginnt mit dem Aufruf des INDEX-Moduls und der Spezifikation, welches Register erstellt werden soll.

INVERT veranlaßt die Registererstellung als invertierte Liste. Alle Wörter aus dem Feld (1) jedes Satzes werden in unserem Beispiel untersucht, sortiert, ausgedruckt und die Satznummern, in denen die Wörter vorkommen, angegeben. Diese invertierte Liste entspricht im Grunde den elektronisch bei Datenbanksystemen wie GOLEM oder STAIRS verwendeten. Zur Zeit besteht aber bei RIQS noch keine Möglichkeit, diese invertierten Listen für Recherchen im Dialog abzufragen.

AUTHOR ON (1) erstellt ein Register, das nach den ersten dreißig Zeichen aus dem Feld (1) sortiert ist. Der gesamte Satz wird ausgedruckt. Im Druckbild erscheint zuerst das Erwerbungsdatum (Feld 2) und in der nächsten Zeile der Titel ggf. plus Untertitel (Feld 1). Diese einfache Druckbildgestaltung (Zeilenwechsel) bewirkt der Schrägstrich in der PRINT-Anweisung.

KWIC ON (1.2) USING STOPWORDS MAERCHEN. Es wird ein Keyword-out-of-context-Register erstellt mit den Sätzen, die das Stichwort Maerchen im Unterfeld 2 des Feldes 1 enthalten.

Stichwort- und Stopwortlisten können bis zu 2.000 Wörter enthalten.

Mit dem INDEX-Modul ist keine Katalogerstellung möglich.

AUTHOR ON sortiert zwar nach der gegebenen Wortfolge, jedoch ist es nicht möglich, die Ordnungsblockfolge bei Gleichheit des ersten Ordnungsblockes zu gewährleisten, da nur ein Feld berücksichtigt wird. Somit erscheinen die Publikationen eines Autors nicht alphabetisch unter seinem Namen sortiert.

2.5 Unterrichtsspezifika

Unterrichtsspezifika unterscheiden sich nach den zu erreichenden Zielen. RIQS wird an der Freien Universität Berlin mit zwei unterschiedlichen Schwerpunkten vermittelt:

- Methoden zum Aufbau und zur Benutzung individueller Datenbanken
- Methoden für das Recherchieren in eingerichteten Datenbanken (Searcher-Ausbildung)

Über Erfahrungen aus der Unterrichtspraxis mit dem zweiten Schwerpunkt wird in den folgenden Kapiteln berichtet. Hier kann nur knapp zusammengefaßt werden, was sich aufgrund von Lehrveranstaltungen über den Aufbau und die Benutzung individueller Datenbanken und aus der Betreuung von Diplomarbeiten in den vergangenen drei Wintersemestern (77/78 - 79/80) als wesentlich herausgestellt hat.

Folgende Themen werden in der genannten Lehrveranstaltung*) und in dieser Reihenfolge behandelt:

1. Einführung in Datenbanktypologie. Beispiel zur Erzeugung einer RIQS-Datenbank.
2. Überblick über die Struktur von RIQS. Erforderliche Dateien.
3. Möglichkeiten der Datenbankerzeugung. Kategorienschema für BID-relevante Daten.
4. Einfache Suchanfragen für numerische und alphanumerische Felder. Einführung in RIQSONLINE.
5. Möglichkeiten der Registererstellung: AUTHOR, KWIC, KWOC, INVERT.
6. Komplexe Retrievalmöglichkeiten.
7. Erweiterte Registermöglichkeiten: Stoppwort/Keywort, Druckbildgestaltung (Katalogkartenformat).

---

*) Die Teilnehmer dieser Lehrveranstaltungen sind vorwiegend Studierende höherer Semester und Examenskandidaten der Fachrichtungen Neuere Philologien, Geschichtswissenschaften, Medizin, Jura.

8. Zusammenspiel der Datenbank mit Systemdateien der Rechenanlage.
9. Updating (Aktualisieren der Datenbank).
10. Retrieval und arithmetische Operationen.
11. Mengendefinition. Recherchieren in Teilmengen, Durchschnitt, Vereinigung und Komplement von Mengen.
12. Zusammenspiel aller Dateien. Permanentdateien. Datensicherung. Magnetbandkopien.
13. Schnittstelle zu SPSS.
14. SPSSONLINE Beispiel mit einer von RIQS erstellten Systemdatei.
15. Abschließender Überblick. Linguistische Datenverarbeitung. Entwicklungsperspektiven in der Elektronischen Datenverarbeitung.

Jede Lehrveranstaltung wird als Doppelstunde (2x45 Minuten) mit einer formalen Einteilung: 45 Minuten Vorlesung, 45 Minuten Übung, durchgeführt. Die Lehrveranstaltung eignet sich nur für ein Wintersemester mit im allgemeinen 16 möglichen Veranstaltungen. Die Übungszeit darf nicht zu kurz bemessen werden. Probleme treten eher in der Kommunikation mit der Rechenanlage auf (Datenerfassung, Erstellung der Datenbasis). Nützlich ist daher für diese Lehrveranstaltung der Besuch eines DV-Labor-Kurses. Ein Großteil der Teilnehmer hatte aber schon einige Kenntnisse aus einer vorhergehenden Lehrveranstaltung desselben Dozenten über die Programmierung in FORTRAN für Bibliothekare.

Welche Kenntnisse und Fertigkeiten sollen erreicht werden. Summarisch:

- Kenntnisse über die Datenverarbeitung an der Rechenanlage CABER 172.
- Benutzung der Stapelverarbeitungsmöglichkeiten.
- Beherrschung der Hauptkomponenten des Computerdialogs.
- Datenerfassung, Datenaufbereitung, Dateierstellung.
- Benutzung von Systemroutinen (Dateikopie usw.)
- Benutzung von Magnetbanddateien und Permanentdateien.
- RIQS-Struktur: Datenbankaufbau und Korrektur.
- Benutzung der Datenbank: Recherchieren, Registererstellung.
- Unterscheidungs- und Beurteilungskriterien von Datenbanken.

3. Aufbau einer Datenbasis mit RIQS - dargestellt am Beispiel einer Lehrveranstaltung über Inhaltserschließung

3.1 Rahmenbedingungen

Die Lehrveranstaltung "Methoden und Verfahren der Inhaltserschließung mit EDV-Einsatz" wurde im Wintersemester 78/79 an der Freien Universität Berlin im Zusammenhang mit dem Projekt FIABID/DV durchgeführt /3/. Wesentliches Charakteristikum dieser Lerneinheit war die Verbindung zwischen theoretisch orientierten Ausbildungszielen und praktischen Übungsteilen im DV-Labor. Die Lehrveranstaltung erforderte also zwei in ihren didaktischen Konsequenzen recht unterschiedliche Ansätze, da Hörsaal- und Laborsituation weitgehend integriert werden mußten.

Die Lernziele in bezug auf die Indexierungsprinzipien bestanden weniger in der Stoffvermittlung als in den weitergehenden Vertiefungsstufen Anwendung und Bewertung, wobei der Schwerpunkt in der Anwendung lag. Die DV-Bezüge für diesen Bereich ergaben sich also aus der Analyse von praxisnahen Indexierungsaufgaben am Beispiel einer Bibliographie, die mit Hilfe von RIQS zuvor erstellt werden mußte. Angezielt wurde insgesamt, die Teilnehmer in die Lage zu versetzen, intellektuelle und rechnergestützte Indexierungsverfahren in ihrer Relevanz für bestimmte Aufgaben einschätzen, bewerten und anwenden zu können.

Die Lernziele des praktischen Übungsteiles lagen nun darin, die an der Freien Universität gegebenen Datenverarbeitungsmöglichkeiten den Teilnehmern nahezubringen und diese zu selbständiger Weiterarbeit zu motivieren. Der Einstieg sollte dabei über das DV-Labor des Projektes FIABID/DV und hier über die konkrete Arbeit mit dem Programmpaket RIQS unter Anleitung und Beratung erfolgen. Das für diesen Teil notwendige Arbeitsprogramm, nämlich die komplette Abbildung des Dokumentationsprozesses - vom Entwurf eines Datenerfassungsschemas über Input, Updating, Output verschiedener Register usw. bis hin zum Vergleich der Ergebnisse - war sehr umfangreich, ließ sich aber mit Hilfe von RIQS zumindest exemplarisch an einer vergleichsweise kleinen Datenbasis (ca. 100 DE) durchführen.

3.2 Überblick über die Lehrveranstaltung

(1) Titel der LV:

Methoden und Verfahren der Inhaltserschließung mit EDV-Einsatz (für Studenten der IDW und Bibliothekarstudenten) - WS 78/79

(2) Art der LV:

Seminar

(3) Zielgruppe

Studenten der IDW 2.-4. Semester
IfB-Studenten (WB und ÖB) im Hauptstudium mit Grundkenntnissen der Methoden und Verfahren der Sachkatalogisierung/Inhaltserschließung

(4) Unterrichtsziel:

Mit Hilfe des Programmpakets RIQS (Remote Information Query System) sollen praktische Kenntnisse im Umgang mit einem computergestüttzen Informationssystem vermittelt werden. Dieses sollte sich schwerpunktmäßig auf den Bereich der Inhaltserschließung konzentrieren, wobei die vor- und nachgeschalteten Bereiche (etwa formale Erfassung und Retrieval) nicht ausgeschlossen bleiben sollen. Dabei werden die folgenden Ziele angestrebt:

- Wiederholung, Vertiefung und Konkretisierung von EDV-Grundkenntnissen
- Fähigkeit, selbständig bestimmte Prozeduren an DV-Geräten durchzuführen
- Erkennen und Begreifen der Grundprinzipien der Indexierung anhand von verschiedenen Verfahren
- Anwendung von Grundkenntnissen der Inhaltserschließung/Sacherschließung in praktischen Übungen
- Aufbau einer modellhaften Literaturdatenbasis für Testzwecke der Indexierung und praktischem Umgang damit
- Vergleich und Bewertung der Indexierungsergebnisse
- Überblick über die wichtigste Fachliteratur

(5) Unterrichtsmethode:

Schwerpunkte der LV werden auf dem Indexierungsverfahren und den damit verbundenen Übungen der Direkteingabe liegen. In diesem Zusammengang soll von den Teilnehmern eine Test-Datenbasis errichtet werden, anhand derer die Vor- und Nachteile der verschiedenen Indexierungsverfahren demonstriert werden können, ebenso wie eine Bewertung der Produkte/Retrievalergebnisse, Register usw.) veranschaulicht werden soll. Dabei ist daran gedacht, vielseitige und abwechslungsreiche Vorgehensweisen zu kombinieren.

Einführungsvorträge, Diskussionen zu den theoretischen Bereichen, Kurzreferate, die seitens der Studenten ausgearbeitet werden sollen. Einarbeitung in EDV-Bedingungen (selbständig und mit Anleitung). Praktische Übungen am Terminal. Ggf. theoretische Vertiefung anhand des Literaturstudiums. Evaluierung von Lehr-Lernzielen (Erfolg).

(6) Vorgesehene Stundeneinteilung:

1 Vorbesprechung, Vorgehensweisen, Erläuterungen

2 und 3 Einführung EDV mit praktischen Übungen
- Aufbau und Funktion von EDV-Anlagen
- Datenfernverarbeitung, INTERCOM
- Grundfunktionen von RIQS

4 Einführung IuD-Prozess am Beispiel der Erstellung von Bibliographien
- Beschaffung und Auswahl
- Auswertung
- Datenerfassung
- Verarbeitung und Speicherung
- Retrieval, Aufbereitung und Verbreitung

5 und 6 Indexierungsverfahren
- Theoretische Einführung
- Stichwort-, Schlagwortverfahren
- Verwendung von Klassifikationen, Thesauri etc.
- Volltextanalyse
- Register (KWIC, KWOC etc.)

7, 8, 9 Erstellung einer Test-Datenbank mit RIQS am Terminal

10 unter Verwendung verschiedener Indexierungsverfahren

11, 12 Evaluation der Indexierungsverfahren durch Vergleich der Retrievalergebnisse, Register etc.

13 Abschlußbesprechung, Evaluierung der Lehr- und Lernziele

(7) Unterrichtsmaterialien

Literaturliste, Einführungspapier, Problemstellung, Bedienungsinstruktionen (RIQS - Manual etc.), Übungsblätter, -bogen, Datenerfassungsschema, Seminarpapiere.

3.3 Arbeitsergebnisse

Für die gestellte Aufgabe wurden als von RIQS zur Verfügung gestellte Möglichkeiten genutzt:

a. Erstellung des Datenbestandes
b. Veränderungen des Datenbestandes
c. Retrieval
d. Registererstellung

Zu a.: Erstellung des Datenbestandes

Zum Aufbau einer Datenbank mit RIQS sind drei Arbeitsgänge erforderlich, die Satzbeschreibung (Record Definition), die Festlegung der Datenarten (Data Restrictions) sowie die Eingabe der Datensätze (Input Data Phase).

Die Satzbeschreibung erfolgt durch Angabe der einzelnen Dateneinheiten, wobei folgende Details festgelegt werden: Die Nummern der Kategorien, wahlweise eine Kategorienbezeichnung, ein Name sowie die Angabe, ob eine Kategorie einfach (Normalfall) oder mehrfach (multiple) besetzt sein kann. Im konkreten Fall sieht eine derartige Beschreibung wie folgt aus:

(1)	Erkennungsnummer
(2)	Dokumenttyp
(3)	Standort
(4=Autor)	Verfasser
(5=Titel)	Titel
(6)	Untertitel
.	
.	
.	
(30)	freie Schlagworte
(31)	Titel-Stichwörter
(32)	Thesaurus-Deskriptoren
(33)	Notation Klassifikation

.
.
.

(40) Kurzreferat
MULTIPLE (2) (3) (4) (30) (31) (32)

Die hier zur Verfügung stehende Software ist also recht flexibel und kann direkt auf vorliegende Datenerfassungsschemata angewendet werden.

Die Festlegung der Datenarten erfolgt wahlweise und dient einmal zu Prüfroutinen, zum anderen zur möglichen Weiterverarbeitung von Daten - z. B. für statistische Zwecke. Es sind drei Unterscheidungen möglich: Alphanumerische, numerische und als Datum definierte Angaben.

Die Eingabe der Datensätze erfolgt im Normalfall satzweise, wobei die einzelnen Kategorien in aufsteigender Reihenfolge eingegeben werden müssen. Eine Reihe von Eingabespezifikationen - die hier nicht näher erläutert werden - sind möglich.

Das nach den beschriebenen Strukturierungen erfaßte Dokument ergibt dann die hier im Ausschnitt wiedergegebene Dokumentationseinheit:

RECORT NUMBER 65
(1) ERKENNUNGSNUMMER
50
(2) DOKUMENTTYP
G
(3) STANDORT/SIGNATUR
72550
(4) PROJEKT/LV/THEMA
FIABID-DV; WS 78/79
(5) AUTOR1
GEBHARDT, F.
(8) HAUPTTITEL
BEWERTUNG VON DIALOGSYSTEMEN ZUM DOKUMENTENRETRIEVAL
(11) HINWEISE ZUM TITEL
VORTRAG GEHALTEN AUF DER 5. JAHRESTAGUNG DER GESELLSCHAFT FÜR INFORMATIK -GI-, DORTMUND, 08. 10.-10. 10. 1975
(18) ERSCHEINUNGSDATUM/JAHR/MONAT/TAG
1976
(19) SEITENANGABE, PAGINIERUNG
8 S.
(20) BEIGABENVERMERK
10 Q.

Zu b.: Veränderung des Datenbestandes

Ähnlich wie bei der Input-Phase können problemlos neue Sätze hinzugefügt, bereits bestehende geändert oder gelöscht werden. Ferner bestehen gewisse Möglichkeiten zur Manipulation des Datenbestandes.

Zu c.: Retrieval

Die bei RIQS sogenannte Search-Phase erlaubt eine Reihe von Vergleichsoperationen; an anderer Stelle dieses Aufsatzes sind Einzelheiten hierzu dargestellt. Erwähnt werden soll an dieser Stelle, daß bestimmte Restriktionen von RIQS bereits beim Aufbau eines Datenbestandes berücksichtigt werden müssen. So sind z.B. keine Maskierungen möglich: Da RIQS jeden Text bzw. String in Zeichenfolgen zerlegt und dabei Blanks und Sonderzeichen als Trennzeichen interpretiert, können jeweils nur einzelne Wörter (bzw. Zeichenfolgen) - nicht aber Wortteile - als Suchbegriffe benutzt werden.

Zu d.: Registererstellung

In der Index-Phase können verschiedene Listen und Register von einzelnen Dateneinheiten oder ganzen Sätzen erstellt werden. Es stehen insgesamt fünf Typen zur Verfügung:

1. AUTHOR-INDEX: Abgeleitet von der häufigsten Verwendungsform - dem Autorenregister - dient diese Routine zur Erstellung beliebiger Kataloge, wobei nach der Zeichenfolge der gewünschten Kategorie sortiert wird, also ein Registereintrag pro Kategorie bzw. Unterkategorie erzeugt wird. Beispiel:

```
HOSSFELD, F.
          46
          INFORMATIONSSYSTEME AM DKFZ - REALISIERUNG UND KRITIK
ITZFELDT, W.D.
          42
          WAS IST BENUTZERFREUNDLICHKEIT?
```

JAENE, H.

    35
    MASCHINELLE EXTRAKTION VON ZUSAMMENGESETZTEN
    AUSDRUECKEN

2. KWOC-INDEX: Im Unterschied zum Author-Index wird hier jedes einzelne Wort der angesprochenen Kategorie als Registereintrag verwendet. Der Einsatz von Positiv- und Stoppwort-Listen ist möglich. Beispiel:

ZUGRIFF

    WILHELMY, A.
    EIN DATENBANKSYSTEM MIT COMPUTERGESTEUERTEM
    MICROFICHE ZUGRIFF

ZUKUNFT

    KOEHLER, R.
    SPEICHER FUER DIE COMPUTER DER ZUKUNFT

ZUSAMMENGESETZTEN

    JAENE, H.
    SEELBACH, D.
    MASCHINELLE EXTRAKTION VON ZUSAMMENGESETZTEN
    AUSDRUCKEN

3. KWIC-INDEX: Justierung des Registereintrages an einer bestimmten Stelle (Zeilenmitte oder -anfang) und Ausdruck von maximal 100 Zeichen des Kontextes; Keywords und Stopwords möglich. Beispiel:

```
NISCHE INFORMATIK: RECHENORGANISATION, FORMALE BESCHREIBUNG U.  KLASS
N UEBER GEKOPPELTE RECHNER.  SYSTEMSOFTWARE FUER DAS RECHNERGESTUETZT
                   RECHNERBETRIEB:BETRIEB DER ZENTRALEN DATENVERARBEI
MSOFTWARE FUER DAS RECHNERGESTUETZTE ENTWERFEN DINAS          ERFEN U
LASSIFIZIERUNG VOM RECHNERSTRUKTUREN. ENTWICKLUNG EINER HARDWARE- SPR
         SONSTIGES;RECHNERVERBUND-SYSTEME.NUMERISCHE UND NICHTNUMERIS
HARDWARE,MESS- UND REGELTECHNIK.PROZESSDATEN-VERARBEITTUNG IN DER MEDI
```

4. QUIK-INDEX: Sonderform des KWIC-Index. Hier werden als Keywords die Wörter einer bestimmten Kategorie verwendet; man kann als z.B. mit Hilfe dieser Prozedur die Deskriptorenein-

träge zur Analyse des Referatetextes einsetzen.

5. INVERT-LISTE: Liste aller Wörter mit Angabe der Häufigkeit und Aufzählung der entsprechenden Satznummern. Beispiel:

1	DATENBANK	51					
1	DATENBANKSYSTEM	63					
1	DATENSPEICHER	22					
1	DATENSPEICHERUNG	21					
1	DATENSTRUKTUREN	20					
1	DATENTECHNIK	21					
1	DATENUEBERTRAGUNGS	52					
6	DATENVERARBEITUNG	25	31	33	37	63	64

3.4 Didaktische Aspekte

Die hier dargestellte Lehrveranstaltung verfolgte - da im Rahmen eines Forschungsprojektes konzipiert - eine ganze Reihe von speziellen didaktischen Fragestellungen. Im Vordergrund stand die exemplarische Durchführung von Lehrkonzeptionen, wie sie sich aus der besonderen Konstellation des Projektes an der Freien Universität ergaben: Team-teaching, learning by doing, DV-Labor, Integration verschiedener Ausbildungsebenen und unterschiedlicher Professionen (Bibliothekare, Dokumentare, Informationswissenschaftler, Publizisten), Vorarbeiten zu curricularen Empfehlungen. Die im Rahmen dieses Aufsatzes vor allem interessierten Ausbildungsfragen stellten somit nur einen Teilaspekt dar.

Situationsbedingte Faktoren wie Gruppengrößen und -zusammensetzung, personelle und technische Ausstattung des DV-Labors oder Servicequalität des Rechenzentrums (Manuals, Kurse, Beratung u. dgl.) bestimmen den Charakter von Lehrveranstaltungen beträchtlich und grenzen damit die Möglichkeit zu verallgemeinerungsfähigen Aussagen erheblich ein. Dennoch lassen sich auf dieser Basis einige Erfahrungen weitervermitteln:

- Die Kombination von theoretisch orientierter Seminararbeit und praktischen Übungen im DV-Labor wirft wegen der unterschiedlichen Lernziele zwar einige Integrationsprobleme auf, ist aber unter bestimmten Voraussetzungen (Möglichkeit zur Kleingruppenarbeit, modulare Kombination von Lerneinheiten) als optimal anzusehen.
- EDV-Übungen haben exemplarischen Charakter, was den konkreten Umgang mit Hard- und Software angeht. Nicht die Ausbildung für

ein bestimmtes Gerät oder System sollte daher im Vordergrund stehen, sondern die Vermittlung von Grundvoraussetzung die spätere Arbeit im Beruf.

- Der Einsatz von "Fertigprodukten" wie RIQS oder ähnlichen Datenbanksystemen ist im Ausbildungsbereich Bibliothek, Information und Dokumentation als sehr wünschenswert einzuschätzen. Anders als etwa bei der Kerninformatik ist hier der Anwendungsaspekt von herausragender Bedeutung. Dabei ist es nicht entscheidend, ob die eingesetzte Software allen Ansprüchen professioneller Nutzer genügt, sondern vielmehr, ob typische Anwendungsprobleme sich in der Lehrsituation simulieren lassen. RIQS hat dabei - trotz gewisser Schwächen und Unzulänglichkeiten - durchaus seine Befähigung zum Einsatz für Ausbildungszwecke bewiesen.

4. Anwendung von RIQS im Rahmen von Retrievalübungen

4.1 Einleitung

Die nachfolgend wiedergegebenen Erfahrungen stammen aus einer Lehrveranstaltung, die im Rahmen von FIABID/DV ausführlich dokumentiert wurde /4/.

In dieser Lehrveranstaltung stand das Verstehen oder Erlernen von Funktionen im Information Retrieval im Vordergrund. Recherchiert wurde in einer kleinen bibliographischen Datenbasis, die aus ca. 800 Eintragungen des INIS-Atomindex aufgebaut wurde.

Das von FIZ 4 gelieferte Magnetband mußte zunächst erst in mehreren Schritten für die Verwendung auf dem CD-Rechner aufbereitet werden, da es nicht den Systemkonventionen entsprach (andere Satztypen, unterschiedliche Blocklänge, Umcodierung von Zeichen). Die somit an der CD-Anlage bearbeitbaren Daten wurden anschließend in das für RIQS erforderliche Format überführt (Umsetzung der INIS-Sätze in RIQS-Sätze mit veränderter Kategorien-Numerierung), und erst danach konnte der Aufbau der RIQS-Datenbank erfolgen. Über Einzelheiten der Implementierung auf den CD-Rechner berichtet Sailer /5/.

4.2 Überblick über die Lehrveranstaltung

Zum Verständnis der hier ja nur als Ausschnitt darstellbaren Retrievalübungen ist es nötig, die Lehrveranstaltung kurz zu beschreiben. Als Lernziele galt es die folgenden einzulösen:

- den Komfort der Online-Recherche gegenüber der mit gedruckten Diensten zu zeigen (aber auch die Probleme),
- die Methode überhaupt üben zu lassen,
- den Prozeß der Recherche transparent zu machen, damit er von den Studenten in den Zusammenhang mit der Entwicklung des Einsatzes der DV allgemein und der Online-Dienste speziell richtig eingeordnet werden kann und somit auch
- einige Aspekte der Bildschirm- und Intermediary-Arbeiten zu verdeutlichen.

(1) Titel der LV:

Grundlagen des Arbeitens mit DV-gespeicherten Literatur- und Informationsdiensten (Literaturdatenbanken) unter Einbeziehung verschiedener Terminals für Bibliothekare und Dokumentare.

(2) Art der Lehrveranstaltung (LV):

Seminar

(3) Zielgruppe:

Studenten der IuD-Wissenschaft im Grundstudium
Bibliothekarstudenten im Hauptstudium (4. Semester).

(4) Unterrichtsziel:

- Grundkenntnisse zu Literaturdatenbanken (Definition, Typologie, Bewertung, Terminologie und Entwicklungsstand) und diesbezüglichen Informationsnetzen (EURONET)
- Grundkenntnisse zur Anwendung im BID-Bereich im Vergleich zu gedruckten Diensten
- Grundkenntnisse zur Arbeitsorganisation bei Einsatz in Bibliotheken und Dokumentationseinrichtungen
- Grundkenntnisse zur Informationssuche (Retrieval) in Literaturdatenbanken
- Fähigkeit, bis zu einer gewissen Selbständigkeit am CRT zu recherchieren und Kenntnisse des on-line-Arbeitens zu erwerben
- Überblick über neueste Entwicklungen und die betreffende Fachliteratur
- Wiederholung und Vertiefung von DV-Grundwissen

(5) Unterrichtsmethode:

Dozentenvorträge. Kurzreferate der Teilnehmer zur Literatur anhand von Ausarbeitungen. Erörterung von Unterrichtsmaterialien. Praktische Übungen und Demonstrationen in den LV. Selbständige Übungen (ggf. freiwillig) außerhalb der LV anhand von Anleitungen. Diskussion von Übungsergebnissen. Besichtigung einer Praxiseinrichtung.

(6) Vorgesehene Stundeneinteilung:

1 Vorbesprechung. Erläuterung und ggf. Vergabe der Ausarbeitungsthemen. Ausgabe von Unterrichtsmaterialien
2 Erläuterung von Unterlagen und Zusammenhängen
3 Einführung in das Arbeiten an DV-Geräten
4 Wiederholungen. Darstellung der Grundzüge eines Retrievalsystems. Ausgabe von Übungsaufgaben
5 Erläuterung des verwendeten Literaturdienstes. Arbeiten an den CRT (einfache Suchanfragen)
6 Fortsetzung der 5. Stunde (erweiterte Suchanfragen)
7 Fortsetzung der 6. Stunde (erweiterte Suchanfragen)
8 Diskussion von Ergebnissen. Überblick über die Aufbereitung der Magnetbänder
9 Literaturausarbeitungen/Referate
10 Recherchen an den CRT - Fortsetzung der 9. Stunde
11 Fortsetzung der 10. Stunde
12 Literaturausarbeitungen/Referate
13 Besichtigung einer Praxiseinrichtung
14 Abschlußbesprechung

(7) Unterrichtsmaterialien:

Literaturliste, Übungsheft, Bedienungs- und Retrievalinstruktionen, Hilfs- und Übersichtsblätter, Glossar.

Die Unterrichtsziele zeigen, daß es sich um die Vermittlung von Grundkenntnissen zum Online-Retrieval im Kontext mit BID-Anwendungen und DV-Basiswissen handelte. Die Retrievalübungen in der Lehrveranstaltung erstreckten sich auf 6 der 14 Stunden, wobei 2 Stunden (1 Stunde = 90 Min.) dem Einarbeiten in das Datenbanksystem RIQS am Beispiel kleiner, auf Lochkarten eingelesener Dateien gewidmet waren, ohne daß hierbei schon an der INIS-Datenbank geübt wurde.

4.3 Beispiele für Retrievalübungen

Um den Vermittlungsansatz und die Vermittlungstiefe, die ja durch das Vorwissen der Zielgruppen geprägt sind, zu verdeutlichen, werden drei Übungsaufgaben, die den Studenten in Form von Merkblättern für die Arbeit am Terminal ausgehändigt wurden, wiedergegeben. Diese Merkblätter, es sind hier nur Teile eines größeren Satzes /4, S. 34 ff./, zeigen auch, wie die Inputoperationen, Systemmeldungen und Erläuterungen (kursiv) zu Papier gebracht wurden.

Zum Merkblatt f (s. nächste Seite): Lexikalische Suche

Dieses Übungsbeispiel sollte nicht als Prototyp einer Faktenrecherche verstanden werden, aber es erwies sich als ausreichend, die Verwendbarkeit von Datenbasen zur Verifizierung von Begriffen mittels einer Freitextsuche zu demonstrieren. Dies ließe sich besonders gut an Begriffen aus solchen Eintragungen üben, für die ein Referat auch in deutscher Sprache vorlag. Von einer Abbildung der vom System jeweils ausgegebenen bibliographischen Sätze oder Kategorien wird hier abgesehen, denn diese hätten meistens - besonders bei den Referaten - den Umfang mehrerer Bildschirme und einen für diesen Kontext unwichtigen Informationsgehalt.

Zum Merkblatt g (s. Seite 257):Formale Ermittlungen

Derartige Beispiele müssen in Lehrangeboten für Bibliothekare auf alle Fälle vorhanden sein, auch wenn das Schwergewicht des Online-Retrievals in der Praxis bei der thematischen Suche liegt. Die bibliographische Ermittlung eines Titels über irgend einen Code, hier eine Reportnummer, ist, im Vergleich zum Suchen in gedruckten Diensten, beeindruckend einfach. Es hätten für diesen Aspekt der Arbeit mit Datenbanken ebenso andere bibliographische Beschreibungselemente verwendet werden können (Verfasser, Impressum, Literaturgattung etc.).

Merkbl. f.: Benutzung der Abstracts zur Information über einen unbekannten Begriff (lexikalische Suche). | Sailer/Skalski

Vorbemerkung:

Benutzeranfragen an BID-Einrichtungen enthalten mitunter Abkürzungen, die man auflösen muß, oder andere unbekannte Begriffe, mit denen man weiterarbeitet.
Die Auflösung oder fachliche Zuordnung mithilfe der Datenbasis ist gelegentlich einfacher oder schneller möglich als mit einem Nachschlagewerk - soweit der Kontext zu dem Terminus aussagefähig genug ist.

Beispiel:

0. (Ggfs) allg. Start und Aufrufen von RIQS...

s. Merkblatt c. 0.

1. Was bedeutet "NS Otto Hahn" ?

```
      .
      .
      .
   ENTER SEARCH COMMAND...
if #29 eq 'ns otto hahn' display #7, #29;△
      ?
end△
      NO OF REPORTS .... = 1
      DO YOU WANT...
      ?
yes △
      RECORD NUMBER...
      - - - - -
      - - - - -
        * * * * *
      ENTER SEARCH COMMAND...
halt△
          o o
```

falls der Text auf dem Bildschirm zu unübersichtlich ist, drucken Sie ihn aus, und zwar:

im EDITOR {
entweder auf dem IP:
batch,display,print,a9,x1 △
oder auf dem LP:
batch,display,print,ak,x1 △
}

Merkblatt g.: Formale Ermittlungen. Suche nach formalen Begriffen.

Vorbemerkung

Bibliothekarische und dokumentarische Ermittlungsarbeiten müssen häufig auf unvollständigen bibliographischen u.a. Angaben aufbauen, nach denen einschlägige Nachschlagewerke nicht erschlossen sind (ISBN, Preis, Tagungsorte, Nummern u. Codes, Serientitel etc.). In Datenbasen sind solche Angaben z.T. in bestimmten Kategorien enthalten, und wenn diese auch retrievalfähig sind, läßt sich der Suchaufwand evtl. erheblich reduzieren.

Beispiel:

0. (Ggfs. allg. Start und Aufrufen von RIQS...

s. Merkblatt c. 0.

1. Wie heißt der Titel mit der Reportnummer "JUEL--1416" ? Wie kann man ihn beschaffen ?

```
     .
     .
     .
     .
     .
  ENTER SEARCH COMMAND...
if # 13 eq 'juel--1416' display record;
    ?
end △
  SEARCHING....
  NO.....    = 1
  DO YOU WANT...
  ?
yes △
  RECORD NUMBER ...
  .........
  .........
  *  *  *  *  *
  ENTER SEARCH COMMAND...
halt △
     - - -
     - - -
       o o
```

"record" ist die ganze Titelbeschreibung mit allen Kategorien

auch hier ist, wie beim Merkbl. f., ein Ausdruck zur Beantwortung der Frage günstiger als der Text auf dem Bildschirm

4.4 Didaktische und unterrichtsorganisatorische Hinweise

Eine wichtige Komponente der didaktischen Konzeption war das selbständige Üben der Studenten insbesonders außerhalb der Lehrveranstaltung. Um dieses zu ermöglichen, waren eine Reihe von Voraussetzungen zu erfüllen, die sowohl die Organisation des Labors (5 Datensichtstationen, 1 Impakt-Printer, 1 Schnelldrucker) als auch eine gewisse Assistenz in Situationen der Unsicherheit betrafen:

- Das Labor müßte zu den Zeiten, zu denen die Studenten üben können, zur Verfügung stehen, d.h. nicht durch andere LV belegt sein oder wegen Abschaltzeiten des Rechners nicht betriebsfähig sein.
- Es müßten Regelungen für den Fall einer Überbelegung der Terminals geben (zeitliche Begrenzung pro Übenden, "Vorab, Belegungsbuch").
- Es sollte jemand für "Pannenhilfen" zumindest telefonisch erreichbar sein, besser (und eigentlich unverzichtbar) wäre eine ständige, hauptamtliche Betreuung des Labors und der Studenten während dieser Übungen, die wir jedoch nicht bieten konnten.
- Die Übungsaufgaben sollten mit den Handling- und Operating-Vorkenntnissen der Studenten auch lösbar sein, d.h. es müßten entsprechende Arbeitshilfen vorhanden sein und Vorbereitungen im Unterricht getroffen werden.

  Im hier beschriebenen Falle wurde so verfahren, daß die Übungsaufgaben ganz ähnlich angelegt wurden wie die Übungen innerhalb der Lehrveranstaltung und entsprechende Hinweise auf diese in ihnen enthalten waren.
- Es muß die Möglichkeit zum Protokollieren aller Schritte durch die Studenten geben (Protokolldrucker, Impact-Printer), damit die Studenten ihre Arbeitsergebnisse und Fehler sowie Fehlermeldungen des Systems oder der Operateure des Rechenzentrums mit den Dozenten diskutieren können.
- Für die Gespräche mit den Studenten sind von den Dozenten Sprechstunden einzurichten (oder diese in die Lehrveranstaltung hinein zu verlagern).
- Die Studenten müssen eine Benutzungsberechtigung für den Rechner, haben und die Benutzung muß auch evtl. existierenden übergeordneten Benutzungsordnungen genügen können.
- Die benötigte Software, Speicherkapazität und die Arbeitsdateien müssen verfügbar sein und sich in ökonomisch vertretbaren Größenordnungen benutzen lassen.

Die Retrievalübungen hatten also innerhalb von Rahmenbedingungen zu erfolgen, wie sie für jede DV-Labor-Ausbildung zu berücksichtigen sind.

4.5 Kritik, Problembereiche und Defizite des simulierten Online-Retrievals mit RIQS

Jede Ausbildung hat Bereiche, in denen durch eine Simulation der späteren Berufstätigkeit der Auszubildenden Fähigkeiten und Fertigkeiten trainiert werden; dies erfordert natürlich Abstriche hinsichtlich des Erreichens einzelner Lernziele. So waren beispielsweise - weitgehend aus Zeitgründen - die folgenden Möglichkeiten nicht gegeben:

- Systematisches Entwickeln aller Stufen der retrospektiven Recherche (vom ersten Benutzerkontakt/pre-search-interview., über die Suchformulierung, die Entwicklung der Suchstrategie, die Durchführung des Retrievals, die Relevanzkontrolle und Benutzerrückkopplung).
- Behandeln aller Aspekte der Evaluation von Datenbanken (Qualität und Vollständigkeit der Informationen, Zeitverhalten des Systems, Analyse der Print- und Displayausgaben, Aufwand und Effektivität der Recherchen, Recall und Precision). Allerdings hätte das begrenzte Titelmaterial (870 Titel) der Simulationsdatenbank wohl auch kaum zu überzeugenden Aussagen führen können.
- Vermittlung der Informationsleistung SDI. Der wichtige Servicebereich der laufenden Informationsvermittlung ließe sich aus Zeitmangel nur am Rande behandeln.
- Wie schon aus dem Kap. 2 hervorgeht, weist RIQS eine Reihe von Eigenschaft nicht auf, die das Retrieval in realen Online-Diensten kennzeichnen, z.B. Recherche mit Truncation, Arbeiten mit Profiltabellen, Suche mit gewichteten Begriffen, "Ankreuzen" in Registern, Arbeiten mit einem Online-Thesaurus, Angabe von Standardfeldern im Display- und Printmode, Befehle für Druckaufträge und Meldung der Häufigkeit der Suchworte in den Dokumenten. Ebenso konnten die Möglichkeiten des Data Base Cycling ein Multiple-File-Retrieval nicht simulieren.
- Problematisch war ferner, daß einige Studenten vorher noch nicht mit RIQS in Berührung gekommen waren, so daß nach der nur kurzen 2-stündigen Einführung in das IRS eine starke Black-Box-Wirkung beim Dialog mit dem System auftrat.

Trotz dieser Nachteile des simulierten Arbeitsablaufes sind wir der Meinung, daß unser Konzept, gemessen an anderen Ausbildungskonzeptionen für das Online-Retrieval (Simulation durch audiovisuelle Medien, z.B. Das Mediatron (4)) oder die kosten- und ausstattungsbedingte Beschränkung der Terminalübungen für Studenten auf wenige Recherchen in realen Systemen, wie es in Großbritannien in großem Maße ausprobiert wird /5/, erhebliche Vorteile hat. Es sind dies:

- Die Möglichkeit des häufigen selbständigen Übens der Studenten ohne Rücksichtnahme auf einen engen Sachmittelrahmen für reales Retrieval und das "learning by doing" sind hier besonders wichtig. (Möglichkeit der Lernsteuerung durch den Lernenden selbst, individuelle Ablaufsteuerung/Iteration, Wiederholungen und Korrekturen).
- Die Übungseinheiten konnten, unbeeinträchtigt durch evtl. Kostendruck und von Hosts vorgegebenen Zugriffszeiten, geplant und durchgeführt werden. Hierzu gehört auch die Realtime-Protokollierung der Online-Operationen auf dem Printer.
- Die Studenten kamen ferner immer wieder mit dem Betriebssystem des Rechners in Kontakt, so daß bestimmte Systemreaktionen (z.B. auch Ausfälle) direkt erörtert werden konnten. Damit, und durch das intensive Handling, konnten auch viele Informationslücken zur DV generell geschlossen werden.
- Besonders hervorzuheben ist ebenso die Notwendigkeit des Teamteaching (Prinzip: DV-Experte und BID-Experte), die nicht nur didaktisch sehr vorteilhaft ist, sondern gleichermaßen für die Betreuung der Arbeitsgruppen an den Bildschirmen gefordert werden muß. Ein Dozent kann diesen Typus von Lehrveranstaltung in der Regel nicht allein bewältigen.

Eine Grundorientierung zum Retrieval in einer realen Arbeitssituation und in realen Datenbasen wurde im Rahmen einer Demonstrationsveranstaltung in einer IuD-Stelle gegeben. Hier konnten die Studenten am Retrieval in den Online-Diensten von Lockheed und DIMDI teilhaben. Es zeigte sich, daß trotz der Unterschiede zu RIQS wesentliche Ansätze und Elemente der realen Recherchen aus den Erfahrungen unserer Übung heraus verstanden wurden. Dies deckt sich auch mit amerikanischen Erfahrungen des exemplarischen Übens und Lernens an nur einem System /6/.

Ebenfalls unproblematisch war die fachliche Herkunft des Datenmaterials, denn wir hatten einen Ausschnitt des INIS-Atomindex gewählt, der auch allgemeinverständliche Titel (z.B. aus der Biologie und Chemie) enthielt, so daß die ja ohnehin auf die Prinzipien und Methoden des Online-Retrievals ausgerichteten Recherchen nicht beeinträchtigt wurden.

Weitere Anregungen, die die theoretische Untermauerung oder die konkrete Gestaltung von Lehrangeboten hinsichtlich Online-Retrieval-Übungen beinhalten, liegen im anglo-amerikanischen Sprachraum vor. /7/, /8/, /9/, /10/, /11/, /12/, /13/.

4.6 Ausblick

Die Verfasser hoffen, daß sowohl das IRS als auch das Lehrangebot auf diesem Gebiet insgesamt in Berlin weiter ausgebaut werden können. Sie gehen davon aus, daß eine ähnliche Lerneinheit, unter der Mitwirkung erfahrener Searcher, Intermediaries und Datenbankanbietern, auch als Fortbildungsveranstaltung mit Erfolg angeboten werden kann und daß sich letztlich der didaktische Ansatz der Grundausbildung an simulierten Systemen in der kritischen Prüfung durch die Praxis bewähren wird.

Literaturverzeichnis

/1/ Curriculare Aspekte der DV-Ausbildung im BID-Bereich unter besonderer Berücksichtigung von Lehrmoduln im DV-Labor. FIABID/DV-Workshop 27./28.04.1979. Red.: Gunther Windel. Berlin: Freie Universität, Institut f. Bibliothekarausb., Institut f. Publizistik und Dokumentationswiss., FIABID/DV 1979, 133 S.

Skalski, Detlef; Sailer, Klaus: Dokumentation der Lehrveranstaltung "Grundlagen des Arbeitens mit DV-gespeicherten Literatur- und Informationsdiensten (Literaturdatenbanken) unter Einbeziehung verschiedener Terminals für Bibliothekare und Dokumentare". Berlin: Freie Universität, Institut f. Bibliothekarausb., Institut f. Publizistik und Dokumentationswiss., FIABID/DV 1979, 150 S.

Habermann, Heinz; Hennings, Ralf-Dirk; Kolleck, Bernd; Milewski, Wolfgang; Supper, Rainhard: Datenbank- und Dateibearbeitungssysteme. Grundlagen und ausgewählte Beispiele für die Bereiche Bibliothek, Information und Dokumentation. Red.: Ralf-Dirk Hennings. Berlin: Freie Universität, Institut f. Bibliothekarausbildung, Institut f. Publizistik und Dokumentationswiss., FIABID/DV 1979, 208 S.

Sailer, Klaus: Magnetbänder in der BID-Ausbildung. Ein Beispiel zur Implementierung von Magnetbändern externer Informationsdienste auf die DV-Anlage einer Ausbildungseinrichtung. Berlin: Freie Universität, Institut für Bibliothekarausbildung, Institut f. Publizistik und Dokumentationswiss., FIABID/DV 1979, 58 S.

Kolleck, Bernd; Hertwig, Jens: Glossar zur DV-Terminologie für die BID-Ausbildung. Berlin: Freie Universität, Institut f. Bibliothekarausbildung, Institut für Publizistik und Dokumentationswiss., FIABID/DV 1979, 232 S.

Burkart, Margarete; Hennings, Ralf-Dirk; Skalski, Detlef: Fragebogenumfrage zur Bewertung von Lehrveranstaltungen mit Übungsteilen im DV-Labor durch Studenten. Berlin: Freie Universität, Institut f. Bibliothekarausbildung, Institut f. Publizistik und Dokumentationswiss., FIABID/DV 1979, 185 S.

Hennings, Ralf-Dirk; Kolleck, Bernd; Skalski, Detlef: Beschreibung und Beurteilung des DV-Labors für die BID-Ausbildung im Rahmen von FIABID/DV-Mit einem Anhang: Detlef Skalski, Hella Braune. Der Bildschirmarbeitsplatz in Bibliotheken. Berlin: Freie Universität, Institut f. Bibliothekarausbildung, Institut f. Publizistik und Dokumentationswiss., FIABID/DV 1979, 140 S.

Seeger, Thomas; Skalski, Detlef; Strauch, Dietmar: DV-Komponenten im bibliothekarischen und dokumentarischen Curriculum. Zusammenfassungen und Arbeitsergebnisse unter Berücksichtigung von BID-Integrationsaspekten. Berlin: Freie Universität, Institut f. Bibliothekarausbildung, Institut f. Publizistik u. Dokumentationswiss., FIABID/DV 1979, 162 S.

/2/ Mittman, B.; Borman, L.: Personalized Data Base Systems. Los Angeles 1975.

/3/ Seeger, T.; Strauch, D.: Curriculare, didaktische und integrative Aspekte von DV-Labor-Veranstaltungen. In: Windel, G. (Hrsg.) Curriculare Aspekte der DV-Ausbildung im BID-Bereich... Berlin: FIABID/DV 1979, S. 51-70

/4/ Skalski, D.; Sailer, K.: Dokumentation der Lehrveranstaltung "Grundlagen des Arbeitens mit DV-gespeicherten Literatur- und Informationsdiensten (Literaturdatenbanken) unter Einbeziehung verschiedener Terminals für Bibliothekare und Dokumentare. Berlin:Freie Universität, FIABID/DV 1979, 150 S.

/5/ Sailer, Klaus: Magnetbänder in der BID-Ausbildung. Ein Beispiel zur Implementierung von Magnetbändern externer Informationsdienste auf die DV-Anlage einer Ausbildungseinrichtung. Berlin: Freie Universität, Institut f. Bibliothekarausbildung, Institut f. Publizistik und Dokumentationswiss., FIABID/DV 1979, 58 S.

/6/ Hennings, Ralf-Dirk; Kolleck, Bernd; Skalski, Detlef: Beschreibung und Beurteilung des DV-Labors für die BID-Ausbildung im Rahmen von FIABID/DV. Mit einem Anhang: Detlef Skalski, Hella Braune. Der Bildschirmarbeitsplatz in Bibliotheken. Berlin: Freie Universität, Institut f. Bibliothekarausbildung, Institut f. Publizistik und Dokumentationswiss., FIABID/DV 1979, 140 S.

/7/ Vickery, A.; Batten, A.M.: Development of Multimedia Teaching Packages for user Education in Online Retrieval Systems. In: Online Review. Vol. 2, No. 4. 1978. p 367-374

/8/ Vickery, B.C.: The Use of On-line Search in Teaching. An assesment of projects carried out by UK schools of Library and information studies. May 1977. London: British Library Research and Development Department 1977, Report No 5390

/9/ Knapp, S.D.; Garryck, J.A.: Computer Based Reference Service - a course taught by practitioners. In: Online Review. Vol. 2, 1978. p. 65-76

/10/ Hall, J.L.: Online Information Retrieval Sourcebook. London: Aslib 1977. (D 85 142)

/11/ Houghton, B.; Convey, J.: Online Information Retrieval Systems: an introductory manual to principles and practice. London: Bingley 1977.

/12/ Bourme, C.P.: DIALOG[R] Lab Workbook. Berkeley: Institute of Library Research; University of California 1976.

/13/ Stockey, E.J.; Basens, S.J.: An Introduction to Database Searching: a self instructional manual. Philadelphia: Graduate School of Library Science; Drexel University 1977.

Merkblatt C.: Allg. Suchmethoden und Suchlogik mit RIQS in Teilen des "INIS-Atomindex"

Vorbemerkung:

Die Merkblattreihe c-g bezieht sich auf die Such- und Anfragemöglichkeiten, die RIQS bietet, wobei jetzt überwiegend mit der Online-Version gearbeitet wird, (im Gegensatz zur interaktiven Batch-Version im Merkbl.b.). Das Recherchieren erfolgt in erster Linie mit Hilfe der logischen (Boole'schen) Operatoren , mit denen man durch Verknüpfungen von Kategorien oder den Begriffen aus den Kategorieninhalten, eine Recherche quantitativ und qualitativ einengen oder erweitern kann (Reduzierung oder Erweiterung der Treffer/"Hits").

0. Allg. Start. Aufrufen von RIQS und der Datei mit dem "INIS-Atomindex".

```
login,crt1,fu46ØØwa,sup ▲
  "  ,crt2, "    ", "  ▲
  "  ,crt3, "    ", "  ▲
  -----------------
  -----------------
  COMMAND
▶▶▶                  ≪nur am CRT 1:
                      define,lp3=ip ▲≫
editor ▲
      o o
format,ch=132 ▲
      o o
attach,file,fu46ØØ,af,id=common,mr=1 ▲
      o o
```

Wegen der besonders großen Datenmenge muß hier mit einem sog. COMMON-FILE gearbeitet werden, der nur für 2 Tage angelegt werden kann.

Merkbl. C-Forts. 1-

```
attach,riqsonl ▲
    PFN IS
   ...........

          o o
rfl,75ØØØ▲

          o o
riqsonl▲
   RIQS...NORTHWESTERN UNIVERSITY
     (VERSION...-../11/78)
   FILE HAS THE NAME SAILER
   AND CONTAINS 784 RECORDS-- 784 ACTIVE RECORDS
   CREATED....., 1978
   EDITION 1 CREATED ...., 1978
   ARE YOU USING A PRINTING TERMINAL?
          ?
yes▲
   DO YOU WANT A DESCRIPTION OF YOUR FILE
          ?
no▲
   ENTER SEARCH COMMAND OR TYPE HALT
```

Laden von RIQS-Online

Aufrufen der RIQS-Online-Version für die nachfolgenden Arbeiten

hier beginnt der Dialog mit dem System, das Fragen stellt oder zur Eingabe von Kommandos auffordert

1. Suche mit einem zu weiten oder zu allg. Begriff. Eingrenzung durch Verknüpfung von Kategorien.

1.1 Suche nach Titeln mit dem Begriff "Compounds" über alle Kategorien (#1 - #29)

```
 if #1 thru #29 eq'compounds' display #1;▲
      ?
  end▲
    SEARCHING INITIATED
    NO.OF REPORTS ON DISPLAY FILE = 404
    DO YOU WANT THE DISPLAY FILE LISTED
    ?

  no▲
    * * * * *
    ENTER SEARCH COMMAND OR TYPE HALT
```

die Suchkommandos (SEARCH COMMAND) haben eine bestimmte Struktur und Abfolge

der Begriff ist in 404 Titeln enthalten

eine Auflistung veranlassen wir nicht

Merkbl. C.- Forts. 2 –

1.2 Eingrenzung der Suche auf 1 Kategorie. Ansehen einiger Titel

```
        ?
if #29 eq'compounds'display #5, #7;▲
        ?
end▲
        SEARCHING INITIATED
        NO.OF REPORTS  ON DISPLAY FILE = 43
        DO YOU WANT THE DISPLAY REPORTS  LISTED
CLEAR   ?
yes▲
      RECORD NUMBER 5
       - - - - - - - -
       - - - - - - - -▲
       - - - - - - - -▲
% a▲
       USER ABORT
            o o
riqsonl▲
       RIQS...NORTHWESTERN UNIV....
       - - - - - -
       - - - - - -
       ARE YOU USING.......
       ?
yes▲
      DO YOU WANT.....
no▲
      ENTER SEARCH COMMAND...
```

Ansehen einiger Titel auf dem Bildschirm, vorher aber zur besseren Lesbarkeit die Angaben löschen (CLEAR-Taste)

durch den Abbruch der Auflistung trennt man sich auch von RIQS, das nun erneut aufgerufen wird

1.3 Eingrenzung durch Verknüpfungen von 3 Kategorien. Ansehen u. Ausdrucken der Titel am LP

```
CLEAR   ?
if #29 eq 'compounds' and #24 eq  'compounds'▲
        ?
and #27 eq  'compounds'  display #5, #7;▲
        ?
end▲
        SEARCHING INITTATED
```

NO OF REPORTS ON DISPLAY FILE = 8
DO YOU WANT THE DISPLAY REPORTS LISTED

(CLEAR) ?

yes ▲

RECORD NUMBER 5

(5) VERFASSER

\- - - - - - - - - ▲

▲

* * * * *

ENTER SEARCH COMMAND OR TYPE HALT

?

halt ▲

RIQS EXECUTION COMPLETED

STOP

batch,displäy,print,ak,crt1 ▲

2

mit "halt" wird die Recherche mit RIQS abgeschlossen und wir sind wieder im EDITOR, wo nun das Kommando für das Drucken gegeben werden kann

2. <u>Suche mit mehreren Begriffen. Begrenzung der Hits durch Einschränkung d. Kategorien bzw. Verknüpfung mehrerer Begriffe</u>

2.1 <u>Zwei Begriffe über alle Kategorien</u>

!!!(Bitte die folgenden Beispiele 2.1 - 2.3 vollst. a.d. IP protokollieren)[1] !!!

(CLEAR)

riqsonl ▲

RIQS....NORTH WESTERN UNIVERSITY

? - - - - - - - -

▲

\- - - ▲

ENTER SEARCH COMMAND OR TYPE HALT

if#1 thru#29 eq 'compounds' and#1 ▲

?

thru#29 eq 'analysis' display#1; ▲

?

end ▲

SEARCHING....
NO. OF REPORTS.... = 67
DO YOU WANT....
?

no ▲

1.) s. Anlage C. 1.4 : "Bildschirmprotokoll"

2.2 Zwei Begriffe nur in den Abstracts

```
    ENTER SEARCH.....
if# 29 eq 'compounds' and# 29 ▲

eq 'analysis' display# 1;▲
    ?
end▲
    SEARCHING.....
    NO. OF.....          = 7
    DO YOU WANT....
    ?
no▲
```

* * * *

2.3 Verknüpfung von 3 Begriffen in allen Kategorien

```
        ENTER SEARCH COMMAND.....
if# 1 thru# 29 eq 'compounds'▲
        ?
and# 1 thru# 29 eq 'analysis' and ▲
# 29 eq ' organic' display# 1; ▲
        ?
end▲
        SEARCHING INITIATED
```

C M T I M E L I M I T

Diese Systemmeldung besagt, daß man die zur Verfügung stehende Dialogzeit überschritten hat. Man ist damit wieder im EDITOR und muß den Dialog erneut aufnehmen.

```
    o o
riqsonl▲
    RIQS ....NORTH WESTERN UNIVERSITY
    - - - - -
    - - - - -
    ?
yes▲
    - - - - -
    ?
no▲
```

Jetzt Beispiel 2.3 erneut beginnen.

```
if# 1 - - - - - - -
   .
   .
   .
   ENTER SEARCH COMMAND OR TYPE HALT
halt▲
   RIQS EXECUTION COMPLETED
   STOP
         o o
```

Schema der im Seminar verwendeten Kategorien des INIS-Atomindex

(die Kategorien-Nummern hier sind "RIQS-Nummern)

(1) ID-Nummer
(2) Nummer, Systemnr.
(3) Nummer
(4) Code
(5) Verfasser
(6) Körperschaft
(7) Sachtitel in Engl.
(8) Untertitel
(9) Konferenzname
(1o) Konferenzort
(11) Datum der Konferenz
(12) Titel des Periodikums
und Sachtitel in Originalsprache,falls (19) besetzt ist
(13) Reportnummer, Patentnummer
(14) ISSN, ISBN
(15) Erscheinungsort
(16) Herausgeber
(17) Erscheinungsdatum
(18) Band- und Seitenzählung
(19) Sprache des Originals
(2o) Notes (Publikationsvermerke,...)
(21) Nummer
(22) Code der Körperschaft
(23) Identifier, freie Schlagwörter
(24) Deskriptoren
(25) Nummern zu (23)
(26) Nummern zu (24)
(27) Schlagwörter
(28) Sprache des Referates
(29) Referat, Abstract

Greiner, Götz: Allg. Ordnungslehre
Frankfurt: [LID] 1978

Sailer/Skalski

Anlage C.1.1 zum Merkblatt C.

- 63 -

gleiche Titel zu oft im Speicher eingeordnet werden müssen, und hinter den Einzelwörtern wie 'Finanzierung', 'Bildung', 'Kosten', 'Wirtschaft', würden sich zu viele Titel ansammeln.[79;80]

12.3.2.5.1 Coordinate indexing

Sein eigentliches Talent entfaltet der Thesaurus jedoch in nichtlinearen Informationsspeichern (z.B. Sichtlochkarten, EDV-Anlagen), die eine Postkoordination der Begriffe durch logische Verknüpfung einer beliebigen Anzahl von Deskriptoren zum Zwecke der gezielten Suche nach bestimmten Dokumentationseinheiten erlauben. Diese Methode wird als "Post-coordinate indexing" oder auch kurz "Coordinate indexing" bezeichnet. Wird eine solche Recherche mit Computerhilfe ausgeführt, spricht man von "Information Retrieval" oder kurz von "Retrieval".

Logische Verknüpfung von Deskriptoren

Bezeichnung		Symbol (z.B.)	Bedeutung
log. Produkt	Konjuktion	· * ∩	UND
log. Summe	Disjunktion	+ ∪	ODER[81]
log. Differenz	Negation	- ¬	NICHT

79 Vgl. Abschnitt 11.1

80 Vgl. hierzu Fugmann (38,S.2-3)

81 Es handelt sich um das nicht-ausschließende 'oder' (='und'oder').

- 64 -

Beispiele (Boole'sche Ausdrücke):[82]

1) Kühlung · Luft
2) Kühlung · Luft · Wasser
3) Luft + Wasser
4) Kühlung · (Luft + Wasser)
5) (Luft + Wasser) - Kühlung
6) (Kühlung - Luft) - Wasser

Die Deskriptoren haben hier die Funktion logischer Operanden, die durch logische Operatoren verknüpft sind.

Als Venn-Diagramme:[83]

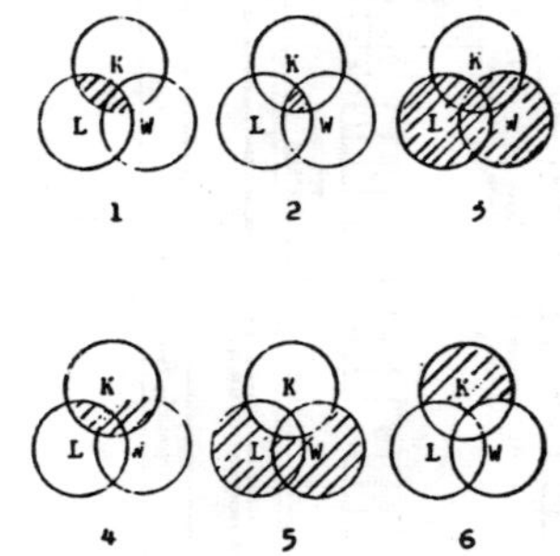

82 George Boole, engl. Mathematiker, 1815-1864

83 John Venn, engl. Mathematiker, 1834-1923

Anl. C. 1.3

ZAED

INPUT SHEET

000 INIS /. IKK / E / IDL / BIB / /

001 YEAR | MONTH | SERIAL NUMBER — TRN

002 / — worksheet number, total no. of worksheets

003 REVISE R | WITHD. W — input change

004 NEW N | CHANGED C | DELETED D — record status

005 — affected RN

006 TRANSL. T | GENERIC / — relator

007 — RN . (TRN)

008 ; ; ; ; ; / — SUBJECT CATEGORIES / TOT.NO.OF TERMS /

TYPE OF RECORD: BOOK B | COLLECT. C | DRAWING D | FILM F | MAP G | PHONO. H | J.ART. J | PATENT P | REPORT R | COMPUT. T /

BIBLIOG. LEVEL: ANAL. A | MONOGR. M | SERIAL S | COLL. C /

LITERARY INDICATOR: CONF. K | DICT. L | N. DATA N | THESIS U | STAND. W | BIBLIOG. Z | PR. REP. Y | ABSTRACT E | NO ORIG. X

1

009 LEVEL

(Use a separate Worksheet for each level circled in the Bibliographic Level box starting with the left-most level and enter code in box 009. For serial entries use section 2 of this Worksheet).

	Tag	Data (enter by Typewriter only)
Personal Author(s) Inventor(s)/Editor(s) *(Affiliation(s))*	100	
Corporate Entry/ ·nee	110	
Acad. Degree	111	
Primary Title	200	
Primary Subtitle	201	
Conf. Title	210	
Conf. Place	211	
Conf. Date	213	
Original Title (transliterated)	230	
Original Subtitle (transliterated)	231	
Edition	250	
Report/Patent Number	300	
Sec. Number(s)	310	
I/IPC	320	
Place of Publication	401	
Publisher	402	
Date of Publication	403	
Collation	500	
Language	600	
Notes	610	
Title Augmentation (Optional)	620	
Affiliation Code	700	
Corp. Entry Code	710	

2

009 S LEVEL

(enter by Typewriter only)

Series/Journal	230	
Series/Journal Subtitle	231	
ISSN	320	
Date of Publication	403	
Collation	500	
Notes	610	

Sailer/Skalski

Anlage C.1.4: Bildschirmprotokoll mit dem Impact-Printer (IP)

Man kann alle Einzelheiten, die auf dem Bildschirm stehen, am IP ausdrucken. Hierfür ist folgendes zu beachten und zu veranlassen:

1.) Da die Bildschirmfolgen ineinander geschrieben werden, vor der ersten zu protokollierenden Eingabe den alten Text mit der

C L E A R - Taste

löschen.

2.) Soviel Text a.d. Bildschirm schreiben oder melden lassen, daß nicht schon die zweite Bildschirmseite beginnt.

3.) Mit der Leertaste alle "▲" löschen!!

4.) Mit dem Cursor hinter die letzte Zeile gehen.

5.) Zum IP gehen und auf das Protokollpapier dort den Arbeitsgruppen-Code (CRT 1, ...) schreiben, damit man auch weiß, von wem das nachfolgende Protokoll stammt (das Protokollpapier kann man hoch- u. runterstellen).

6.) Den IP anschalten und die READY-Taste einschalten.

7.) Am CRT die PRINT-Taste drücken.

8.) Dann (ggfs.) wieder CLEAR und weiterarbeiten.

Hans Bauer

Euronet DIANE

Zusammenfassung

Der Stand des Aufbaus von Euronet DIANE im Mai 1980, organisatorische Randbedingungen sowie technische Möglichkeiten für seine Benutzung, einige Standardisierungsaktivitäten und die in Euronet DIANE mitwirkenden Gruppen werden beschrieben.

Abstract

This article describes the state of progress of work on Euronet DIANE as of May 1980 and discusses organizational conditions as well as technical possibilities for its use. A number of standardizing measures are described, as well as the organizations and institutions participating in Euronet DIANE.

1. Einleitung

Am 13. Februar 1980 haben Simone Veil, die Präsidentin des Europäischen Parlaments, Roy Jenkins, der Präsident der Kommission der Europäischen Gemeinschaften (KEG), und Guido Brunner, der für den Informations- und Dokumentationsbereich verantwortliche EG-Kommissar, mit einem Festakt im Europäischen Parlament in Straßburg das europäische Informationsnetz Euronet DIANE offiziell seiner Bestimmung übergeben. Damit ist Euronet DIANE nach jahrelangen Planungs- und Aufbauarbeiten in der europäischen Informations- und Dokumentations-Landschaft eine Realität geworden.

Euronet ist die Bezeichnung für das technische Datenübertragungsnetz, das eingerichtet wurde, um eine flächendeckende Informationsversorgung in allen EG-Ländern zu ermöglichen.

DIANE ist die Abkürzung für Direct Information Access Network for Europe. Mit DIANE wird die Gesamtheit aller Dienstleistungen umschrieben, die die Informationsanbieter und Hostbetreiber über Euronet anbieten. Darüber hinaus stellt DIANE den Rahmen dar, innerhalb dessen bestimmte Vereinheitlichungen im Informations- und Dokumentationsbereich (IuD-Bereich), wie z.B. eine einheitliche Kommandosprache (Common Command Language) für Information-Retrieval-Systeme (IRS) und einheitliche Benutzerhilfsmittel für, das Information Retrieval geschaffen werden.

Eine auch nur einigermaßen vollständige Beschreibung aller Aspekte von Euronet DIANE würde den Rahmen dieses Beitrages sprengen. Deshalb mußte hier eine Auswahl getroffen werden. Das Schwergewicht der oft nur skizzenhaften Darstellung wurde auf die Beschreibung des Aufbaus von Euronet DIANE mit Stand vom Mai 1980 sowie auf einige organisatorische und technische Aspekte gelegt.

2. Das Ziel von Euronet DIANE

Euronet DIANE verfolgt das Ziel, die in den EG-Ländern vorhandenen IuD-Ressourcen in einem Verbundsystem allen Interessenten aus dem EG-Raum zu gleichen Bedingungen, insbesondere zu gleichen Gebührensätzen für den Datentransport, zugänglich zu machen. Priorität im IuD-Dienstleistungsangebot in Euronet DIANE hat der Online-Zugriff zu den in den EG-Ländern betriebenen Informationsbanken über wissenschaftliche und technische Literatur und Datensammlungen einschließlich des Online-Zugriffs zu Hilfsmitteln für die Literatur- bzw. Datensuche, z.B. zu Referraldiensten. Darüber hinaus sollen im Rahmen von Euronet DIANE zukünftig auch "back-up-Dienste" wie z.B. Standortnachweise der im Retrieval ermittelten Literatur, Fernleihe von Literatur ("document ordering" und "document delivery") und automatische Übersetzungen, z.B. von Sachtiteln und Referaten, angeboten werden.

3. Der Stand des Aufbaus von Euronet DIANE im Mai 1980

3.1. Euronet

Das technische Netz lief vom 15. November 1979 bis 30. März 1980 im (gebührenfreien) Probebetrieb. Der gebührenpflichtige ("kommerzielle") Betrieb wurde am 31. März 1980 aufgenommen.

Eine detaillierte Beschreibung von Euronet muß in diesem Beitrag aus Raumgründen unterbleiben. Hier werden nur einige Fakten genannt. Netzknoten mit den Vermittlungsrechnern des technischen Netzes sind in Frankfurt, London, Paris und Rom installiert. Die Netzknoten sind untereinander durch Datenübertragungsleitungen, die mit einer Übertragungsgeschwindigkeit von 48 kbit/s arbeiten, verbunden. "Abgesetzte" Konzentratoren (remote concentrators), die jeweils an einen Netzknoten mit einer 48 kbit/s- bzw. einer 9,6 kbit/s-Leitung angeschlossen sind, werden in Amsterdam, Brüssel, Dublin, Kopenhagen und Luxemburg betrieben. Damit verfügt jedes EG-Land entweder über einen Netzknoten oder über einen Konzentrator. Jede dieser technischen

Einrichtungen ist zugleich die technische Anschlußstelle des jeweiligen Landes an Euronet. Hierauf wird im Abschnitt 5 "Technische Möglichkeiten für den Anschluß von Terminals an Euronet" noch näher eingegangen.

3.2. DIANE

3.2.1. Die Hostcomputer

Als Hostcomputer werden solche DV-Systeme bezeichnet, auf denen Informationsbanken für das Dialogretrieval geladen sind.
Ende Mai 1980 sind die Hostcomputer von sechzehn Hostbetreibern an Euronet angeschlossen. Aus der Bundesrepublik Deutschland wirken bisher als Hostbetreiber in DIANE mit:

- Deutsches Institut für medizinische Dokumentation und Information (DIMDI), Köln

- Informationssystem Karlsruhe (INKA) (Fachinformationszentrum Energie, Physik, Mathematik GmbH, Eggenstein-Leopoldshafen)

- Fachinformationszentrum Technik e.V., Frankfurt

- Gesellschaft für Information und Dokumentation mbH (GID), Frankfurt

Alle bisher an Euronet angeschlossenen deutschen Hostcomputer sind Siemens-DV-Systeme. Der Anschluß an Euronet erfolgte in den Monaten November 1979 bis Januar 1980.
Der Anschluß weiterer deutscher Hosts an Euronet ist geplant.

Auf den genannten deutschen Hostcomputern ist eine einheitliche Retrievalsoftware, das von DIMDI entwickelte System GRIPS, implementiert. In GRIPS war bereits zum Zeitpunkt der Aufnahme des Euronet-Probebetriebes die "Common Command Language" von DIANE (siehe hierzu den Beitrag von E. Lukas in diesem Band) realisiert.

Aus den anderen EG-Ländern arbeiten z.Z. ein Hostbetreiber aus Dänemark, vier Hostbetreiber aus Frankreich und zwei aus England in DIANE mit. Von supranationaler Seite beteiligen sich das Euronet DIANE Launch Team mit dem Enquiry Service in Luxemburg, die European Commission Host Organisation (ECHO) in Luxemburg, das European Patents Office (EPO) in Rijswijk (Niederlande), die European Space Agency (ESA) mit ihrem Information Retrieval Service (IRS) in Frascati (Italien) und das Joint Research Centre (JRC) der KEG in Ispra (Italien) als Hostbetreiber in DIANE. Detaillierte Angaben, die hier aus Raumgründen unterbleiben müssen, enthalten die "Euronet DIANE Fact Sheets", die vom Euronet DIANE Launch Team, 15, Avenue de la Faiencerie, Luxemburg, bezogen werden können. Der Anschluß weiterer Hostcomputer aus EG-Ländern ist geplant. Die Schweiz hat ein Abkommen über eine Kooperation im Rahmen von Euronet DIANE mit der Kommission der Europäischen Gemeinschaften abgeschlossen. Der Anschluß eines schweizerischen Hostcomputers an Euronet ist vorgesehen.

3.2.2. Das Informationsangebot

Auf den an Euronet angeschlossenen Hostcomputern werden insgesamt nahezu 100 Informationsbanken mit mehr als 30 Millionen Literatur-Dokumentationseinheiten und anderen Daten von den Informationsanbietern für das Dialogretrieval bereitgestellt.

Von den deutschen Informationsanbietern offeriert DIMDI z.Z. zehn Informationsbanken aus den Bereichen Medizin und Biowissenschaften. Weitere Informationsbanken aus dem Gebiet der "life sciences" werden für den Online-Zugriff über Euronet aufgebaut.

INKA (Fachinformationszentrum Energie, Physik, Mathematik GmbH) bietet z.Z. vierzehn Informationsbanken aus den Bereichen Energie, Physik, Kernforschung und Kerntechnik, Mathematik und Informatik, Ingenieurwissenschaften, Bauforschungsvorhaben, Regional- und Landesplanung sowie Metallurgie an. Der Aufbau weiterer Informationsbanken ist im Gange.

Das Informationsangebot von FIZ Technik e.V. umfaßt z.Z. sechs Informationsbanken über die Gebiete Maschinenbau, Elektrotechnik, Feinwerktechnik, Kunststoffe und chemische Technik. An der Erweiterung dieses Angebotes wird ebenfalls gearbeitet.

Auf dem Hostcomputer der GID bietet z.Z. die Deutsche Bibliothek ihre Informationsbank BIBLIO-DATA an. Weitere Informationsbanken, z.B. aus den Bereichen Informationswissenschaft und Linguistik, werden aufgebaut.

Insgesamt macht das Informationsangebot von deutscher Seite etwa ein Viertel des Gesamtangebotes in DIANE aus.

Eine Durchsicht des gesamten Informationsangebotes in DIANE zeigt, daß eine Reihe von Informationsbanken, die aus den gleichen Datenbeständen aufgebaut werden, von mehreren Anbietern offeriert werden. Dies gilt speziell für die aus den großen Datenbasen aufgebauten Informationsbanken wie z.B. für AGREP, das von Datacentralen (Dänemark), ECHO (KEG Luxemburg) und SPIDEL (Frankreich) angeboten wird, BIOSIS PREVIEWS, die DIMDI und ESA-IRS bereitstellen, COMPENDEX und INSPEC, die beide von INKA und ESA-IRS offeriert werden, und PASCAL, das von ESA-IRS, SPIDEL und Télésystèmes (beide Frankreich) angeboten wird.
In diesem "Mehrfachangebot" wird ein in DIANE geltendes Prinzip sichtbar: Jeder Informationsanbieter bestimmt in eigener Verantwortung, welche Informationen er anbieten will ("Liberalitätsprinzip").

4. Voraussetzungen für die Benutzung von Euronet DIANE

Grundsätzlich steht jeder natürlichen oder juristischen Person aus den Ländern der EG die Möglichkeit offen, die über Euronet DIANE angebotenen Dienstleistungen zu nutzen. Bestimmte Voraussetzungen müssen jedoch erfüllt sein.

4.1. Euronet

Für die Benutzung ist eine Berechtigung erforderlich, die von der nationalen Post- und Fernmeldeverwaltung erteilt wird, in deren Hoheitsbereich der jeweilige Antragsteller seinen Sitz hat. Die Deutsche Bundespost vergibt für die Benutzung von Euronet "Teilnehmerkennungen", die gebührenpflichtig sind. Der Antrag auf Überlassung von Teilnehmerkennungen für Euronet ist beim zuständigen Fernmeldeamt zu stellen. Die Zuteilung nimmt dann das Telegrafenamt Frankfurt vor.
Über die einzelnen Teilnehmerkennungen erfolgt die Kontierung der durch die Benutzung von Euronet anfallenden Gebühren.

4.2. DIANE

Die Informationsanbieter behalten in DIANE ihre Selbständigkeit und damit das Verfügungsrecht über ihre in DIANE angebotenen Dienste. Deshalb muß jeder Interessent sich von sämtlichen Informationsanbietern, deren Dienste er nutzen will, die Nutzungsberechtigung für die einzelnen Dienste einholen.

Da die Informationsanbieter in DIANE ihre Selbständigkeit behalten, berechnen sie ihre Dienstleistungen nach ausschließlich von ihnen festgesetzten, teilweise sehr unterschiedlichen Gebührensätzen.

5. Technische Möglichkeiten für den Anschluß von Terminals an Euronet mit einigen Angaben zu den von der Deutschen Bundespost für den Euronet-Datenverkehr erhobenen Gebühren

In Euronet ist die Paketvermittlungstechnik auf der Grundlage der CCITT-Empfehlung X.25 (CCITT = Comitê Consultatif International Têlégraphique et Têléphonique) realisiert. Dies hat Konsequenzen für den Anschluß von Terminals. Die Datensichtstationen vom Typ Siemens 816x bzw. IBM 327x, die für den Online-Zugriff zu deutschen Hostcomputern über konventionelle Stand- oder Wählleitungen bevorzugt eingesetzt werden, wie auch die sogenannten TTY-kompatiblen Terminals, die die Nachrichten zeichenweise ("asynchron") senden und empfangen (Start/Stop-Terminals), erfüllen nämlich nicht die Bedingungen der Schnittstelle X.25. Um wenigstens den Anschluß von TTY-kompatiblen Terminals an Euronet zu ermöglichen, wurde in jedem Netzknoten bzw. in jedem abgesetzten Konzentrator von Euronet ein "Packet Assembly/Disassembly Facility (PAD)" installiert. Der PAD unterstützt TTY-kompatible Terminals in der Weise, daß er die von den Terminals zeichenweise gesendeten Nachrichten in X.25-Datenpakete bündelt ("paketiert") und diese dann über Euronet zu dem angewählten Hostcomputer schickt. Umgekehrt werden die Nachrichten, die vom Hostcomputer in X.25-Datenpaketen gesendet werden, im PAD entpaketiert und dann zeichenweise zum Terminal übertragen. Die von den Euronet-PADs geleistete Terminalunterstützung ist dadurch charakterisiert, daß die vom Hostcomputer gesendeten Nachrichten auf dem Terminal im Zeilenmodus ("line mode") und nicht im Seitenmodus ("page mode"), wie z.B. bei der Datensichtstation Siemens 8160, dargestellt werden.

5.1. Möglichkeiten für den Anschluß von TTY-kompatiblen Terminals

Für den Anschluß von TTY-kompatiblen Terminals an Euronet bietet die Deutsche Bundespost verschiedene Möglichkeiten an, die hier nur kurz skizziert werden können.

5.1.1. Wählanschlüsse

Bei dieser Anschlußart erfolgt der Zugang über die öffentlichen Wählnetze der Deutschen Bundespost. Das sind das öffentliche Fernsprechnetz (Fe-Netz) sowie das öffentliche DATEX-L-Netz. Im Fe-Netz sind beim Zugang zu Euronet z.Z. Datenübertragungsgeschwindigkeiten bis 1200 bit/s, im DATEX-L-Netz bis 300 bit/s möglich.

Die für Wählverbindungen berechneten Gebühren sind <u>unabhängig</u> von der Entfernung zwischen Terminalstandort und Frankfurt als Standort des Euronet-Netzknotens mit PAD sowie von der Datenübertragungsgeschwindigkeit. Die Verbindungsgebühren, die die Euronet-internen Gebühren bereits enthalten, setzen sich zusammen aus einer Zeitgebühr und einer auf "Segmenten" basierenden Volumengebühr. Ein Segment enthält maximal 64 Zeichen. Es werden die Segmente jeder zusammenhängenden Nachricht für Senden und Empfangen (also für beide Übertragungsrichtungen) gezählt, addiert und je Verbindung auf die nächste durch 10 teilbare Zahl aufgerundet. Die Zeitgebühr beträgt DM 0,50 pro Minute, die Volumengebühr berechnet sich zu DM 0,045 pro 10 übertragenen Segmenten (z.Z. gültige Taggebühren für die Zeit von 08.00 bis 20.00 Uhr MEZ).

5.1.2. Festgeschaltete Anschlüsse

Bei dieser Anschlußart erfolgt der Zugang von den TTY-kompatiblen Terminals über festgeschaltete Verbindungen ("Standleitungen") zu dem im Frankfurter Euronet-Netzknoten installierten PAD. Über solche Anschlußwege lassen sich Daten bis zu einer Geschwindigkeit von 1200 bit/s übertragen.

Die für festgeschaltete Anschlüsse berechneten Gebühren sind abhängig von der Entfernung zwischen Terminalstandort und Frankfurt als Standort des Euronet-Netzknotens mit PAD sowie von der Datenübertragungsgeschwindigkeit. Zu den konstanten monatlichen Verkehrsgebühren für die Anschlußleitung zwischen Terminalstandort und Frankfurt werden noch die Euronet-internen Verbindungsgebühren hinzugerechnet, die sich aus einer Zeitgebühr (DM 0,08 pro Minute) und einer Volumengebühr (DM 0,045 pro 10 übertragenen Segmenten)(z.Z. gültige Taggebühren für die Zeit von 08.00 bis 20.00 Uhr MEZ) zusammensetzen. Festgeschaltete Anschlüsse sind für Terminals mit hohen Anschaltzeiten, insbesondere bei räumlicher Nähe zu Frankfurt, kostengünstiger als Wählanschlüsse.

5.2. Möglichkeiten für den Anschluß von paketorientierten Terminals

Paketorientierte Terminals, die die Schnittstellenbedingungen nach X.25 erfüllen (und deswegen nicht die Unterstützung durch einen PAD benötigen), können nur über festgeschaltete Anschlüsse

direkt an einen Netzknoten von Euronet angeschlossen werden. Über diese Anschlußart sind Datenübertragungsgeschwindigkeiten bis zu 9600 bit/s möglich. Die von der Deutschen Bundespost für festgeschaltete Anschlüsse berechneten Gebühren sind abhängig von der Entfernung zwischen Terminalstandort und Frankfurt als Standort des Netzknotens sowie von der Datenübertragungsgeschwindigkeit. Zu den konstanten monatlichen Verkehrsgebühren für die Anschlußleitung zwischen Terminalstandort und Frankfurt werden noch die Euronet-internen Verbindungsgebühren hinzugerechnet, die sich aus einer Zeitgebühr und einer Volumengebühr zusammensetzen.
Anschlüsse für paketorientierte Datenendeinrichtungen nach X.25 können nur nach Abstimmung mit der KEG eingerichtet werden.

Detaillierte Angaben über die Anschlußmöglichkeiten von Terminals an Euronet sowie die jeweiligen Gebührensätze enthalten die Merkblätter der Deutschen Bundespost, die von den Fernmeldeämtern bezogen werden können.

6. Standardisierungsaktivitäten im Rahmen von Euronet DIANE

Als herausragende Standardisierungsaktivität im Rahmen von Euronet DIANE muß die Schaffung der Common Command Language (CCL) genannt werden. Die CCL von DIANE ist in dem Beitrag von E. Lukas in diesem Band explizit beschrieben, so daß hier nicht weiter darauf eingegangen zu werden braucht. Es sei lediglich ergänzt, daß die Common Command Language bereits zum Zeitpunkt der Aufnahme des Probebetriebes von Euronet im Retrievalsystem GRIPS der deutschen Hostcomputer implementiert war. Weiterhin ist CCL zur Zeit nur noch in den Retrievalsystemen der Hostcomputer von ECHO und ESA-IRS realisiert.

7. Hilfsmittel für die Benutzung von Euronet DIANE

Die KEG hat die Entwicklung einheitlich aufgebauter Hilfsmittel für die Benutzung von Euronet DIANE initiiert. Auch diese Vorhaben fallen unter die Standardisierungsaktivitäten der KEG im Rahmen von Euronet DIANE. Als Beispiele für solche Hilfsmittel werden hier die Host Manuals sowie die Data Base Guides genannt.

Die Host Manuals werden Angaben über die Hostbetreiber, die Konfiguration der Hostcomputer, die darauf implementierten Informationsbanken, Benutzungszeiten, Kosten etc. enthalten. Jeder Hostbetreiber soll ein solches Manual über seinen Hostcomputer zusammenstellen. Die Data Base Guides werden Angaben über die einzelnen Informationsbanken wie Eigentumsverhältnisse bezüglich der gespeicherten Daten (Copyright), Abdeckung hinsichtlich der Fachgebiete und der Quellen, Sacherschließung, verfügbare Hilfsmittel,wie z.B. Thesauri etc., bringen. Die Data Base Guides, die von den Informationsanbietern zu erstellen sind, sollen ebenfalls eine einheitliche Struktur besitzen. Es ist vorgesehen, die genannten Hilfsmittel sowohl in gedruckter Form herauszugeben als auch auf Hostcomputern in Form von Informationsbanken, die für das Dialogretrieval geeignet sind, zu implementieren.

8. Die in Euronet DIANE mitwirkenden Gruppen

8.1. Die Benutzer

Hierunter ist - formal gesehen - die Gruppe derjenigen Personen oder Institutionen zu verstehen, die die Zugangsberechtigung zu Euronet und zu mindestens einer in DIANE angebotenen Informationsbank besitzen. Jeder Benutzer steht in einem Vertragsverhältnis mit seiner nationalen Post- und Fernmeldeverwaltung, die ihm die Zugangsberechtigung zu Euronet erteilt hat und bei ihm die Gebühren für dessen Benutzung erhebt. Des weiteren steht jeder Benutzer in einem Vertragsverhältnis mit jedem Informationsanbieter, dessen Dienste er in Anspruch nimmt. In dieser Vertragsbeziehung sind die Nutzungsrechte, die der Informationsanbieter dem Benutzer an den von ihm angebotenen Diensten einräumt, ebenso geregelt wie die Kostensätze, nach denen die Nutzung der Dienste berechnet wird.

Vom Arbeitsinhalt her gesehen sind als Benutzer in erster Linie die Informationsvermittler aufzufassen, die, aufbauend auf ihren Kenntnissen in den wissenschaftlichen und technischen Fachgebieten, in Aufbau und Struktur der Informationsbanken, im Information Retrieval und in der Terminalbedienung, das Dialogretrieval in den Informationsbanken durchführen und die Rechercheergebnisse an die Endnutzer der Informationen, z.B. an Wissenschaftler in Laboratorien oder Techniker in der Produktion, weitergeben.

8.2. Die Informationsanbieter

Als Informationsanbieter werden solche Institutionen bezeichnet, die das Verfügungsrecht über Informationsbanken und die darin gespeicherten Informationen besitzen und Dritten (das sind hier die Benutzer) Nutzungsrechte hierfür erteilen können. Die Informationsanbieter sind für Umfang, Inhalt und Qualität der von ihnen angebotenen Informationsbanken ebenso verantwortlich wie für deren Marketing, die Schulung der Benutzer im Dialogretrieval und die Festsetzung der Konditionen (z.B. Entgelte), zu denen die Nutzung der Informationsbanken erfolgen kann.

8.3. Die Hostbetreiber

Die Hostbetreiber sind verantwortlich für den Betrieb der Hostcomputer, auf denen Informationsbanken für das Dialogretrieval zur Verfügung stehen. Die Zulassung als Hostbetreiber in Euronet DIANE erfolgt auf Antrag des Hostbetreibers durch die KEG. Die Beziehungen zwischen KEG und den einzelnen Hostbetreibern sind in einem "Memorandum of Understanding" beschrieben, das mehr Verhaltensregeln als verbindliche Vertragselemente enthält. Für den technischen Anschluß von Hostcomputern an Euronet ist jeweils die nationale Post- und Fernmeldeverwaltung verantwortlich, in deren Hoheitsbereich der Standort des Hostcomputers liegt. Die rechtliche Grundlage für die Beziehungen der deutschen Hostbetreiber mit der Deutschen Bundespost ist in der "Direktrufverordnung" gegeben. Die Kosten für Einrichtung und Betrieb der Anschlüsse der deutschen Hostcomputer an Euronet richten sich nach den jeweils gültigen Gebührensätzen der Deutschen Bundespost.

Bei der Mehrzahl der Informationsbanken sind Hostbetreiber und Informationsanbieter identisch (z.B. DIMDI für den Bereich Biomedizin). Grundsätzlich muß jedoch zwischen Informationsanbieter und Hostbetreiber unterschieden werden. So ist z.B. für die Informationsbank BIBLIO-DATA die Deutsche Bibliothek Informationsanbieter, die GID Hostbetreiber.

8.4. Die Kommission der Europäischen Gemeinschaften (KEG)

Die KEG führt als exekutives Organ der EG die Beschlüsse des Ministerrates aus. Sie hat auf der Grundlage des Ratsbeschlusses vom 24. Juni 1971 den Aufbau von Euronet DIANE in die Wege geleitet und am 15. Dezember 1975 einen Vertrag mit den Post- und Fernmeldeverwaltungen der neun EG-Länder über Entwurf, Aufbau und Betrieb von Euronet geschlossen. Darin verpflichtete sich die KEG, 17 Mio. FFrs zu den Kosten für den Aufbau von Euronet beizusteuern sowie ein in den ersten fünf Betriebsjahren eventuell entstehendes Betriebskostendefizit von Euronet zu decken. Mit diesem Vertrag wurde die KEG in Sachen Euronet zum alleinigen Vertragspartner der Post- und Fernmeldeverwaltungen der EG-Länder. Aus diesem Vertragsverhältnis leitet sich z.B. das ausschließliche Recht der KEG ab, über die Zulassung eines Hostbetreibers zu Euronet zu entscheiden.

8.5. Das Konsortium der nationalen Post- und Fernmeldeverwaltungen

Die nationalen Post- und Fernmeldeverwaltungen (PTT) der neun EG-Länder haben zum Zwecke des Aufbaus und Betriebs von Euronet ein Konsortium (PTT-Konsortium) gebildet, das die Federführung in allen Euronet-Fragen der französischen PTT übertragen hat. Mit dem bereits erwähnten Vertrag vom 15. Dezember 1975 ging das PTT-Konsortium die Verpflichtung ein, Euronet aufzubauen, zu betreiben und technisch verfügbar zu halten. Für den Fall, daß der Datenverkehr, der durch die Nutzung der in DIANE angebotenen IuD-Dienste entsteht, die Kapazität von Euronet nicht auslastet, behält sich das PTT-Konsortium das Recht vor, "dritten Parteien" (das sind solche, die nicht zum IuD-Bereich gehören) Datentransportkapazitäten in Euronet zur Verfügung zu stellen ("third parties' traffic"). Die Einnahmen aus diesen Datentransportdiensten würden zur Minderung des Betriebskostendefizits von Euronet herangezogen werden.

8.6. Die nationalen Post- und Fernmeldeverwaltungen

Die nationalen Post- und Fernmeldeverwaltungen (PTT) sind in ihrem jeweiligen Hoheitsbereich verantwortlich für die technische Einrichtung, den Betrieb und die technische Verfügbarkeit der Anschlüsse der Hostcomputer sowie der Terminals an Euronet. Jede nationale PTT erläßt die für ihren Hoheitsbereich gültige Gebührenordnung für Euronet. Jede PTT erstellt die Gebührenrechnungen für die Benutzung von Euronet und führt bei Hostbetreibern und Terminalbenutzern den Gebühreneinzug durch.

8.7. Das Euronet DIANE Launch Team

Seit Oktober 1978 arbeitet das Euronet DIANE Launch Team. Das Launch Team ist eine Arbeitsgruppe von Experten aus den EG-Ländern, die im wesentlichen von der KEG finanziert wird und ihren Sitz in Luxemburg hat. Die Hauptaufgabe des Launch Team besteht jetzt darin, die Nutzung von Euronet DIANE zu erhöhen. Hierfür hat sich das Launch Team folgende Arbeitsschwerpunkte gesetzt:

- Unterstützung der Informationsanbieter, z.B. durch die Herausgabe eines Informationsdienstes und durch den Betrieb einer Informationsbank, die über das Informationsangebot in DIANE unterrichten, durch Teilnahme an Kongressen und Messen, wo die in Euronet DIANE angebotenen Dienstleistungen gezeigt werden.

- Unterstützung der Hostbetreiber, z.B. durch Beratung in organisatorischen und technischen Fragen des Anschlusses von Hostcomputern an Euronet.

- Unterstützung der Benutzer, z.B. durch Beratung in organisatorischen und technischen Fragen der Nutzung des Informationsangebotes in DIANE oder des Anschlusses von Terminals an Euronet.

9. Einige Daten zur Entwicklung von Euronet DIANE

24. Juni 1971: Der Ministerrat der Europäischen Gemeinschaften verabschiedet seine Entschließung zur Förderung der wissenschaftlich-technischen Information in den Ländern der EG und zur Gründung eines IuD-Netzes. Die EG-Mitgliedstaaten werden darin aufgefordert, in enger Zusammenarbeit die Versorgung mit wissenschaftlichen und technischen Informationen sicherzustellen und die bereitzustellenden IuD-Dienste allen interessierten Personen zu den günstigsten Bedingungen, Schnelligkeit und Preis betreffend, anzubieten. Um dieses Ziel zu erreichen, soll ein Netz unter Einbeziehung der modernsten Methoden aufgebaut werden.

18. März 1975: Der Ministerrat der EG verabschiedet den Ersten Aktionsplan 1975-1977, in dem die Entwicklung und Herstellung von Datenbasen, die Errichtung eines IuD-Netzes in Europa sowie die Förderung von Informationstechnologie und -methodologie als Schwerpunktaufgaben genannt werden.

9. Juli 1975: Der Ausschuß für wissenschaftliche und technische Information und Dokumentation (AWTID) empfiehlt der Kommission der Europäischen Gemeinschaften (KEG) einstimmig, Euronet durch die Post- und Fernmeldeverwaltungen (PTT) der EG-Mitgliedstaaten errichten zu lassen.

15. Dezember 1975: Die Kommission der Europäischen Gemeinschaften (KEG) schließt mit der französischen Post- und Fernmeldeverwaltung (PTT), die selbst im Namen des Konsortiums der PTTs der neun Mitgliedstaaten der EG handelt, einen Vertrag über Entwurf, Aufbau und Betrieb von Euronet.

März 1977: Die PTTs der neun EG-Länder wählen ein Firmen-Konsortium, das aus den Softwarehäusern SESA-LOGICA, CARADATA, ITALSIEL, Christian Rovsing und SAIT besteht, als Hauptvertragspartner für den Aufbau von Euronet aus.

9. Oktober 1978: Der Ministerrat der EG verabschiedet den zweiten Aktionsplan 1978-1980, in dem als Arbeitsschwerpunkte die Umwandlung von Euronet in ein öffentliches Online-Betriebsnetz für Information, Entwicklung eines Marktes für wissenschaftliche und technische Information innerhalb der Gemeinschaft und die Förderung der Technologie und Methodik namentlich zur Verbesserung der Dienste von Euronet DIANE genannt werden.

28. September 1979: Die EG und die Schweiz unterschreiben einen Vertrag, der die Ausdehnung von Euronet auf das Gebiet der Schweiz zum Gegenstand hat.

15. November 1979: Nach mehrmaliger Terminverschiebung wird der Probebetrieb von Euronet aufgenommen.

November 1979 bis Januar 1980: Die Hostcomputer von DIMDI, INKA (FIZ Energie, Physik, Mathematik GmbH unter Beteiligung von FIZ Technik e.V.) und der GID werden an Euronet angeschlossen und bieten den Dialogzugriff zu Informationsbanken an.

13. Februar 1980: Madame Simone Veil, Präsidentin des Europäischen Parlaments, übergibt Euronet DIANE offiziell seiner Bestimmung.

31. März 1980: Euronet nimmt den gebührenpflichtigen Betrieb auf.

11. April 1980: Staatssekretär Elias vom Bundesministerium für das Post- und Fernmeldewesen eröffnet Euronet offiziell in der Bundesrepublik Deutschland.

10. Schlußbetrachtung

Der Aufbau und die Inbetriebnahme von Euronet DIANE waren das zentrale Projekt des ersten (1975-1977) und des zweiten (1978-198o) Dreijahres-Aktionsplans der EG im Bereich der wissenschaftlich-technischen Information und Dokumentation (WTID). Mit der Inbetriebnahme von Euronet DIANE wurde die Entschließung des Ministerrates der EG vom 24. Juni 1971 zur Koordinierung der Tätigkeit der Mitgliedstaaten auf dem Gebiet der WTID in die Praxis umgesetzt. Ein Ziel, das der zweite Aktionsplan nennt, ist die "Umwandlung von Euronet in ein öffentliches Online-Betriebsnetz für Information". Zur Zeit führen eine Reihe von nationalen Post- und Fernmeldeverwaltungen, darunter auch die Deutsche Bundespost, eigene Datentransportnetze mit Paketvermittlungstechnik ein, die miteinander gekoppelt werden sollen. Die Frage, welches Schicksal Euronet neben oder in Konkurrenz zu diesen nationalen Datentransportnetzen haben wird, muß hier offengelassen werden. Unbestritten bleibt, daß Euronet mindestens ein Ziel erreicht hat: Mit der Realisierung der Paket-Schnittstelle X.25 hat es europaweit und letztlich weltweit einer einheitlichen Netzzugangsschnittstelle zum Durchbruch verholfen.

Literaturverzeichnis

Über Euronet DIANE ist seit 1975 eine umfangreiche Literatur erschienen. Aus Raumgründen wird hier lediglich eine Auswahl offizieller Mitteilungen der KEG sowie offiziöser Publikationen von Mitarbeitern der KEG zu diesem Thema gebracht.

(1) Anderla, G.: EURONET und die Wandlungen auf der europäischen Informationsszene.
In: Kommission der Europäischen Gemeinschaften, Luxemburg: Zweiter Europäischer Kongreß über Dokumentationssysteme und -netze. Luxemburg, 27.-30.05.1975. München: Verl. Dok., 1976. S. 79-94. ISBN 3-7940-5163-7

(2) Anderla, G.: Vorstellungen der Europäischen Gemeinschaften über die Verwirklichung eines Informationsnetzes in Europa (EURONET).
In: Nachr. Dok. 1975, Bd. 26 (H. 6), S. 221-226

(3) Appleyard, R.K.: The EURONET project of the European Communities.
In: Information scientist 1976, Bd. 10 (H. 4), S. 159-165

(4) Davies, G.W.P.: Data base sharing in the EURONET environment.
In: Advisory Group for Aerospace Research and Development (AGARD): The impact of future developments in communications, information technology and national policies on the work of aerospace information specialist. Meeting, Oslo, 22.-23.06.1977. Neuilly-sur-Seine: AGARD, 1977, S. 11.1.-11.5

(5) Davies, G.W.P.: EURONET, das Europäische Informationsnetz.
In: Kommission der Europäischen Gemeinschaften, Luxemburg: Zweiter Europäischer Kongreß über Dokumentationssysteme und -netze. Luxemburg, 27.-30.05.1975. München: Verl. Dok., 1976. S. 67-78. ISBN 3-7940-5163-7

(6) Dunning, A.J.: The origins, development and future of Euronet.
In: Program 1977, Bd. 11 (H. 4), S. 145-155

(7) Haber, R.; Thomas, J.R.: Euronet und die Möglichkeiten seiner Verbindung mit anderen Netzen.
In: Nachr. Dok. 1979, Bd. 30 (H. 4/5), S. 161-164

(8) Haber, R.: Euronet-DIANE. Information für Europa. Freier Zugang zum Wissen aus Datenbanken. In: Data report 1979, Bd. 14 (H. 5), S. 8-13

(9) Huber, W.: Euronet. In: Mitteilungen der Arbeitsgemeinschaft für juristisches Bibliotheks- und Dokumentationswesen 1978, Bd. 8 (H. 3), S. 112-120

(10) Huber, W.; Mahon, B.: Euronet DIANE-Dienstleistungsangebot und Möglichkeiten der Nutzung. In: Nachr. Dok. 1979, Bd. 30 (H. 4/5), S. 153-159

(11) Kommission der Europäischen Gemeinschaften, Luxemburg: EURONET. Das europäische on-line-Informationsnetz. 2. Aufl. Luxemburg: Europäische Gemeinschaften, 09.1977. 11 S.

(12) Ungerer, H.: EURONET. The EEC on-line information network. In: Unesco bulletin for libraries 1977, Bd. 31 (H. 3), S. 128-133

(13) Ungerer, H.: EURONET. A new comprehensive information utility for the European user. In: 1st International On-Line Information Meeting. London, 13.-15.12.1977. Oxford, GB: Learned Information, 1977. S. 203-214. ISBN 0-904933-10-5

(14) Vernimb, C.O.: The European network for scientific, technical, economic and social information. In: Nachr. Dok. 1977, Bd. 28 (H. 1), S. 11-18

Ernst Lukas

Zur Frage der Vereinheitlichung von Information-Retrieval-Sprachen. Ein Vergleich der Dialogfunktionen von DIRS3, DOMESTIC und GOLEM 3.0 mit der Common Command Language

Zusammenfassung

Die Problematik der Nutzung von verschiedenen Datenbasen im Retrieval über Netzwerke wird unter besonderer Berücksichtigung der Kompatiblitätsprobleme von Retrievalsprachen diskutiert. Verschiedene Modelle der Vereinheitlichung von Retrievalsprachen werden vorgestellt. Die Common Command Language als Teil des Serviceangebots von EURONET/DIANE wird beschrieben. Realisierungen der CCL bei QUEST/IRS, DIRS/DIMDI und GOLEM werden nach detaillierter Methodendiskussion verglichen. Berücksichtigt wird außerdem das sich in der Entwicklung befindliche System DOMESTIC. Die einzelnen Funktionen und deren unterschiedliche Realisierung werden beschrieben und kritisch bewertet. Der Anhang enthält ausführliche Tabellen und Übersichten zu den einzelnen Systemen.

Abstract

The problems connected with using different data bases for retrieval via networks are discussed, particular attention being paid to the compatibility of retrieval languages. Various models for the unification of retrieval languages are presented. The Common Command Language, part of the service provided by EURONET DIANE, is described. After a detailed methodological discussion, different realizations of the CCL such as those developed in QUEST/IRC, DIRS/DIMDI and GOLEM are compared. DOMESTIC, currently under development, is also taken into consideration. The single functions and their varying realizations are described and evaluated critically. An appendix contains detailed tables and charts of the various systems.

I. Probleme der Recherche in Informationsnetzen

In kühnen Entwürfen der zukünftigen "Informationslandschaft" findet sich zuweilen noch die Vorstellung von einem großen einheitlichen Universalsystem, das Informationen der verschiedensten Art zentral speichert und an eine Vielzahl von Benutzern weitergibt. Die reale Entwicklung zeigt jedoch inzwischen eine andere Richtung. Es sind zahlreiche unterschiedliche, von den verschiedensten Initiativen getragene, uneinheitlich strukturierte Datenbasen entstanden, und es ist auch klargeworden, daß Vorstellungen von einem Universalsystem, wie sie etwa in dem umgangssprachlichen Gebrauch des Begriffs "Datenbank" noch mitschwingen, der modernen Informationstechnologie nur scheinbar angemessen sind. Informationen sind nicht in Analogie zu einem allgemein akzeptierten Zahlungsmittel zu begreifen, sie sind komplexere Einheiten, ihr "Wert" ist situationsabhängig. Daher wird man immer mit einer gewissen naturwüchsigen Entstehung von Datenbasen rechnen müssen. Nur auf der Ebene homogener, aber sich ständig verändernder fach- und aufgabenspezifischer Organisationsformen ist eine Optimierung der inhaltlichen Erschließung von Dokumenten möglich. Hier ist der Sachverstand organisiert, ohne den Dokumentation nur sinnlose Akkumulation von Datenmaterial wäre.

Was für die Entstehung und die primäre Organisation von Datenbasen gilt, gilt jedoch nicht für die Suche nach Informationen. Entspräche die Struktur der Fragestellung immer der primären Organisation des Wissens, gäbe es kein Informationsproblem. Es würde genügen, einen Spezialisten zu fragen. Komplexe, interdisziplinäre Fragestellungen, wie sie in Naturwissenschaft, Technik, Medizin, und insbesondere in der Politik und in den Sozialwissenschaften immer häufiger auftreten, lassen sich mit einzelnen Datenbasen, selbst wenn sie mit einem noch so raffinierten Retrievalsystem ausgestattet sind, meist nicht beantworten. Es müssen mehrere, oft eine große Zahl von Datenbasen abgefragt werden. Hier können die modernen Techniken des Information Retrieval auch ihr eigentliches Talent erst entfalten. Auf der Ebene einzelner Datenbasen bringen - wie Ketzer häufig zu Recht bemerken - konventionelle Methoden in Verbindung mit solidem Fachwissen bisweilen sogar bessere Ergebnisse.

Das Informationssystem der Zukunft sollte daher ein komplexes Netzwerk sein, in dem die verschiedensten Datenbasen für eine spezielle Fragestellung integriert und von einem Punkt aus abgefragt werden können. Damit entsteht das Problem, die unterschiedlich "gewachsenen" Datenbasen technisch und logisch so aufzubereiten, daß sie dafür eine geeignete Grundlage abgeben.

Die mit EURONET nunmehr gegebene fernmeldetechnische Verbindung der Informationsbanken ist nur ein erster Schritt in diese Richtung. Von der Schwierigkeit, welche die verschiedenen natürlichen Sprachen verursachen, einmal ganz abgesehen, sind vor allem dokumentationssprachliche Probleme zu lösen. Die Datenbasen sind nach ganz verschiedenen, für den Rechercheur oft unergründlichen Prinzipien erschlossen. Es gibt - wenn überhaupt - die verschiedensten, untereinander auch methodisch nicht kompatiblen Thesauri, verschiedene Indexierungstechniken; ja noch nicht einmal bei der formalen bibliographischen Beschreibung ist trotz - oder wegen? - der verschiedensten Normierungsversuche (RAK, ADEK, ISBD, DIN 31 631 usw.) eine Vereinheitlichung bisher in Sicht. Hier müssen spezielle Hilfsmittel entwickelt werden, die es erlauben, zumindest nachträglich, bei der Recherche diese Unterschiede zu überbrücken (s. dazu Marcus 1974).

Hier soll nun von einem weiteren, vergleichsweise einfach zu lösenden Kompatibilitätsproblem die Rede sein, dem der Retrievalsprachen: Die organisatorischen Einheiten von EURONET, die sogenannten "Host-Rechner" benutzen zur Zeit - und daran wird sich wohl auch in naher Zukunft nichts ändern - eine unterschiedliche Software, deren Funktionen und deren Retrievalsprache (die Bedeutung der Kommandoworte und ihre Syntax) nicht übereinstimmen. Gegenwärtig sind allein im Rahmen von EURONET über 10 solcher Systeme in Gebrauch, nimmt man die jeweiligen nationalen Netze hinzu, dürfte die Zahl noch weitaus höher liegen. Ständige Neuentwicklungen - die auf der anderen Seite sehr zu begrüßen sind, denn die bestehenden Systeme sind alles andere als perfekt - vergrößern noch die Komplexität. Ein Rechercheur, dem ein Host-Rechner nicht alle gewünschten Datenbasen bieten kann, muß also zur Zeit mehrere Retrievalsprachen beherrschen. Er muß z.B. wissen, daß das Kommando DISPLAY bei STAIRS eine völlig andere Systemreaktion zur Folge hat als bei DIRS, daß die analoge Funktion dort mit TAB bezeichnet wird, bei GOLEM wiederum in drei Funktionen aufgeteilt ist, daß die einzelnen Kommandos verschiedene Parameter und eine unterschiedliche Syntax besitzen usw.

Dies ist ärgerlich und von der Sache her nicht notwen g. Anders als bei den problemorientierten Programmiersprachen sind die von Retrievalsystemen zu lösenden Aufgaben strukturell die gleichen. Von einem Programmierer erwartet man mit Recht, daß er mehrere Sprachen beherrscht. Für einen Rechercheur ist diese mühsam zu erwerbende Fähigkeit gerade wegen der Ähnlichkeit der Problemstellung unnützer Ballast, der ihn daran hindert, sich ganz auf die Eigenheiten der jeweiligen Datenbasis zu konzentrieren. Außerdem würde dadurch auch auf lange Sicht der Kreis der Benutzer von Retrievalsystemen auf wenige Spezialisten begrenzt.

Grundsätzlich kann man sich eine Vereinheitlichung von Retrievalsprachen nach fünf verschiedenen Modellen vorstellen

1.) Bei der <u>Monopolisierung</u> träte das Standardsystem neben andere existierende Systeme, mit dem Zweck, sie nach und nach zu ersetzen. Ein solches System müßte gar nicht das denkbar Optimale sein: Ein Optimierungseffekt träte einfach durch die Tatsache der Vereinheitlichung ein. Eine Entwicklung dieser Art ist etwa auf dem amerikanischen Informationsmarkt zu beobachten, wo große Firmen wie Lockheed und SDC sich der Art von Supermärkten oder Großversandhäusern nach bemühen, ein möglichst umfassendes Informationsangebot bereitzuhalten.

Eine andere Möglichkeit wäre die Vorgabe von Richtwerten. Hier stünde das Standardsystem zu den konkreten Systemen im Verhältnis des Teils zum Ganzen. Dies kann entweder dadurch geschehen, daß

2.) analog zu den bibliographischen Normierungsversuchen ein <u>Maximalkatalog</u> aller nur denkbaren Retrievalfunktionen definiert wird. Die verschiedenen Retrievalsprachen wären dann als Teilsysteme eines übergreifenden Ganzen miteinander kompatibel. Ein Versuch, eine solche "Maximalliste des Machbaren" (Brühl/Meder p.11) aufzustellen,ist etwa der "Funktionenkatalog" von Brühl/Meder (GID). Auch die Überlegungen von Gebhard und Stellmacher (GMD) gehen in diese Richtung. Solche Ansätze - so beeindruckend und phantasievoll sie als individuelle Leistung auch sind - unterliegen jedoch immer der Gefahr, daß ihnen die reale Entwicklung davonläuft.

3.) Die konzeptionell einfachste, real aber nicht leicht durchzusetzende Lösung wäre daher, so etwas wie Minimalbedingungen festzulegen. Die konkreten Systeme wären dann jeweils modulare Erweiterungen eines gemeinsamen "Kernsystems".

Die auf den ersten Blick bestechendste Lösung wäre jedoch die nachträgliche Vereinheitlichung durch besondere Transformationsprozesse. Man könnte entweder

4.) Retrievalsprachen analog zur Transformation natürlicher bzw. Programmiersprachen ineinander übersetzen oder

5.) eine einheitliche Schnittstelle zu einem virtuellen Retrievalsystem errichten, die - analog zur Variante 3 - so etwas wie einen kleinsten gemeinsamen Nenner der beteiligten Systeme darstellt. Ein solches System wurde im Jahre 1974 von Marcus und Reintjes im Massachussetts Institute of Technology experimentell realisiert. Fünf Retrievalsysteme (NLM MEDLINE, SUNY MEDLINE, M.I.T. INTREX, ORBIT und DIALOG) wurden via Arpanet und Telenet über eine gemeinsame Schnittstelle angesprochen. Dieses System mit dem Namen CONIT (Connector for Networked Information Transfer) hat die dabei entstehenden Probleme recht deutlich werden lassen: Obwohl es nur die absolut notwendigen Grundfunktionen eines Retrievalsystems enthält (s. Fig. 3), treten bei der Übersetzung in "höhere" Retrievalsprachen z.T. unlösbare Ambivalenzprobleme auf (s. Marcus, 1976 S. 24 ff, 90ff, 112). Eine komplexe Retrievalsprache läßt sich leichter in eine einfachere übersetzen als umgekehrt, ein Problem, das von der Übersetzung natürlicher Sprachen bekannt ist.

II. Die Entwicklung der Common Command Language

Bei den Planungen für EURONET wurde die Notwendigkeit einer Vereinheitlichung der Retrievalsprachen frühzeitig erkannt. In den Leitlinien für den 2. Aktionsplan der EG-Kommission heißt es 1976: "Diese einheitliche Befehlssprache wird eine Schlüsselrolle dabei spielen, den Benutzer bei der vollen Ausnutzung der breiten Skala der ihm über EURONET zur Verfügung stehenden Informationsdienste zu unterstützen" (AWTID 266/76 Tit. 4.1). Zu diesem Zeitpunkt war gerade eine von der Generaldirektion XIII der EG in Auftrag gegebene Studie erschienen, in der eine Reihe von Retrievalsystemen (u.a. ARIANE, STAIRS, GOLEM) untersucht und ihre grundsätzliche Kompatibilität festgestellt worden war (Negus, 1976). Die Verfasser, eine INSPEC-Studiengruppe unter Leitung von A.E. Negus, wurden nunmehr beauftragt, eine einheitliche Befehlssprache auszuarbeiten. Sie wurde Ende 1977 unter dem Namen

"Standard Command Set" vorgelegt. Die wichtigsten Retrievalfunktionen der damals gebräuchlichen Systeme sind hier unter insgesamt 9 als Minimalkatalog verstandenen Kommandoworten, die durch zahlreiche Parameter untergliedert werden, zusammengefaßt. Dazu kommen fünf weitere Kommandos zum Aufruf von Hilfsfunktionen (s. Fig. 4) (s. Negus, 1977). Mittlerweile hat sich dafür die Bezeichnung "Common Command Language" (CCL) eingebürgert. In der Tat handelt es sich nicht nur um eine Auflistung von Funktionen, sondern um eine komplette Retrievalsprache mit sehr elaborierter Syntax. Über die Bedeutung des Begriffs "Common" gibt es jedoch noch unterschiedliche Ansichten.

Von 1977 an wurde von der EG eine Reihe von Testimplementierungen der CCL gefördert, von denen 3 nunmehr fertiggestellt sind

- IRS, das Informationssystem der European Space Agency in Frascati, benutzt seit Mitte 1979 ein neues System "QUEST", eine Weiterentwicklung von RECON auf der Grundlage der CCL

- DIRS (DIMDI's Information Retrieval System) enthält in der seit Herbst 1979 eingesetzten Version 3 ebenfalls die CCL, die ihrerseits von Anfang an in enger Zusammenarbeit mit DIMDI entwickelt wurde. Dieses System, das auf Siemens-Rechnern läuft, ist außerdem noch bei INKA (Fachinformationssysteme Energie/ Physik, Raum & Bau, Technik) in Karlsruhe, bei der GID in Frankfurt und bei ECHO in Luxemburg implementiert.

- Schließlich ist seit Beginn dieses Jahres eine Implementierung der CCL in einer neuen, erweiterten Version von GOLEM (GOLEM 3.0) beim Umweltbundesamt und beim DIN in Berlin verfügbar (vgl. auch den Beitrag von Roesler in diesem Band). Wenn die übrigen Benutzer von GOLEM, das in der BRD vor allem in den Bereichen öffentliche Verwaltung, Justiz, Politik und Sozialwissenschaften eingesetzt wird, diese neue Version übernehmen, werden zahlreiche weitere wichtige Datenbasen mit der CCL recherchierbar sein.

Drei weitere Implementierungen der CCL sollen im Laufe dieses Jahres fertiggestellt sein: In Mistral 4 (Honeywell/Bull) bei Telesystèmes in Paris, in UNIDAS (Sperry Univac), bei CILEA in Mailand, und schließlich in STAIRS/TLS (IBM) bei CNUCE in Pisa.

Im folgenden sollen nun zwei dieser Systeme, DIRS 3 und GOLEM 3.0, im Hinblick auf die CCL miteinander verglichen werden. Dies zum einen , um der von Skeptikern häufig geäußerten Frage nachzugehen, welche Funktionsmenge dieser vergleichsweise sehr komplexen Systeme in der CCL enthalten sind, zum anderen, um einmal die beiden alternativen Methoden der Realisierung der CCL gegenüberzustellen.

- Bei DIRS 3 wurde die oben erwähnte Methode 3 angewendet: Es wurde ein völlig neues System konstruiert, das die Sprache und den Funktionsumfang der CCL zugrundelegt und dazu einige Zusatzfunktionen anbietet.
- Bei GOLEM 3.O.wurde - wie bei den anderen oben erwähnten Implementierungen auch - nach der Methode 5 verfahren. Ein Transformationsprozessor übersetzt die CCL-Funktionen in GOLEM und vice versa. Der Benutzer muß - will er GOLEM-spezifische Funktionen benutzen - mit OWN in das zugrundliegende System zurückschalten (Transparent Mode).

In den Vergleich einbezogen wird außerdem das System DOMESTIC (Development of Minicomputers in an Environment of Scientific and Technological Information Centers), ein deutsch-israelisches Gemeinschaftsprojekt, das von der Kayser-Threde-GmbH/München in Zusammenarbeit mit den National Center for Scientific & Technological Information/Tel Aviv hardwareunabhängig für den Einsatz auf einem Minicomputer entwickelt wird. Hier wurden - ähnlich wie bei DIRS 3 - die Funktionen der CCL der Dialogsprache zugrundegelegt. Domestic befindet sich zur Zeit noch in der Entwicklung (s. dazu den Beitrag von Seelbach und Siegler in Bd. 2 dieses Sammelwerkes).

Über die gemeinsame Beziehung zur CCL hinaus läßt sich hier also nicht nur die Frage stellen, inwieweit sich zwei, ihrer Konzeption nach so unterschiedliche Systeme wie GOLEM und DIRS aufeinander abbilden lassen, sondern auch, in welchem Ausmaß sich für Großrechner konzipierte Systeme auf einem Minicomputer realisieren lassen.

III. Zur Methodik des Vergleichs

Ein Vergleich von Retrievalsprachen ist sicherlich nicht unproblematisch, daher sind hier vielleicht einige methodische Vorüberlegungen angebracht.

Zunächst: Es werden nicht die Systeme als Ganzes, sondern nur die Dialogfunktionen verglichen. Retrievalsprachen spiegeln aber im Grunde eine bestimmte Dateiorganisation wider, sind also allgemein nur auf dieser Ebene adäquat zu vergleichen. Hier werden sie jedoch ausschließlich vom Standpunkt des Benutzers betrachtet, was strenggenommen gar nicht möglich ist. Die Wirkungsweise vieler Funktionen ist implementationsabhängig. Was sie für den Benutzer wirklich leisten, hängt stark von der Struktur der Datenbasis, von subjektiven Vorlieben und Gewohnheiten und dem Geschick des Rechercheurs ab. Dem folgenden Vergleich liegt also die Annahme zugrunde, daß es möglich sei, unter Abstraktion von diesen Faktoren und mit der Unterstellung einer Art "idealtypischen" Dialogsituation zu sinnvollen Aussagen zu kommen.

- Ausgehend von der Terminologie des "Funktionenkatalogs" von Brühl/Meder und der durch die verglichenen Systeme gegebenen Funktionsmenge wurde ein allgemeines Modell eines IR-Systems aufgestellt, auf dessen Grundlage die vorliegenden Funktionen klassifiziert werden konnten.

- Dieses allgemeine Modell geht von folgender Überlegung aus (vgl. Fig. 1): Eine Dialogrecherche ist ein Mesch-Maschine-System, das sich als Regelkreis darstellen läßt (vgl. Steinacker 1975 S. 94 ff; Meadow, 1973 S. 119 ff). Der zu regelnde Prozeß, die maschinelle Recherche, wird von dem Regler, dem menschlichen Rechercheur, so lange in Gang gehalten, bis ein als befriedigend empfundenes Verhältnis von Eingabe- und Ausgabedaten erreicht ist.

- Entscheidend dabei ist der iterative Charakter der Recherche. Bei jeder Wiederholung beeinflussen die Ausgabedaten die erneute Eingabe. Damit verändert sich auch die Bedeutung bestimmter Retrievalfunktionen für den Rechercheur. Er weiß zu Beginn des Dialogs meist nicht genau, was er "eigentlich" will, d.h. was er im Rahmen des Systems überhaupt wollen kann oder könnte. Der entscheidende Punkt, der ein Dialogretrieval von einer Batchrecherche auf der einen und von einem Management-Informationssystem mit formatierten Daten auf der anderen Seite unterscheidet, ist, daß das System ihm "hilft", sich darüber klar zu werden: Indem es ihn zwingt, sein Informationsbedürfnis systemgerecht zu formulieren, kann es ihm zugleich Hinweise auf Konkretisierung und Ausweitung seiner Frage geben, an die er vorher nicht gedacht hat.

- Die folgende Klassifizierung der Retrievalfunktionen geht daher nicht von der Unterscheidung in Eingabe- und Ausgabefunktionen aus, sondern stellt die beiden zentralen intellektuellen Funktionskomplexe, "Formulierung der Suchstrategie" und "Kritik des Ergebnisses", in den Mittelpunkt (s. Fig. 2). Ihnen sind Gruppen von Ein-Ausgabe-Funktionen zugeordnet, die sie in jeweils spezifischer Weise unterstützen. Sie sind gleichsam "Verlängerungen" des menschlichen Gehirns, dessen Erinnerungs-, Phantasie- und Kritikvermögen sie kanalisieren und verstärken. In ihnen differenziert sich das Mensch-Maschine-System in mehrere untergeordnete Regelkreise.

So wird man sich bei der Formulierung der Suchstrategie gewöhnlich von den invertierten Dateien, die auch die Maschine für die Ausführung der Suche benutzt, über geeignete Suchbegriffe "beraten" lassen (2.1 in Fig. 2). Bei der Reformulierung der Frage kann man sich auf ein maschinell unterstüztes "Kurzzeitgedächtnis", die Profiltabelle, beziehen (2.2). Schließlich können interessante Fragestellungen in einem "Langzeitgedächtnis" gespeichert (2.3.1), bzw. von dort wieder "erinnert" werden (2.3.2).

Die Kritik des Ergebnisses kann sich auf dem Dokument entnommene Suchbegriffe stützen (3.1). Es kann eine Feinrecherche (3.2) oder eine Verbundrecherche (3.3) vorgenommen werden, bevor die ganze Prozedur entweder wiederholt oder beendet wird.

Daneben sind die den Ein- und Austritt aus der Prozedur vermittelnden organisatorischen Funktionen zu unterscheiden (1), sowie allgemeine Funktionen, durch deren Betätigung kein eigentlicher logischer Fortschritt im Retrievalprozess erzielt wird, sondern die diesen nur vermitteln (4).

Auf dieses allgemeine Modell wurden nun die verglichenen Systeme projiziert. Die Schaubilder (Fig. 3-7) sollen die Organisation der Retrievalsprache auf der Ebene der Oberfunktionen veranschaulichen. In Tabelle 1 werden ca. 80 der wichtigsten Funktionen synoptisch dargestellt. Dort sind zur Erläuterung der hier notwendigerweise sehr knapp gehaltenen Ausführungen auch die Seiten des Funktionenkatalogs von Brühl/Meder angegeben, an deren Terminologie und Begrifflichkeit sich die Darstellung hier vielfach anlehnt. Tabelle 2 schließlich stellt die CCL und die in GOLEM realisierte Implementierung sehr detailliert mit allen Parametern und einigen Angaben zur Syntax einander gegenüber.

Informationsquelle sind neben eigenen flüchtigen Retrievalerfahrungen des Verfassers vor allem die Konzeptbeschreibungen, Benutzerhandbücher, sowie ausführliche Gespräche mit Persönlichkeiten, die an führender Stelle an der Entwicklung der Systeme beteiligt waren.

Dem Leser muß bewußt sein, daß Fehler und Mißverständnisse - für die der Autor die alleinige Verantwortung trägt - auf diese Weise leicht entstehen können, daß Retrieval-Systeme sich ständig ändern und daß die eine oder andere hier pedantisch monierte Kleinigkeit möglicherweise längst ausgebügelt wurde. Auf Vollständigkeit und Tagesaktualität soll hier auch gar nicht abgezielt werden. Die Darstellung soll in erster Linie den Blick für einige Probleme schärfen, die sich nur durch Eingehen aufs Detail - in dem der Teufel bekanntlich steckt - sichtbar machen lassen.

IV. Gegenüberstellung der einzelnen Funktionen

(Die Zahlenangaben in Klammern beziehen sich - sofern nichts anderes angegeben ist - auf Tabelle 1).

1. Organisatorische Funktionen

Die Eingangsprozedur ist bei allen hier behandelten Systemen recht einfach und in annähernd gleicher Weise gestaltet. Bei DIRS ist sie besondern bequem. Der Benutzer erhält hier nach dem Starten des Systems das schon von der früheren Version (vgl. die Beiträge von Barth und Jabben in Bd. 2) bekannt Formular, in das Password, Name und weitere Identifikationszeichen eingetragen werden. Sehr angenehm sind hier - wie auch in der CCL und bei DOMESTIC - die Funktionen der Auswahl und des Wechsels der Datenbasis. Nach der an jeder Stelle des Dialogs möglichen Eingabe von BASE erhält man eine Liste der verfügbaren Datenbasen, von denen die Gewünschte "angekreuzt" werden kann. "Ankreuzen" bedeutet, daß ohne Angabe eines weiteren Kommandos oder Parameters nur die Nummer bzw. ein Nummernbereich einer Bildschirm- bzw. Teletyp-Anzeige eingegeben wird. Wenn die Hardware einen solchen Komfort bietet, kann dies dann im page mode durch wirkliches Ankreuzen mit dem Lichtgriffel erfolgen (1.1).

Bei GOLEM gibt es weder die Anzeige der verfügbaren Datenbasen noch die Möglichkeit des Ankreuzens im o.e. Sinne. Der Name der

Datenbasis muß immer - diese Möglichkeit gibt es bei den anderen Systemen zusätzlich - explizit eingegeben werden.

Zwei interessante organisatorische Funktionen, welche die CCL vorschlägt, sollen hier noch erwähnt werden: Die Recherche kann auf ein bestimmtes Segment einer Datenbasis begrenzt werden ("Entry Date" s. Tab. 2:1.3 und 6.12). Außerdem kann der gesamte Dialog - etwa wenn ein Rechercheur für mehrere Kunden arbeitet - ohne neue Eingangsprozedur - in Abschnitte mit jeweils verschiedener Fragenummer eingeteilt werden (s. Tab. 2:1.6.; 9.2; 9.3 und Tab. 1: 1.2.2). Diese Funktionen und einige weiter unten zu behandelnde Parameter des BASE-Kommandos sind nur bei DIRS3 realisiert.

2.1 Auswahl und Qualifizierung von Suchbegriffen

Die Formulierung der Suchstrategie besteht im wesentlichen darin, eine in natürlicher Sprache vorliegende Suchfrage systemgerecht zu operationalisieren, d.h. Suchbegriffe des Benutzers in Deskriptoren des Systems umzusetzen. Dies kann dadurch geschehen, daß man gleichsam experimentell eine Suchfrage eingibt (2.0), oder dadurch, daß man sich zunächst durch Einblick in das "Wörterbuch" über die zur Verfügung stehenden Suchbegriffe informiert (2.1). Dieses Wörterbuch ist zugleich ein Teil der invertierten Dateien, die das System zur Ausführung der Suche verwendet. Es ist die zentrale Schnittstelle zwischen Mensch und Maschine. Von seiner Beschaffenheit wird die Struktur des Rechercheprozesses entscheidend determiniert.

Zwei Fragen sind hier in diesem Zusammenhang wichtig: Wie sieht die Beziehung zwischen Dokument und Wörterbuch aus, welche Teile des Dokuments erscheinen überhaupt im Wörterbuch, und inwiefern ist ersichtlich, aus welchen Teilen des Dokuments der Wörterbucheintrag stammt? Schließlich: Welche Beziehungen zwischen den Begriffen, sind mit Hilfe des Wörterbuchs sichtbar zu machen?

GOLEM ist im Unterschied zu den übrigen Systemen erstens "deskriptororientiert", und es praktiziert zweitens sehr strikt die sogenannte "Aspektbindung" von Deskriptoren. Das GOLEM-Format unterscheidet zwischen dem Textteil und dem Deskriptorteil der Zielinformation. Im Wörterbuch ist also in der Regel nur ein Teil des Dokuments, eben der Deskriptorteil, invertiert.

Der Ausdruck 'Aspektbindung' gibt leicht zu Mißverständnissen Anlaß. Ein "Aspekt" ist kein äußerlicher Gesichtspunkt,unter dem eine Zielinformation betrachtet wird, sondern einfach eine Kategorie der bibliographischen bzw. dokumentarischen Beschreibung. Aspekte sind die Datenfelder, mit denen die Zielinformation bei der Erfassung strukturiert wurde, genauer gesagt, nur ein Teil davon. GOLEM unterscheidet zwischen "freien" und den an Aspekte "gebundenen" Deskriptoren. Der Unterschied besteht darin, daß bei letzteren die Feldbezeichnungen alias Aspektnamen im Wörterbuch gespeichert sind, bei ersteren nicht.

Will man sich über Suchbegriffe informieren, müssen die Aspekte immer mitangegeben werden. Man kann sich entweder die freien Deskriptoren (F), die gebundenen Deskriptoren einzeln (E) oder insgesamt (D),oder die Aspektnamen anzeigen lassen. Schließlich besteht die Möglichkeit, sich den gesamten "Thesaurus" in der Reihenfolge A, D, F ausgeben zu lassen, (2.1.1 - 2.1.5). Die Ausdrucksweise der offiziellen GOLEM-Systembeschreibung ist hier bisweilen recht euphemistisch: Die Aspektbindung wird als Mittel zum Aufbau eines Thesaurus, ja zur Lösung des Homonymproblems bezeichnet. Zweifellos hat etwa die Zeichenfolge "Arzt" eine andere Bedeutung, je nachdem, ob sie in der Kategorie "Schlagwörter", "Zeitschriftentitel" oder "Name des Autors" auftaucht. Die eigentliche inhaltliche Erschließung läßt sich jedoch sicherlich nicht so weit in "Aspekte" gliedern, daß dadurch eine strukturierte, homonymfreie Dokumentationssprache entsteht. Der Ausdruck "Thesaurus" ist daher ebenfalls mißverständlich. Es handelt sich zunächst nicht um ein systematisch strukturiertes Vokabular, sondern einfach um ein in "Aspekte" parzelliertes Wörterbuch.

Bei den übrigen Systemen gibt es keinen Unterschied zwischen Text- und Deskriptorteil, zwischen freien oder gebundenen Deskriptoren. Alle relevanten Suchbegriffe und alle Feldnamen werden grundsätzlich invertiert. Die Qualifizierung von Suchbegriffen ist also hier ebenfalls möglich. Bei DIRS und in der CCL ist sie beim Wörterbucheinblick obligatorisch. Wird kein Feldname angegeben, produziert das System einen Standardwert.

Bei DOMESTIC ist das Wörterbuch noch flexibler benutzbar. Es beruht, wie bei STAIRS, auf dem Konzept der "verdeckten Herkunftsangaben" (Brühl/Meder S. 15 und 37). Man kann die Feldbezeichnungen zur Qualifizierung von Suchbegriffen verwenden, muß es aber nicht. Alle Suchbegriffe können, unabhängig von der Herkunft, in einem Alphabet angezeigt werden.

2.2 Begriffsbeziehungen

Bei den bisher bekannten Verfahren des maschinellen Retrieval vollzieht sich die Formulierung der Suchfrage in zwei Etappen: Zunächst wird eine Reihe von einzelnen Suchbegriffen ausgewählt, dann werden sie in einem zweiten Schritt miteinander in Beziehung gesetzt. Man denkt hier zunächst an Boole'sche und andere Operatoren, mit denen lemmatisierte Suchmerkmale nachträglich mengenlogisch verbunden werden. Aber auch der Rückgriff auf den Kontext, in dem die Deskriptoren durch morphologische bzw. etymologische Strukturen der natürlichen Sprache, durch paradigmatische Beziehungen einer vorgegebenen Dokumentationssprache, im Dokument selbst, oder schließlich durch statistisch ermittelte Häufigkeiten ("Ausdehnungsrelationen") bzw. Cluster innerhalb der Datenbasis stehen, erlaubt es, Beziehungen zwischen Deskriptoren herzustellen. Erst wenn das Wörterbuch in der Lage ist, zumindest einen Teil solcher Relationen zu speichern, anzuzeigen oder gar automatisch in die Suche einzubeziehen, verdient es die Bezeichnung "Thesaurus".

Möglichkeiten dieser Art bestehen bei allen hier diskutierten Systemen. Vorher definierte Begriffsbeziehungen - welcher Art auch immer - können angezeigt und durch sogenanntes "generisches Oder" in die Suchfrage aufgenommen werden. In der CCL und bei DIRS geschieht dies sehr einfach durch besondere Parameter im DISPLAY- (2.1.6) und FIND-Kommando (2.2.2.1). DOMESTIC verwendet nur für die Anzeige ein besonderes Kommandowort. Bei GOLEM müssen diese Beziehungen mit vier verschiedenen Schaltern eingestellt werden.

Bei DIRS ist außerdem noch der Vorschlag der CCL realisierbar,

Zusatzinformationen zu den Deskriptoren (scope notes o.ä.) anzufordern (2.1.7) und verschiedene Thesauri, entweder Versionen in einer anderen natürlichen Sprache oder datenbasisunabhängige Thesauri nebeneinander zu benutzen (s. Tab. 2: 1.7; 1.8;7.2; 7.3). Beziehungen zwischen Begriffen lassen sich ferner mit Hilfe der Kontextoperatoren und der Maskierung von Suchtermini herstellen. Dieses ursprünglich für Zwecke des sogenannten "Freitext-Retrieval" entwickelte Instrumentarium hat sich mittlerweile als eines der hervorragendsten Recherchehilfsmittel herausgestellt.

Die CCL und DIRS bieten dieses Instrumentarium in vollem Umfang, DOMESTIC mit einigen kleineren Einschränkungen. Deskriptoren können an beliebiger Stelle, limitiert oder unlimitiert, maskiert, als Universalzeichen verwendet werden. Bei der Suche können ihr Abstand (direkt nebeneinander, bestimmter, beliebiger und maximaler Abstand), ihre Reihefolge, ihr Vorkommen im gleichen Satz oder Abschnitt als zusätzliche Bedingungen eingegeben werden.

GOLEM kennt keine Kontextoperatoren. Eine differenziertere Maskierung ist nur bei der sequentiellen Feinrecherche (3.2.1.1), nicht aber bei Wörterbucheinblick und Suche mit der invertierten Datei möglich. Hier gibt es nur die nicht limitierbare Maskierung am Wortende.

Die bekannten Boole'schen Junktoren, Intervall- und Vergleichsoperatoren (letztere bei der CCL und DIRS etwas differenzierter, s. 2.2.2.2) werden selbstverständlich von allen hier behandelten Systemen angeboten. DOMESTIC verwendet außerdem noch das exklusive "entweder - oder" und das sogenannte "Quorum-Oder", eine sehr nützliche Funktion, die es erlaubt, die zusätzliche Bedingung zu stellen, daß bei einer durch "Oder" verbundenen Begriffskette eine bestimmte Zahl im Dokument vorkommen muß.

Die einzelnen Suchbegriffe können bei allen Systemen entweder explizit oder durch Angabe einer Referenznummer aus der Wörterbuchanzeige eingegeben werden. Bei GOLEM gibt es hierfür zwei verschiedene Kommandoworte (2.2.1.1 und 2.2.1.2). Die Anweisung, mit der bei GOLEM die Deskriptoren über ihre Nummer angesprochen werden, wird hier etwas mißverständlich mit "Ankreuzen" bezeichnet. Ein wirkliches Ankreuzen von Deskriptoren im o.a. Sinne ist nur bei DIRS3 (das hier über die CCL hinausgeht) möglich.

Im übrigen ist die Eingabe der Frageformulierung entsprechend den unterschiedlichen Wörterbuchkonzepten recht verschieden gelöst. Nur DIRS3 und die CCL stimmen hier überein. Es gibt nur ein einziges Kommando, dessen Syntax nach der Formel "prefix - secondary - suffix" organisiert ist. Das "prefix" besteht aus einer Feldbezeichnung und einer Relationenangabe, das "secondary" sind die eigentlichen Suchbegriffe mit ihren Operatoren. Schließlich können noch weitere einschränkende Zusatzangaben gemacht werden. So bedeutet etwa die Formel

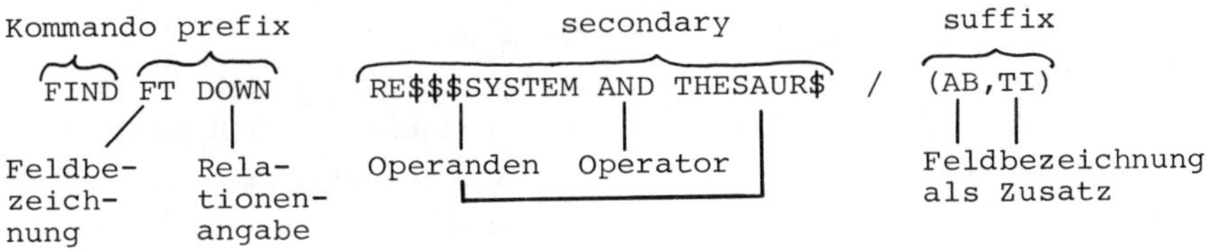

Suche nach allen Dokumenten in denen im Freitext die Begriffe 'Retrievalsystem' und 'Thesaurus' bzw. ihre Unterbegriffe vorkommen, wobei die genaue Schreibweise nicht bekannt ist und die Suche auf die Felder 'Abstract' und 'Titel' begrenzt sein soll.

Bei DOMESTIC ist der Suchvorgang in zwei Schritte aufgeteilt (s. Fig. 6). Die Suchargumente werden zunächst mit KEEP bzw. KEEP....WITH in einer "Datei potentieller Suchbegriffe" festgehalten. Dabei werden nur Wörterbuchwörter zwischengespeichert (2.2.1.1. - 2.2.1.3). Erst danach wird mit SEARCH die eigentliche Suchprozedur aufgerufen (2.2.1.6.) (vgl. dazu Brühl/Meder S. 41ff und 52 ff). Aus Kompatibilitätsgründen wurde noch zusätzlich das einstufige Recherchekommando FIND im Sinne der CCL realisiert (2.2.1.4/5). Dort gibt es zwar auch die Möglichkeit, Suchfragen ohne Erzeugung einer Ergebnisdatei zu formulieren. Mit dem Parameter NOFIND kann die Ausführung des FIND-Kommandos ausgesetzt werden. Dies ist jedoch nicht, wie bei DOMESTIC, als normaler Recherchevorgang gedacht, sondern nur für besondere Fälle (Profilpflege) vorgesehen.

GOLEM teilt den Recherchevorgang ebenfalls, wenn auch unter einem anderen Gesichtspunkt, in zwei Schritte. Hier sind nicht Formulierung und Ausführung der Suchfrage, sondern die Eingabe einzelner Deskriptoren und deren logische Verknüpfung auf zwei aufeinanderfolgende Funktionsgruppen verteilt. Zuerst müssen die Deskriptoren einzeln ausgewählt werden (2.2.1.1/2), erst danach können sie durch Boole'sche Operatoren (2.2.1.5) oder durch vorgegebene Beziehungen (2.2.2.1.2) verbunden werden (vgl. auch Fig. 7).

Anzeige und Korrektur der Profiltabelle

Das besondere Kennzeichen der Dialogrecherche ist, wie oben erwähnt, ihr iterativer Charakter (trial und error). Bei jeder Wiederholung wird auf frühere Fragestellungen Bezug genommen; sie werden erweitert, modifiziert, korrigiert. Daher ist es besonders wichtig, die während einer Sitzung eingegebenen Suchargumente ständig in übersichtlicher Form präsent zu haben und sie mit entsprechenden Korrekturfunktionen flexibel verändern zu können.

Die gespeicherten, jederzeit abrufbaren Suchargumente werden im folgenden - unabhängig davon ob,es sich dabei um eine Datei potentieller Suchbegriffe oder um die Anzeige des Inhalts der Ergebnisdatei handelt - als "Profiltabelle" bezeichnet.

Die hier behandelten Systeme stellen dazu eine Reihe recht unterschiedlich ausgestalteter Hilfsfunktionen bereit. In der CCL ist auf das Kommando "FIND?" (2.2.3) die Ausgabe aller bisher eingegebenen FIND-Kommandos vorgesehen. Da diese Liste mit der Zeit sehr lang werden kann, ist es wünschenswert, Frageformulierungen und bloße Wörterbuchauszüge optisch unterscheiden zu können. Das gleiche gilt für DOMESTIC: Hier sind die Fragestellungen nur dann optisch hervorgehoben, wenn sie noch nicht ausgeführt wurden. Sie sind dann an den fehlenden Häufigkeitsangaben zu erkennen.

Bei GOLEM gibt es eine Profiltabelle im Grunde gar nicht. Die entsprechende Funktion ist hier auf drei verschiedene Kommandos verteilt (2.2.3.1/3). Normalerweise wird nur die "Deskriptorenliste", d.h. die einzelnen, unverbundenen Suchbegriffe, und die jeweils "aktuelle", d.h. die zuletzt eingegebene Suchlogik, angezeigt. Will man frühere Frageformulierungen "retten", müssen sie mit SET zu einem "temporären Überdeskriptor" erklärt werden. Dieser kann mit einem Phantasienamen bezeichnet werden und erscheint dann, durch ein Sonderzeichen markiert, in der Deskriptorenliste und kann wie ein normaler Deskriptor in weitere Fragen einbezogen werden. Die eingegebene Verknüpfungslogik wird allerdings nicht mehr angezeigt, obwohl sie besonders wichtig ist. Will man sie sich für spätere Korrekturen merken, muß Papier und Bleistift zur Hilfe genommen werden (s. Abb. 1).

Bei DIRS3 - hier liegt eine der wesentlichen Verbesserungen gegenüber DIRS2 - wird die Anzeige der Suchargumente durch ein raffiniertes Numerierungssystem strukturiert (s. Abb. 2).

Die Numerierung der Suchargumente besteht immer aus zwei durch einen Punkt getrennten Teilen. Der erste Teil bezeichnet die laufende Nummer des Kommandos, (Kommandozähler) der zweite die laufende Nummer eines Wörterbuchauszuges (Ausgabezähler). Dadurch ist auf den ersten Blick zu erkennen,

- ob es sich bei der aktuellen Bildschirmanzeige (bzw. TTY-Ausgabe im line-mode) um einen Wörterbuchauszug oder um die Profiltabelle handelt. Im ersten Fall sind die ersten Ziffern gleich, im zweiten Fall sind sie verschieden
- ob es sich bei den einzelnen Eintragungen der Profiltabelle nur um einzelne dem Wörterbuch entnommene Suchbegriffe oder um Frageformulierungen handelt. Im letzten Falle sind die zweiten Ziffern Null, im ersten Fall sind sie von Null verschieden.

Eintragungen in die Profiltabelle können bei allen Systemen jederzeit gelöscht werden (2.2.3.1./3). GOLEM und DOMESTIC bieten auch die Möglichkeit, Deskriptoren auszuwechseln (2.2.4.4). Zusätzlich können bei DOMESTIC auch Operatoren in Fragestellungen ausgewechselt, die Fragen wieder in ihre Elemente zerlegt, die Zeilen der Anzeige neu numeriert werden, und schließlich kann die ursprüngliche, unkorrigierte Version der Profiltabelle noch einmal aufgerufen werden (2.2.4.5/7 und 3.1.2).

2.3 Speichern der Profiltabelle

Normalerweise wird die Profiltabelle bei Beendigung der Terminal-

Abb. 1 : GOLEM

Anzeige der Deskriptorenliste

DESKRIPTORENLISTE

1	ARBEITSZEIT&&	(249)
2	ZEITARBEIT&&	(26)
3	ALTERSGRENZE, FLEXIBLE&&	(59)
4	KURZARBEIT&&	(27)
5	SCHICHTARBEIT&&	(21)
:		
22	6172	(31)
23	96-220&&	(137)
24	96-231-8	(12)
25	96-310&&	(147)
26	&&FRIEDRICH	(722)

AUSGABEENDE :ANWEISUNG

1-24

ANZAHL DER ZIELINFORMATIONEN: 887

AUSGABEENDE :ANWEISUNG

Einzelne Deskriptoren (→ 2 … 22)

Frageformulierung als "temporärer Überdeskriptor" eingetragen (SET) (→ 26)

aktuelle Suchlogik (→ 1-24; ANZAHL DER ZIELINFORMATIONEN)

Abb. 2 : DIRS 3

Nummerierung der Suchbegriffe beim Wörterbucheinblick und bei der Anzeige der Profiltabelle

DISPLAY AU=WAGNER

```
DISPLAY AU=WAGNER
 2.01        1  WAGNER FC JR
 2.02        3  WAGNER G
 2.03        2  WAGNER H
 2.04        1  WAGNER PD
 2.05        1  WAIDER W
 2.06        1  WAIN M
 2.07        1  WAKAI I
 2.08        1  WALEK H
 2.09        1  WALKER HA
 2.10        1  WALKER P
 2.11        1  WALLACE AG
 2.12        1  WALLACE BG
 2.13        1  WALLER WT
 2.14        1  WALLIS JB
 2.15        1  WALLS LH
 2.16        1  WALLS PD
 2.17        1  WALMSLEY GL
 2.18        1  WALTER H
MORE

2.02
?
```

Display of the referenced table

TAB

```
TAB
 1.00       2  FIND  AU=WAGNER G AND JT=(MED WELT OR
                     MUNCH MED WOCHENSCHR)
 2.02       3  AU=WAGNER G
 3.01      10  JT=MUNCH MED WOCHENSCHR
 5.00       2  FIND  2.02 AND (3.01 OR JT=MED$)
****END OF TAB****
?
```

sitzung bzw. beim Wechsel der Datenbasis gelöscht. Der Rechercheur macht jedoch im Laufe der Zeit Erfahrungen. Bestimmte Fragestellungen kehren immer wieder. Begriffe, für die in der jeweiligen Datenbasis keine einzelnen Deskriptoren existieren und die man sich daher mühsam "zusammenordern" muß, werden laufend gebraucht. Man will z.B. eine Fragestellung in einen anderen Pool übernehmen oder sie später - etwa als SDI o.ä. - gegen einen aktualisierten Datenbestand laufen lassen. Es ist daher eine erhebliche Erleichterung, wenn die Möglichkeit besteht, sich die Profiltabelle, bzw. Teile davon, als benutzereigene 'Makros' in einem maschinenunterstützten "Langzeitgedächtnis" zu speichern, damit sie nicht bei jeder Recherche neu aufgebaut werden müssen. Sind sie geschickt angelegt, können aus diesen Save-Dateien mit der Zeit regelrechte Spezialthesauri entstehen.

Ein besonderer Vorzug aller hier verglichenen Systeme ist, daß sie hierzu ausreichende Möglichkeiten bereitstellen. Die aktuelle Profiltabelle kann jederzeit ganz oder teilweise gespeichert, mit einem Namen oder einer Nummer adressiert, angezeigt, korrigiert und zur Verarbeitung aufgerufen werden (2.3.2./6). Außerdem besteht die Möglichkeit, sich ein Verzeichnis der unter seiner Benutzeridentifikation gespeicherten Save-Dateien ausgeben zu lassen.

Bei GOLEM und DOMESTIC sind für die Handhabung der Save-Dateien besondere Kommandoworte vorgesehen. Die CCL und DIRS3 verwenden die normalen Retrievalkommandos analog. Die Fragenummer der gewünschten SAVE-Datei kann auch schon bei der Eingangsprozedur angegeben werden.

Die Einfügung dieser Funktionsgruppe ist eine wichtige Neuerung von GOLEM 3.0 gegenüber der früheren Version. Dort bestand nur die Möglichkeit, während der Terminalsitzung die Datenbasis unter Beibehaltung der Deskriptorenliste zu wechseln (2.3.1; 1.2.1). In GOLEM 3.0. ist diese Funktion (PUSSY) jetzt eine recht bequeme Abkürzung des Save-Verfahrens bei der poolübergreifenden Recherche. Zur Nachbereitung der Recherche besteht außerdem die Möglichkeit, sich ein Protokoll des ganzen Dialogs ausdrucken zu lassen (3.0.3).

3. Ausgabe und Kritik des Suchergebnisses

So wie oben den eigentlichen Retrievalfunktionen verschiedene Ein-Ausgabefunktionen zugeordnet wurden,ist auch die Online-Ausgabe des Suchergebnisses als Retrievalfunktion zu betrachten. Die systeminterne Bedeutung bestimmter Deskriptoren wird oft erst anhand des Suchergebnisses klar. Die Deskriptoren der Dokumente liefern Hinweise auf weitere eventuell relevante Suchbegriffe, die den Rechercheur zunächst nicht eingefallen waren. Ja, der Rechercheur kann eine Suche überhaupt mit einer Anfangsbibliographie ihm bekannter Dokumente beginnen, um ihnen die Deskriptoren für die weitere Recherche zu entnehmen.

Voraussetzung einer solchen "zyklischen Recherche" ist in jedem Fall eine entsprechende Spezifizierung der Online-Ausgabe. Die CCL, DIRS und DOMESTIC stimmen hier weitgehend überein (3.0.1.2/4). Die Ausgabe kann auf einen bestimmten Bereich der Ergebnisdatei, der entweder vollständig oder in festgelegten Intervallen angezeigt wird (3.0.1.3), oder auf eine bestimmte Fragestellung eingeschränkt werden (3.0.1.2). Von der einzelnen Zielinformation kann jedes bibliographische Feld oder ein bestimmtes, durch eine Gruppe von Feldern definiertes Format ausgegeben werden (3.0.1.4).

Bei GOLEM folgt die Ausgabespezifizierung dem GOLEM-spezifischen Eingabeformat (s.o.). Textteil und Deskriptorteil lassen sich einzeln und nach Abschnitten gegliedert ausgeben (die Gliederung in Abschnitte ist nicht identisch mit der Aufteilung in Aspekte). Vom Deskriptorteil kann jeder Aspekt auch mit seinen gebundenen Deskriptoren ausgegeben werden. Dabei gibt es allerdings ein Problem: Werden, wie das bei zahlreichen GOLEM-Implementierungen der Fall ist, die inhaltskennzeichnenden Schlagwörter als "freie Deskriptoren" definiert, lassen sie sich nicht getrennt auf den Bildschirm holen, wodurch die Möglichkeit der zyklischen Recherche sehr erschwert wird.

Will man nun Deskriptoren aus der Zielinformation entnehmen, muß normalerweise wieder mit der Funktionsgruppe 2.1 oder 2.2 von vorne angefangen werden. Hier bieten DIRS3 und DOMESTIC eine bequeme Abkürzung. Die Deskriptoren des gefundenen Dokuments können sofort mit dem Wörterbuch verglichen und durch "Ankreuzen" in die Profiltabelle übernommen werden (3.1). Brühl/Meder, deren "Maximalliste des Machbaren" diese Funktion nicht kennt, schlagen dafür eine andere Art der Rückkopplung zur Suchfrage vor. Man sollte besonders bei Freitextsystemen schnell feststellen können, welche Deskriptoren an welcher Stelle dafür verantwortlich sind, daß ein Dokument in der Ergebnisdatei erscheint. Eine entsprechende Funktion - bei STAIRS sehr elegant durch das "Highlighting" realisiert - fehlt bei allen hier besprochenen Systemen. Nur GOLEM bietet etwas, wenn auch sehr entfernt Verwandtes: Man kann einem Textabschnitt einen Deskriptor bzw. eine Benutzerinformation zuordnen und sich diesen Teil extra ausgeben lassen (3.0.1.5).

Der endgültigen Ausgabe des Ergebnisses kann schließlich noch eine Feinrecherche vorgeschaltet werden. Dabei wird nicht die gesamte Dokumentdatei mit Hilfe der invertierten Datei durchsucht, sondern nur eine durch die Ergebnisdatei definierte Teilmenge sequentiell mit dem Suchargument verglichen (3.2.1.1). Wörterbuchbedingte Beschränkungen der Suchmöglichkeiten lassen sich dadurch überbrücken. Umgekehrt ist die Anwendung dieser Funktion nur sinnvoll für Suchargumente, die sich im Wörterbuch nicht darstellen (z.B. längere Zitate). Bei GOLEM gibt es nur hier die Möglichkeit einer flexiblen Maskierung, auch kann, wenn die Schreibweise nicht bekannt ist, ein Universalzeichen gesetzt werden. Diese Form der Feinrecherche ist jedoch - im Gegensatz zu DIRS und der CCL - auf den Textteil begrenzt.

Eine interessante Feinrecherchefunktion bietet GOLEM mit der Suche nach Indices bzw. Rollenoperatoren. Thematisch zusammengehörende Deskriptoren können durch sogenannte Indices (engl. "links") verbunden werden. Mit IND (3.2.1.2) kann als zusätzliche Bedingung die Übereinstimmung dieser Indices gefordert werden. Fehlkombinationen, die beim Boole'schen Retrieval leicht entstehen können, lassen sich damit wirkungsvoll eliminieren. Diese Technik ist in der Literatur oft beschrieben worden. Eine eingehendere Schilderung der Anwendung in GOLE findet sich bei Henrichs (1972, S. 34 ff.) und bei Grosholz (1972, S. 49 ff.). Dieses Verfahren wird z.B. bei der philosophischen Dokumentation in Düsseldorf und im Institut für Arbeitsmarkt- und Berufsforschung (Nürnberg) angewendet.

Der Vergleich von Indices in der doch recht aufwendigen sequentiellen Recherche ist jedoch im Grunde eine veraltete Methode. Durch Invertierung dieser nur einen minimalen Speicherplatz benötigenden Merkmale käme man vermutlich einfacher zum Ziel. Bei GOLEM ist in diese rechenzeitintensive Feinrecherche noch eine "Bremse" eingebaut. Sie ist auf ein bestimmtes, mit SSEL einzustellendes Intervall begrenzt. Danach wird das Kommando automatisch unterbrochen und muß bei Bedarf mit WSEL fortgesetzt werden. DOMESTIC verzichtet ganz auf Feinrecherchefunktionen. Stattdessen können hier einzelne Dokumente aus der Ergebnisdatei gestrichen oder korrigiert werden (3.2.2).

Schließlich gibt es nur bei GOLEM noch eine dritte Möglichkeit zur Manipulation der Ergebnisdatei. Wenn bei der datenbasisübergreifenden Recherche das Suchergebnis nicht nach Pools getrennt, sondern zu einem einzigen Ergebnis zusammengefaßt werden soll, können die einzelnen Ergebnismengen mit SICHERN markiert und mit VERBUND zusammengekoppelt werden. Voraussetzung ist allerdings, daß der erste "gebundene Deskriptor" eines bestimmten, anzugebenden Aspekts übereinstimmt. Da diese Funktion sich auf die "freien Deskriptoren" nicht anwenden läßt, ist sie in der Praxis jedoch leider meist ein recht stumpfes Instrument.

Auf die Offline-Ausgabe soll hier nicht weiter eingegangen werden. Sie ist bei allen Systemen analog zur Online-Anzeige spezifizierbar (vgl. 3.0.1.2/5). Eine Sortierfunktion ist selbstverständlich überall vorhanden (3.0.4).

4. Allgemeine Funktionen

Schließlich enthalten die meisten Retrievalsysteme eine Reihe von allgemeinen Hilfsfunktionen. Sie sind keinem bestimmten Dialogschritt logisch zugeordnet. Ihre Betätigung, die meist an beliebiger Stelle des Dialogs möglich ist, stellt selbst keine neue logische Etappe des Suchprozesses dar. Hier soll nur auf zwei dieser Funktionsgruppen kurz eingegangen werden: Das Festlegen von Systemparametern und die sogenannten "HELP"-Funktion.

Neu bei DIRS3 ist das von der CCL vorgeschlagene Kommando DEFINE, das es ermöglicht, Standardwerte für den Dialog, also benutzereigene Default-Werte, festzulegen. Damit lassen sich Ausgabeformate, Antwortlängen, Sortierschlüssel, gewünschte Hilfsdateien usw. schon bei Dialogbeginn angeben, was die ganze Prozedur erheblich vereinfachen kann. Sehr nützlich ist auch die Möglichkeit - sie bestand schon bei DIRS2 - sogenannte "Checkpoints" festzulegen. Es wird damit in bestimmten Abständen automatisch eine Speicherung der Profiltabelle und der invertierten Liste veranlaßt, damit der Benutzer nicht bei einem unerwarteten Systemzusammenbruch ganz von vorne anfangen muß. Bei DIRS3 werden nunmehr solche Checkpoints auch automatisch bei allen peripheren Störfällen geschrieben und 48 Stunden lang gespeichert. Der Wiederaufruf einer solchen Checkpoint-Datei erfolgt durch das Kommando FIND CHPT.

Bei GOLEM werden Systemparameter durch eine ganze Reihe von Schaltern festgelegt. Die oben bereits erwähnte Einbeziehung von Begriffsrelationen (2.1.6; 2.2.2.1.1/3) und die Aufnahme von nicht im Thesaurus enthaltenen Suchbegriffen in die Deskriptorenliste (2.2.1.8) geschieht auf diese Weise. Ferner kann das Ausgabeformat durch Angabe von Zeichen/Zeilen (Format, DFORMAT) und bestimmter Zielinformationsabschnitten zugeordneten Benutzerinformationen (LBEIN/AUS) definiert und die Feinrecherche durch Angabe des Intervalls (SSEL) und von Teilen der zu durchsuchenden Zielinformation (FABS, FSABS) spezifiziert werden (vgl. Fig. 7). DOMESTIC kennt keine Funktionen dieser Art. Die Parameter werden hier entweder vom Systemverwalter oder innerhalb der einzelnen Kommandos festgelegt.

Retrievalsysteme werden von den Herstellern zuweilen als wahre Lernmaschinen hingestellt, die den Benutzer durch das System führen, ihn unterstützen, wenn er den Faden verloren hat, und ihm Vorschläge für das weitere Vorgehen machen. Zur bisher üblichen Ausgestaltung der Help-Funktion, die dies alles leisten soll, bemerken Brühl/Meder: Sie "erscheint nur sinnvoll, als dem Retriever gezielt für eine konkrete Situation...Vorschläge gemacht werden. Dies darf sich aber nicht darauf beschränken, daß der Retriever zu einer Nachricht nur Informationen erhält, die er auch in gedruckten Unterlagen angeboten bekommt" (S. 177).

Die hier verglichenen Systeme bieten drei Arten von Hilfestellungen an. Es kann eine Erläuterung aller Funktionen und die Erläuterung eines einzelnen Kommandos (bei GOLEM einer Gruppe von Kommandos) angefordert werden. Schließlich kann man sich zu jedem eingegebenen Kommando eine Liste der möglichen Folgekommandos mit Erläuterungen anzeigen lassen. Einem erfahrenen Rechercheur mag das genügen. Die Bedeutung der HELP-Funktionen hängt freilich von einer anderen umstrittenen Frage ab, nämlich davon, ob Online-Recherchen in der Regel vom Endbenutzer selbst oder nur durch Vermittlung eines Spezialisten durchgeführt werden sollen.

Sehr hilfreich könnte es etwa sein, einige Retrievalbeispiele (wie von Brühl/Meder, S. 177 vorgeschlagen) zu implementieren, die der Rechercheur "nachspielen" kann. Avanciertere HELP-Funktionen müßten nicht nur die Ebene der eigentlichen Systemfunktionen, sondern etwa auch die Benutzung des Wörterbuchs einbeziehen und Vorschläge für weitere Suchbegriffe machen können, wie dies ansatzweise bei PRIMAS versucht wurde.

V. Zusammenfassung

Die CCL wurde hier mit drei recht elaborierten Retrievalsystemen verglichen. Stellt man nun abschließend die Frage, welche von diesen Systemen gebotenen Funktionen sie nicht enthält, so ist folgendes festzuhalten:

Es fehlen eigentlich nur die Hilfsfunktionen zur "Kritik des Ergebnisses", wie sie DIRS3 und DOMESTIC mit der Möglichkeit der Unterstützung der zyklischen Recherche und GOLEM mit der Suche nach Indexzahlen bzw. der Verbundrecherche bieten (3.1.-3.3). Darüber hinaus bietet DIRS3 noch die differenziertere Präsentation der Profiltabelle, DOMESTIC, die flexible Handhabung des Wörterbuchs, zwei weitere logische Operatoren (exklusives und Quorum-oder), eine ganze Reihe von Korrekturfunktionen (2.2.4.4/7 und 3.2.2.1/2) und schließlich GOLEM den Direktzugriff auf einen bestimmten Zielinformationsbereich mit "Kennaspekt" (2.2.1.9). Diese

Einschränkungen, sowie einige weitere Details, die aus Tab. 1 ersichtlich sind, können aber kaum als substantiell bezeichnet werden.

Auf der anderen Seite geht der von der CCL vorgeschlagene Funktionsumfang z.T. erheblich über den der hier verglichenen Systeme hinaus. Legt man sie als Maßstab zugrunde, so zeigt sich:

- bei DIRS3 gibt es nur eine kleine, trotzdem ärgerliche Abweichung: Das Zurückblättern bei der Ausgabe ist nicht möglich (4.3)
- bei DOMESTIC fehlt bislang die Möglichkeit einer bedingten Beendigung des Dialogs (1.2.2). Es gibt einige kleine Einschränkungen bei den Kontext- und Vergleichsoperatoren, bei der Maskierung von Suchbegriffen und bei der Klammerung von Frageformulierungen. Eine sequentielle Suche in der Textdatei ist nicht möglich (3.2.1.1), und die HELP-Funktionen sind etwas eingeschränkt (4.2.2 und 4.2.4). Im übrigen ist hier festzuhalten, daß dieses für einen Minicomputer konzipierte System den "großen" Systemen durchaus ebenbürtig ist.
- GOLEM ist wegen der unterschiedlichen Grundkonzeption nur schwer mit dieser Elle der CCL zu messen. Eine Aufzählung aller Abweichungen von der CCL würde eine lange Liste ergeben. Im Unterschied zu den übrigen Systemen ist die hier diskutierte GOLEM-Version kein neues System aus einem Guß. Die ursprüngliche nunmehr etliche Jahre alte Version hat mit der Zeit zahlreiche "Anbauten" erhalten. Obwohl vom Funktionsumfang her ein hochentwickeltes System,ist die Dialogsprache recht umständlich, worunter der Bedienungskomfort sehr leidet. Manche in GOLEM nicht direkt enthaltenen Funktionen der CCL lassen sich mit Tricks und Umwegen und bei entsprechend geschicktem Datenbankaufbau vielleicht doch realisieren. Weiter unten wird darauf noch näher einzugehen sein. Hier sollen nur die substantiellen Abweichungen genannt werden. Es sind dies: das Fehlen jeglicher Kontextoperatoren, die eingeschränkte Möglichkeit der Maskierung bei der Suche mit der invertierten Datei. Es gibt keine Online-Auskunft über verfügbare Datenbasen (1.1.3). Weitere Einschränkungen bestehen bei der Eintragung von Frageformulierungen in die Profiltabelle und - entsprechend - bei der fragebezogenen Ausgabe der Zielinformation (s.o.).

Soviel zum Vergleich des Funktionsumfangs. Betrachtet man jedoch die Dialogsprache im engeren Sinne, d.h. die Benennung der Funktionen und ihre Syntax, so ergibt sich noch ein anderes Bild:

- DIRS3 ist vorläufig das einzige System, bei dem die CCL vollständig, bis in die Feinheiten der Syntax hinein, realisiert ist. Es enthält die CCL als Untermenge. Für die oben erwähnten Zusatzfunktionen wurden eine Reihe weiterer Parameter und zwei neue Kommandoworte eingefügt.

- DOMESTIC enthält - von den genannten Einschränkungen abgesehen - zwar ebenfalls die Funktionen der CCL. Die Kommandosprache zeigt jedoch erhebliche Abweichungen. Den 15 Kommandoworten der CCL stehen in DOMESTIC insgesamt 35 Oberkommandos gegenüber (s. Fig. 4 und 6 und Tab. 1). Davon entfallen jedoch nur 10 auf DOMESTIC-eigene Funktionen. Insgesamt 13 DOMESTIC-Kommandoworte sind in der CCL durch Parameter übergeordneter Kommandos realisiert. Damit stimmt auch die Bedeutung der in DOMESTIC enthaltenen CCL-Kommandoworte nicht mit dieser überein. Ihr Funktionsumfang ist kleiner. Auch Parameter und Syntax unterscheiden sich z.T. erheblich. Es ist jedoch geplant, in der endgültigen Version von DOMESTIC die Kommandosprache stärker an die CCL anzugleichen.
- Einen detaillierten Vergleich zwischen der CCL und ihrer in GOLEM realisierten Implementierung (sie heißt hier COMMON COMMAND SET) zeigt schließlich Tab. 2. Wie eingangs erwähnt, wurde hier nicht wie bei DIRS und DOMESTIC ein neues System konstruiert, sondern die CCL mit einem Transformationsprozessor auf GOLEM abgebildet. Will man GOLEM-eigene Funktionen benutzen, muß mit OWN auf das zugrundeliegende System umgeschaltet werden.

Hier zeigt sich nun ein neues Problem: Obwohl GOLEM eine sehr stark differenzierte Kommandostruktur besitzt (die Zahl der Kommandoworte liegt über 50 höher als bei der CCL), hat es sich nur unzureichend in die CCL übersetzen lassen. Abgesehen von den oben erwähnten Funktionen der CCL, die in GOLEM nicht enthalten sind, gibt es eine Reihe weiterer Funktionen, die zwar in beiden Systemen ihre Entsprechung haben, sich aber nicht bruchlos ineinander übersetzen lassen. So wurden einige weitere Parameter eingeführt, obwohl es sich dabei nicht um über die CCL hinausgehende Funktionen handelt. Auf einige GOLEM-Funktionen, die in der CCL zwar enthalten, aber syntaktisch anders realisiert sind, mußte verzichtet werden. In einigen Fällen gibt es gleichlautende Parameter mit unterschiedlicher Bedeutung. Auf die wichtigsten Unstimmigkeiten sei hier noch kurz hingewiesen (s. für die Details Tab. 2).

- Probleme verursacht vor allem das GOLEM-spezifische Format. Da die CCL den Unterschied zwischen freien und gebundenen Deskriptoren nicht kennt, müssen bei der Suche nach "freien Deskriptoren" in DISPLAY und FIND diese mit einem "Pseudoaspekt" gekennzeichnet werden. Wer andere Systeme gewöhnt ist und nicht weiß, was GOLEM unter "freien Deskriptoren" versteht, kann dadurch leicht irritiert werden.
- Während dies bei der Eingabe von Suchbegriffen nur die Einführung eines neuen, in der CCL bisher unbekannten Parameters bedeutet, kommt es bei der Ausgabe der Zielinformation zu substan-

tiellen Einschränkungen. Die Ausgabespezifizierung ist nur durch Bereichsangabe und Angabe der "gebundenen Deskriptoren" möglich. (es sind also nur die GOLEM-Funktionen ZI und AUSG realisiert.) Eine Ausgabe nach Abschnitten, die die Mängel des Formats bei der Benutzung von GOLEM etwas kompensieren könnten, fällt weg. Freie Deskriptoren kann man sich nicht getrennt anzeigen lassen.

- Von den zahlreichen Möglichkeiten zur Festlegung von Systemparametern, die GOLEM besitzt, haben sich nur zwei in das DEFINE-Kommando einbringen lassen (s. Tab. 2 : 7).
- Ebenfalls nicht realisiert wurden die Feinrecherchefunktionen (Tab. 1 : 3.2.1.1), obwohl in der CCL die Möglichkeit einer sequentiellen Suche in der Textdatei sehr wohl besteht.
- Wie oben erwähnt, müssen bei GOLEM Frageformulierungen mit einem besonderen Kommando (SET) festgehalten werden, wenn sie weiterhin in der Profiltabelle gespeichert werden sollen. In der CCS wird dies automatisch ausgeführt. Die Folge ist jedoch, daß sie nicht mehr gelöscht werden können. Das CCL-Kommando DELETE konnte nur entweder in die GOLEM-Anweisung LDES (2.2.3.1) oder LSET (2.2.4.2) übersetzt werden.
- Andererseits hat man auf essentielle GOLEM-Funktionen nicht verzichten wollen und hat deswegen für die Thesaurusausgabespezifizierung (Tab. 1 : 2.1.2/5 und Tab. 2 : 3.11/16) sowie für die Aufnahme von Deskriptorbeziehungen in die Profiltabelle (Tab. 2 : 2.2.2) neue Parameter eingefügt.
- Schließlich bewirkt der Parameter QN in BASE bei GOLEM, daß eine Save-Datei angelegt wird. In der CCL dagegen hat dies das genaue Gegenteil zur Folge. Damit wird eine gespeicherte Suchfrage aufgerufen (s. Tab. 2 : 1.6 und 1.10). Auf weitere Unstimmigkeiten dieser Art wird in den Erläuterungen zu Tabelle 2 näher verwiesen.

VI. Schlußfolgerungen

Wenn bei diesem Vergleich der vier Dialogsprachen vielleicht allzu sehr auf Details eingegangen wurde, so geschah dies nicht aus Freude an der Pedanterie. Auch bestand nicht die Absicht, irgendeine Wertung abzugeben. Welches System für welchen Zweck an besten geeignet ist, hängt von vielen weiteren Faktoren ab, die hier gar nicht zur Debatte standen. Durch den Vergleich sollte vielmehr zweierlei gezeigt werden:

1) Bei der Common Command Language handelt es sich entgegen einer weit verbreiteten Meinung nicht um einen dürftigen Katalog einheitlicher Kommandonamen, sondern um eine vollständige Dialogsprache mit vergleichsweise elaborierter Syntax. Ihr Grundgedanke ist zwar so etwas wie eine Mininalnorm zu definieren. In der Rea-

lisierung ist sie jedoch sehr viel mehr als nur der kleinste gemeinsame Nenner der existierenden Systeme. Sie ist noch immer eine Herausforderung an die Systemhersteller. Es ist zu hoffen, daß diese ihr nicht aus dem Weg gehen.

2) Eine Implementierung der Common Command Language durch Übersetzungsprozesse ist sicherlich die am wenigsten kostspielige Lösung, und es ist auch unbedingt zu begrüßen, daß solche Versuche unternommen werden. Hier besteht jedoch - wie am Beispiel GOLEM gezeigt wurde - die Gefahr, daß mit der Zeit mehrere "Dialekte" der Common Command Language entstehen, die neue Verwirrungen hervorrufen und schließlich das ganze Unternehmen diskreditieren; denn solche im einzelnen vielleicht geringfügige Divergenzen können sich bei einer mehrere Sprachen übergreifenden Recherce potenzieren. Zumindest müßten besondere Help-Funktionen zur Erläuterung solcher Abweichungen vorgesehen werden.

Normierung ist immer auch Marktpolitik. Vom Benutzerstandpunkt bringt die Common Command Language wie alles,was den Zugang zu den modernen Informationssystemen erleichtert, nur Vorteile. Die Anbieter jedoch stehen in einem gewissen Dilemma. Sie hoffen zwar auch auf eine Ausweitung des Marktes, fürchten jedoch andererseits, daß die mit der Vereinheitlichung einhergehende Flexibilisierung des Marktes ihre mühsam aufgebauten Teilmärkte wieder ins Wanken bringen könnte. Von hier aus sind also schwerlich stärkere Impulse in diese Richtung zu erwarten. Der Informationsmarkt wird noch immer von den Anbietern beherrscht. Es ist daher notwendig, daß die Benutzer sich organisieren, um entschiedener ihre Interessen vertreten zu können. Die Vereinheitlichung der Retrievalsprachen wird dabei sicher eine wichtige Forderung sein.

Literaturverzeichnis

Barth, Georg: DIRS-STAIRS-TELDOK: Ein Vergleich dieser Systeme anhand eines Retrievalbeispiels. In: Datenbasen, Datenbanken, Netzwerke, Bd. 1, 1979, S. 295-328.

Brühl,Gertraute; Meder, Werner: Funktionenkatalog: Benutzerseitige Anforderungen an Information-Retrieval-Systeme. ZMD-A-30, Berlin 1977.

DOMESTIC: User's Manual/prepared by COSTI National Center of Scientific and Technological Information, Tel Aviv 1978.

Epp, U.; Seelbach, H.E.: Softwarekonzept für die Realisierung des Information Retrieval Systems. Ausgearbeitet für die Zentralstelle für maschinelle Dokumentation, München: Kayser-Threde 1977.

Gebhardt, F.; Stellmacher, I.: Opinion paper. Design criteria for documentation retrieval languages. In: Journ. of the ASIS 1978, S. 191-199.

GRIPS-Databases. On-line user manual; DIRS3, Köln 1980.

Grosholz, Jörg u.a.: GOLEM 2. Ein System zur Wiedergewinnung von Information, München 1972 (data-praxis).

Harley, A. u.a.: Towards a universal search formulation language for information retrieval. In: Journ. of documentation 1972, S. 202.213.

Henrichs, Norbert: Literatur-Dokumentation mit GOLEM, München 1972 (data-praxis).

Jabben, Reinhard: Ein Vergleich der Dialogfunktionen von DIRS2 mit ORBIT (SDC) und Dialog (Lockheed). - In: Datenbasen, Datenbanken, Netzwerke, Bd. 2, 1979, S. 329-346.

Kurzbeschreibung von Information Storage and Retrieval Systemen, Gesellschaft für Mathematik und Datenverarbeitung, (Hefte 1-6), Birlinghoven 1972 ff.

Lancaster, Frederick Wilfrid: Information Retrieval Systems: Characteristics, Testing, Evaluation, New York 1979. -

Marcus, R.F.; Reintjes, J.F.: Research in the coupling of interactive information systems. Final report . - Cambridge, Mass, 1974.

Marcus, R.F.; Reintjes, J.F.: The networking of interactive bibliographic retrieval systems, Cambridge, Mass. 1977.

Martin, J.: Design of man-computer Dialogues, Englewood Cliffs, NJ 1973.

Martin, Th.H.: The User Interface for Interactive Bibliographic Searching. In: Journ. of the ASIS 1973, S. 142-7.

Martin, Th.H.: Comparative Analysis of interactive Retrieval Systems, Stanford 1973.

Martin, Th. H.: A Feature Analysis of Interactive Retrieval Systems, Stanford 1974.

Meadow, Charles Troub: The analysis of Information Systems, Los Angeles 1973.

Negus, A.E.: Study to determine the feasibility of a standardized command set for Euronet, London 1976.

Negus, A.E.: Euronet Guideline: Standard Commands for Retrieval systems, London 1977.

Softwareprodukt GOLEM (BS 2000) 5. Ausgabe, Dezember 1979 für Version 3.0, München 1979.

Steinacker, Ivo: Dokumentationssysteme: Dialogfunktion und Systementwürf, Berlin, New York 1975.

Treu, S.: Interactive command language based on required mental work. In: International Journal of man-machine-studies 1975, S. 135-149

Walker, D.E.: Interactive Bibliographic Search. The User-Computer Interface, Montvale, NJ 1971.

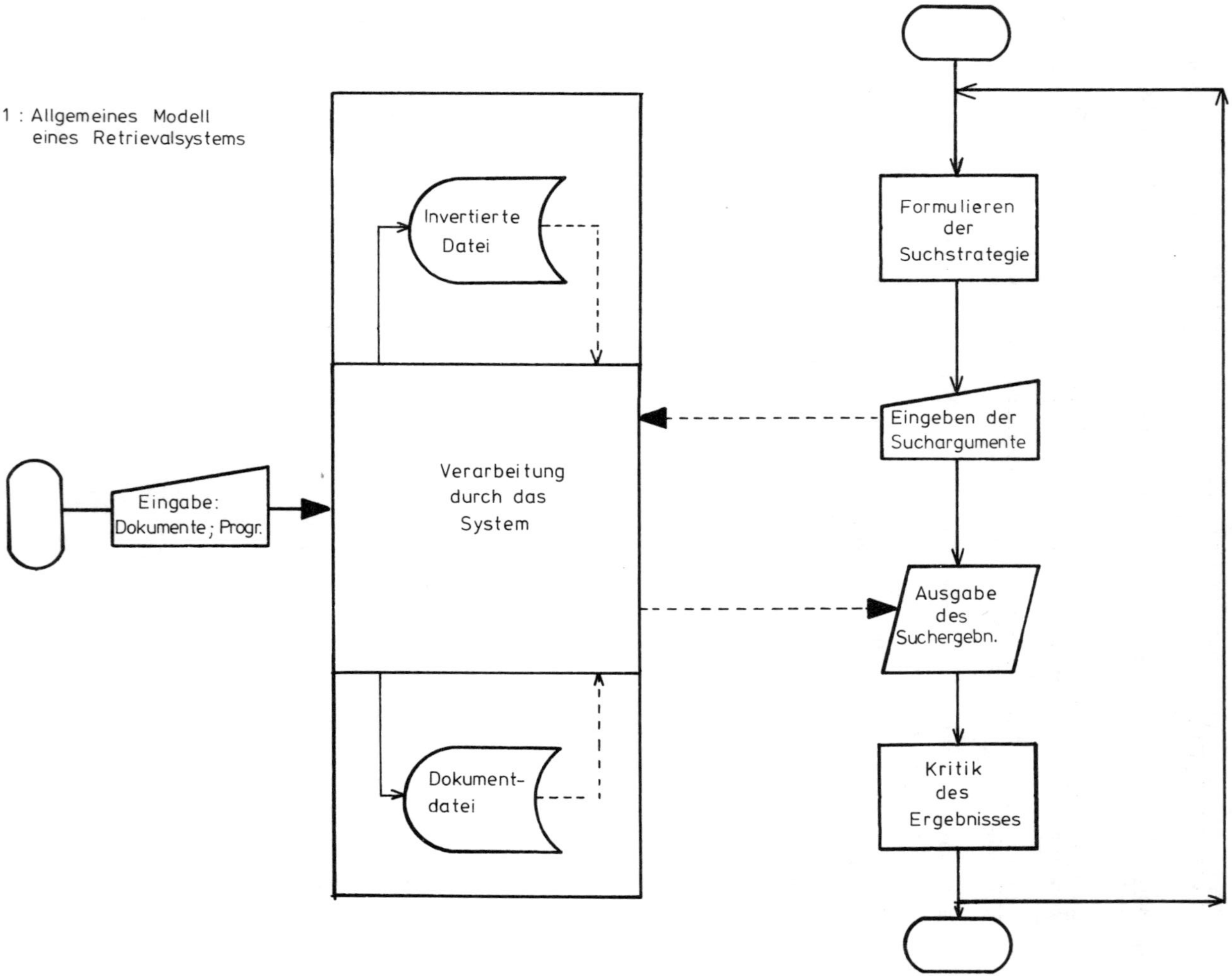

Fig. 1 : Allgemeines Modell eines Retrievalsystems

Fig. 2 : Funktionen eines Retrievalsystems

A. Formulieren der Suchstrategie
B. Kritik des Ergebnisses

1. Organisatorische Funktionen

1.1. bei Dialogbeginn
1.2. bei Dialogende

2. Aufbau u. Eingabe d. Suchstrategie

2.o. Eingeben d. Suchargument
2.1. Benutzung permanent vorhandener Retrieval-Hilfsdateien (Wörterbuch, Thesaurus)
2.2. Aufbau und Handhabung dialogspezifischer Hilfsdateien
2.3. Speichern und Wiederaufrufen benutzerspezifischer Hilfsdateien

3. Ausgabe und Manipulation des Suchergebnisses

3.o.1. Ausgabe on-line
3.o.2. Ausgabe off-line
3.1. Reformulieren der Suchstrategie mit Hilfe d. Ergebnisses
3.2. Feinrecherche
3.3. Kombination von Suchergebnissen

4. Allgemeine Funktionen

Di = invertierte Datei
Dp = Profiltabelle (dialogspezifisch)
Ds = Save-Datei (benutzerspezifisch)
De = Ergebnisdatei

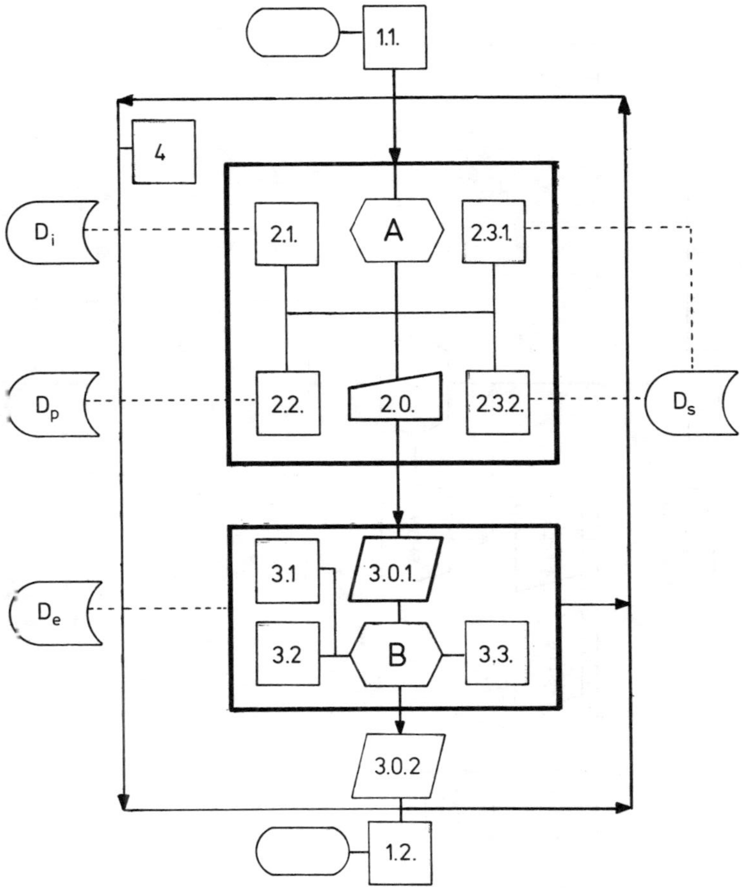

FIG. 3

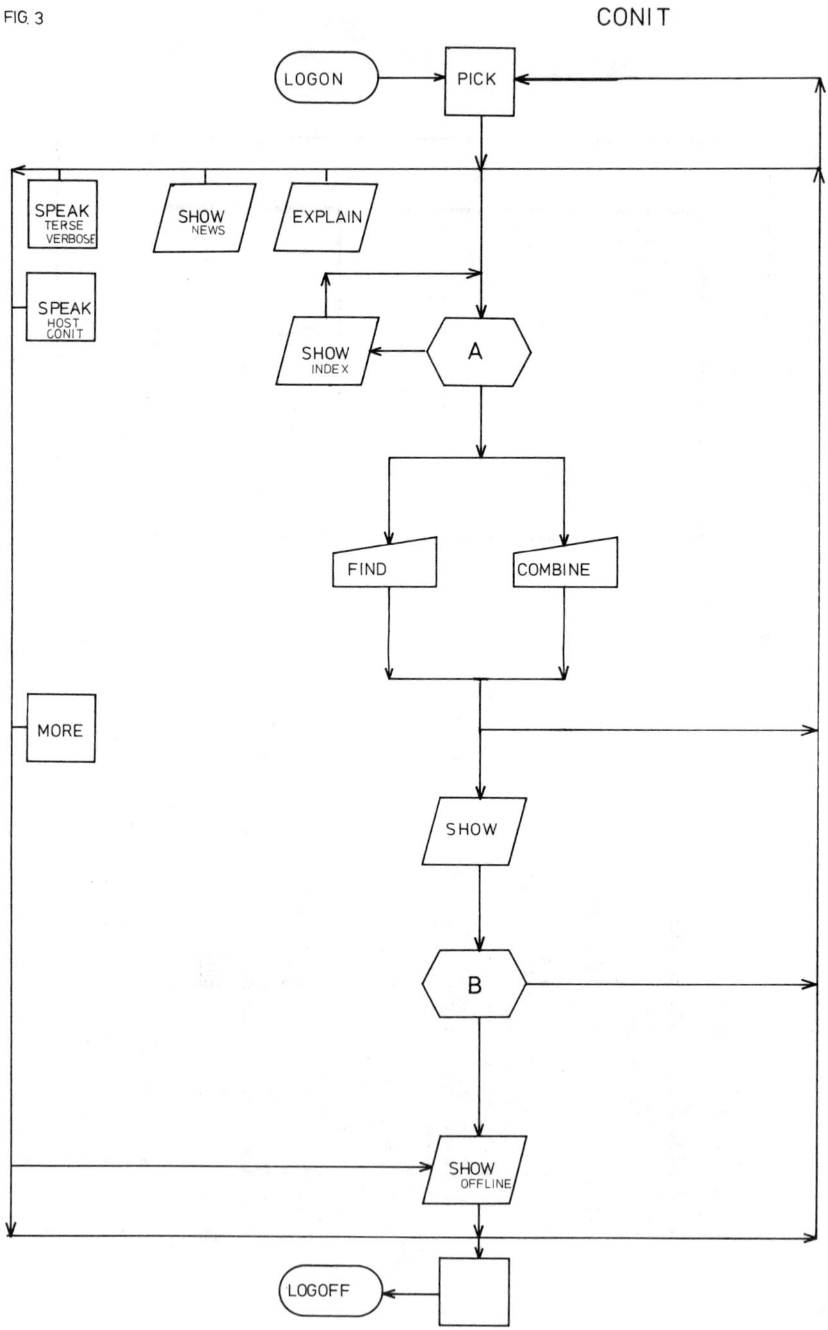
CONIT
LOGON
PICK
SPEAK
TERSE
VERBOSE
SHOW
NEWS
EXPLAIN
SPEAK
HOST
CONIT
SHOW
INDEX
A
FIND
COMBINE
MORE
SHOW
B
SHOW
OFFLINE
LOGOFF

FIG. 4

Common Command Language

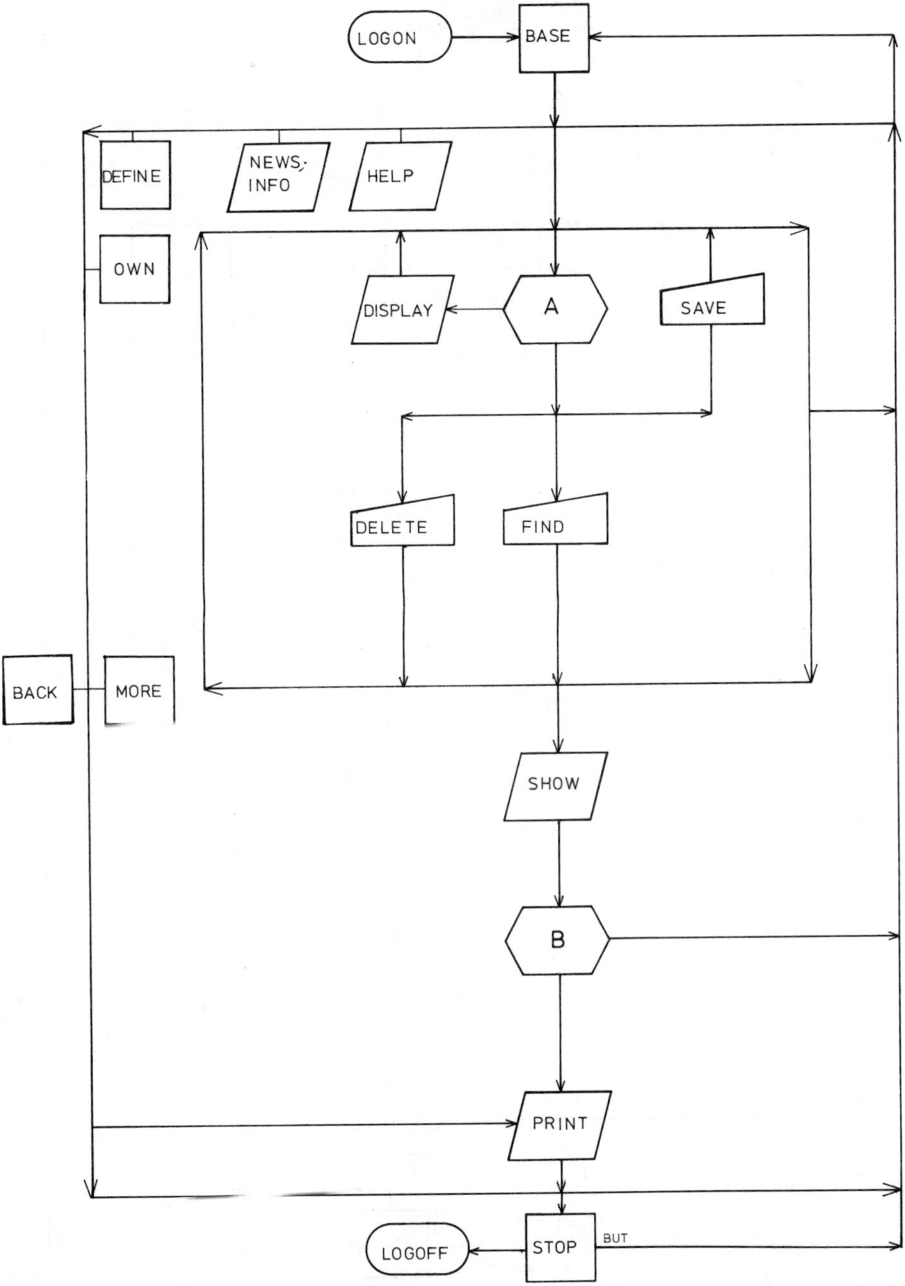

Fig. 5

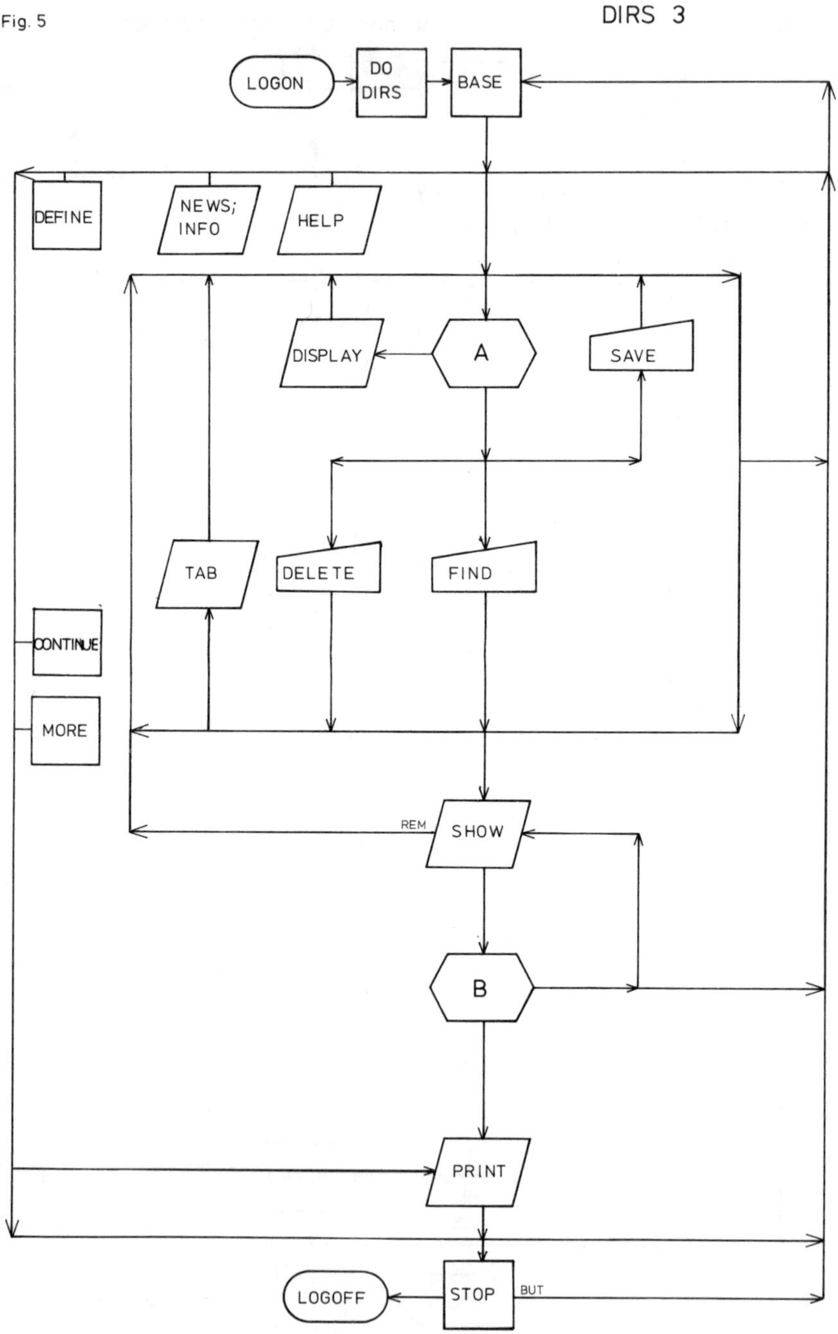
DIRS 3
LOGON
DO DIRS
BASE
DEFINE
NEWS; INFO
HELP
DISPLAY
A
SAVE
TAB
DELETE
FIND
CONTINUE
MORE
REM
SHOW
B
PRINT
LOGOFF
STOP
BUT

Fig. 6

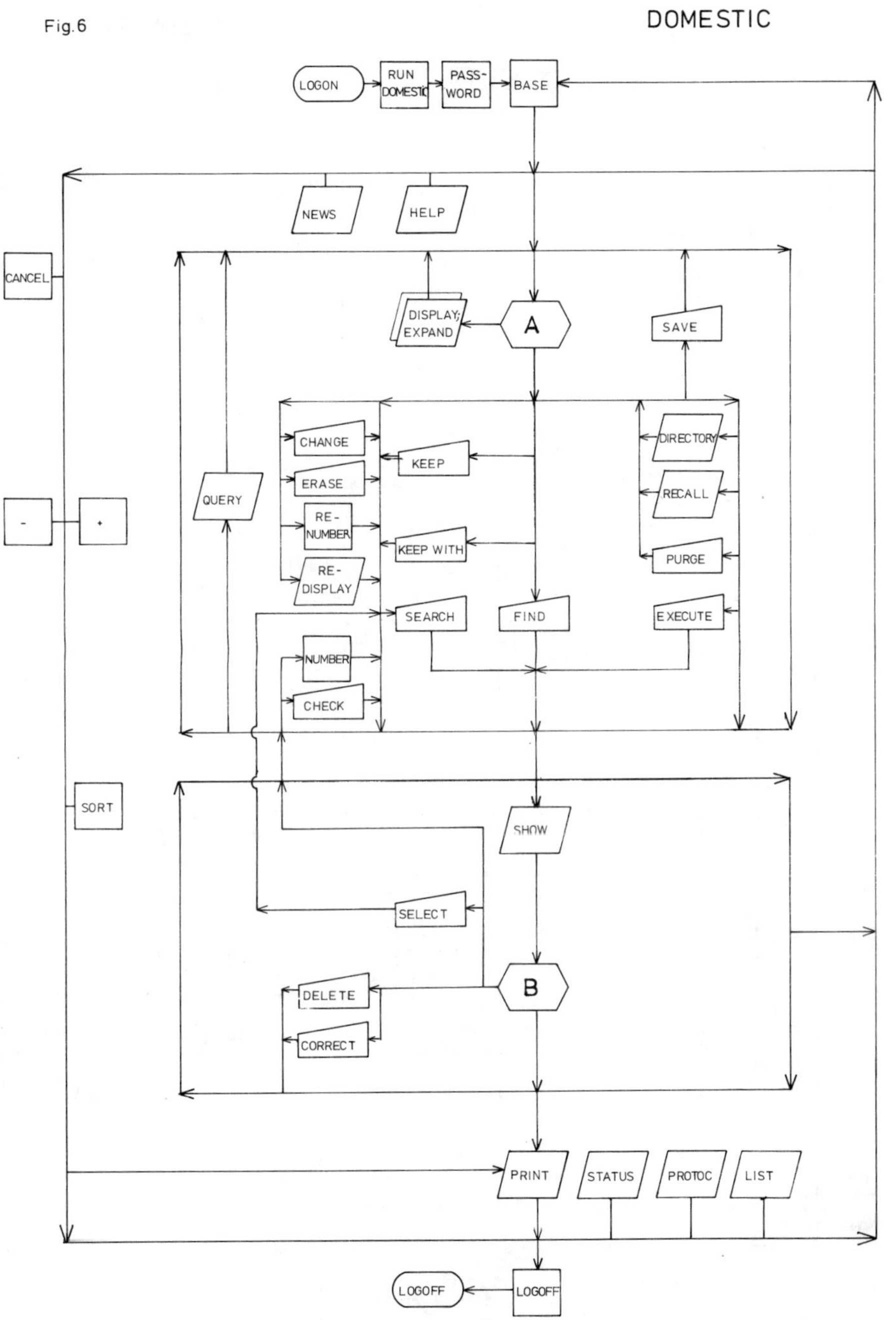
DOMESTIC
LOGON
RUN DOMESTIC
PASS-WORD
BASE
NEWS
HELP
CANCEL
DISPLAY; EXPAND
A
SAVE
CHANGE
ERASE
RE-NUMBER
RE-DISPLAY
KEEP
KEEP WITH
QUERY
DIRECTORY
RECALL
PURGE
-
+
SEARCH
FIND
EXECUTE
NUMBER
CHECK
SORT
SHOW
SELECT
B
DELETE
CORRECT
PRINT
STATUS
PROTOC
LIST
LOGOFF
LOGOFF

Fig. 7

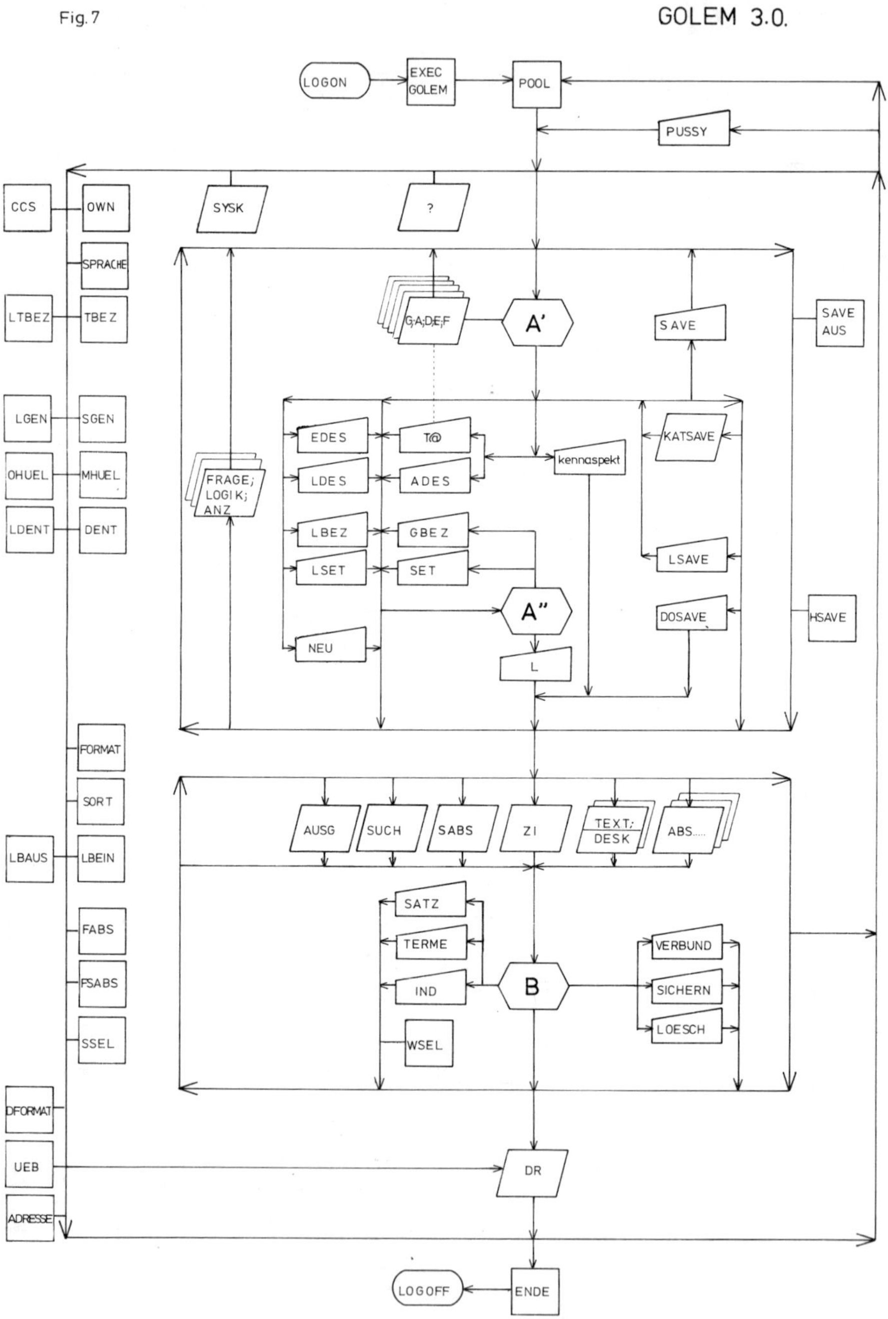
GOLEM 3.0.
LOGON
EXEC GOLEM
POOL
PUSSY
CCS
OWN
SYSK
?
SPRACHE
LTBEZ
TBEZ
G;A;D;E;F
A'
SAVE
SAVE AUS
LGEN
SGEN
EDES
T@
KATSAVE
kennaspekt
OHUEL
MHUEL
FRAGE; LOGIK; ANZ
LDES
ADES
LDENT
DENT
LBEZ
GBEZ
LSAVE
LSET
SET
A"
DOSAVE
HSAVE
NEU
L
FORMAT
SORT
AUSG
SUCH
SABS
ZI
TEXT; DESK
ABS.....
LBAUS
LBEIN
SATZ
FABS
TERME
VERBUND
FSABS
IND
B
SICHERN
LOESCH
SSEL
WSEL
DFORMAT
UEB
DR
ADRESSE
LOGOFF
ENDE

Tabelle 1 : Synopsis der Funktionen

1/5

Nr.	Funktion	B/M	CCL	DIRS 3	DOMESTIC 1	GOLEM 3.0.
1.1.1.	Starten des Systems	23	DO...	DO DIRS 3	RUN DOMESTIC	EXEC GOLEM
1.1.2.	Benutzeridentifikation	25ff	a	(Formular)	PASSWORD	POOL a
1.1.3.	Auskunft über verfügbare Datenbasen	30	BASE	BASE	BASE	
1.1.4.	Auswahl der Datenbasis	29	(BASE) a n	(BASE) a n	(BASE) a n	POOL b
1.2.1.	Wechseln der Datenbasis	30	BASE	BASE	BASE	POOL PUSSY
1.2.2.	Beginn eines neuen Dialogs mit neuer Nummer	33	STOP BUT QN	STOP BUT QN		
1.2.3.	Abschalten	31	STOP	STOP	LOGOFF	ENDE
2.0.	Direkte Eingabe von Suchfragen		FIND a	FIND a	FIND a	
2.1.1.	Wörterbucheinblick ohne Qualifizierung d. Suchbegr.	34			DISPLAY a	
2.1.2.	Wörterbucheinbl.m. Einschr. auf bestimmte Kategorien	36	DISPLAY k a	DISPLAY k a	DISPLAY k a	E k a F a
2.1.3.	Anzeige der Aspektnamen	40				A k
2.1.4.	Anzeige der gebundenen Deskr. zu einem Aspekt	37				D k
2.1.5.	Ausgabe d.gesamten Thesaurus ohne Ang. d. Einspr.stelle					G
2.1.6.	Anzeige v. systemat. Bez. zw. Deskriptoren	36;98	DISPLAY UP (usw)	DISPLAY UP (usw)	EXPAND	TBEZ-LTBEZ
2.1.7.	Anzeige v.Zusatzinf. zu einem Deskriptor		DISPLAY..AI	DISPLAY..AI	EXPAND	

Anmerkung zur Schreibweise : Die Parameter zu den Kommandoworten werden nur dann wiedergegeben, wenn es zum Verständnis notwendig erscheint. In diesen Fällen wird eine verkürzte Notation verwendet. Dabei bedeuten: Grossbuchstaben : Systemspezifische Parameter , Kleinbuchstaben : allgemeine Parameter : a,b : Suchbegriffe, Suchfragen oder Dateinamen ; k : Kategorienamen ; n,m : Referenznummern. Die Angaben in der Spalte B/M beziehen sich auf die Seitenzahlen des "Funktionenkatalogs" von Brühl/Meder.

Tab.1 : 2.2.1.-2 2/5

Nr.	Funktion	B/M	CCL	DIRS 3	DOMESTIC 1	GOLEM 3.0.
2.2.1.1.	Eintrg. v. Deskr. in Datei pot.Suchbegr. d."Ankreuzen"	41-45	FIND n;	n	KEEP n	T@ n
2.2.1.2.	dgl. durch explizite Eing. d. Deskriptors	41-45	FIND a;NOFIND	FIND a;NOFIND	KEEP a	ADES a
2.2.1.3.	Eintrg. v. Deskr.kombinat. in Datei pot. Suchbegr.	41-45;47	FIND a;NOFIND	FIND a;NOFIND	KEEP a KEEP a WITH b	
2.2.1.4.	Eingabe von Deskriptoren m. Aufruf d. Suchprozedur	51-53	FIND a n	FIND a n	FIND a n	
2.2.1.5.	Eingabe v.Deskr.komb. m. Aufruf d.Suchprozedur	51-53	FIND a	FIND a	FIND a	L n
2.2.1.6.	Aufruf d. Suchproz. f. Sucharg um. aus d. Dat.pot.Sbegr.	44	FIND n	FIND n	SEARCH n	
2.2.1.7.	Hinzufügen e.Suchargum. zu e. Suchargum. aus d.Profiltab.	46			KEEP n WITH a KEEP n WITH m	
2.2.1.8.	Einbeziehen von nicht im Wörterb. enth. Begr. in Dat.pot.Suchbegr.		FIND a	FIND a	KEEP a	DENT - LDENT
2.2.1.9.	Direkter Zugriff auf einen Zielinformat.Bereich					kennaspekt
2.2.2.1.1.	Einbeziehen v.Deskriptorbez. in Datei pot.Suchbegr.	95-99	FIND UP a ;NOFIND	FIND UP a ;NOFIND	KEEP BT a (usw)	MHUEL - OHUEL
2.2.2.1.2.	Einbeziehen v. Deskriptorbez. in die Suchfrage	95-99	FIND UP a (usw)	FIND UP a (usw)	FIND BT a (usw)	GBEZ - LBEZ
2.2.2.1.3.	Voreinstellen von Beziehungsarten f. generische Suche	95-99	(nicht notw)	(nicht notw.)	(nicht notw.)	SGEN - LGEN
2.2.2.2.1.	Boolesche Operatoren	66-71	AND; OR ;NOT	AND; OR; NOT	AND; OR ;NOT BUT n ;XOR	U ; V ; UN
2.2.2.2.2.	Kontextoperatoren	66-71	(Adj.pattern)	(Adj.pattern)	ADJ	
2.2.2.2.3.	Vergleichsoperatoren	72 f	<;<=;>;>=;=	<;<=;>;>=;=	FROM n ;TO m	** ... ; ...**
2.2.2.2.4.	Intervalloperatoren	72 f	n TO m	n TO m	FROM nTO m	n ** m
2.2.2.2.5.	Maskierung von Suchbegriffen	53-55	Begr.u.unbegr. an belieb.St.	Begr.u.Unbegr, an belieb. St.	Begr.u.Unbegr. nur Wortende	nur begrenzt nur Wortende
2.2.2.2.6.	Klammerung in Frageformulierungen		ja	ja	nein	ja

Tab.1:2.2.3-2.3

Nr.	Funktion	B/M	CCL	DIRS 3	DOMESTIC 1	GOLEM 3.0.
2.2.3.1.	Anzeige d. Datei pot. Suchbegriffe	5o	FIND ?	TAB	QUERY	FRAGE
2.2.3.2.	Anzeige des Inhalts der Ergebnisdatei	86	FIND ?	TAB FIND ?	QUERY	ANZ
2.2.3.3	Anzeige der aktuellen Verknüpfungslogik	86	FIND ?	TAB FIND ?	QUERY	LOGIK
2.2.4.1.	Löschen von Eintragungen in d. Dat. pot. Suchbegr.	46 f	DELETE n	DELETE n	ERASE n	LDES n
2.2.4.2.	Löschen von Suchfragen	88	DELETE n	DELETE n	ERASE n	LSET n
2.2.4.3.	Löschen d. gesamten Profiltabelle	46 f	DELETE ALL	DELETE ALL	ERASE ALL	NEU
2.2.4.4.	Auswechseln v. Deskriptoren in d. Dat. pot. Suchbegr.	46 f			CHANGE	EDES
2.2.4.5.	Auswechseln von Operatoren in Frageformulierungen	176			CHANGE	
2.2.4.6.	Neu Durchnummerieren der Profiltabelle	46f;176			RENUMBER	
2.2.4.7.	Anzeigen d. urspr., unkorr. Form d. Profiltab.	86			REDISPLAY	
2.3.1.	Speichern von Suchfragen beim Poolwechsel während d.Dialogs	46				PUSSY
2.3.2.	Speichern v.Suchfrg. über d. Ende d.Terminalsitzg. hinaus	46;172	SAVE	SAVE	SAVE	SAVE
2.3.3.	Anzeige d. Verzeichnisses gespeicherter Suchfragen	172	SAVE ?	SAVE ?	DIRECTORY	KATSAVE
2.3.4.	Anzeige d. gespeicherten Suchfragen im Detail	172	FIND ?	TAB FIND ?	RECALL	FRAGE
2.3.5.	Löschen von gespeicherten Suchfragen	46;176	DELETE	DELETE	PURGE	LSAVE
2.3.6.	Aufruf der gespeicherten Suchfragen z. Verarbeitung	46;172	FIND SAVE a QN n	FIND SAVEa QN n	EXECUTE	DOSAVE

Tab.1 3.0-3.3. 4/5

Nr.	Funktion	B/M	CCL	DIRS 3	DOMESTIC 1	GOLEM 3.0.
3.0.1.1.	On-line-Ausgabe der Zielinformation		SHOW	SHOW	SHOW	ZI
3.0.1.2.	Spezifizierung d. Ausg.durch Ang. d. Frage-Nr.		SHOW S n	SHOW S n	SHOW S n	
3.0.1.3.	dgl. durch Angabe von Bereichen der Zielinf. Nr.		SHOW R nTOm	SHOW R nTOm	SHOW n[-m]	ZI n ** m
3.0.1.4.	dgl. durch Angabe von Teilen der Zielinformation	1o2 ff	SHOW k	SHOW k	SHOW k	TEXT;DESK;AUSG ABSZ;ABST;ABSD
3.0.1.5.	dgl. d.Begr.auf e.Textabschn.dem e. Deskr.bzw.e.Benutzerinf.zugeordn.wurden	165				SUCH;SABS
3.0.1.6.	Ausgabe d. Bildschirminhalts am Protokolldrucker	117ff	SHOW	SHOW HC	LIST	(Terminalfunktion)
3.0.2.	Off-line-Ausgabe der Zielinformation	12off	PRINT	PRINT	PRINT	DR
3.0.3.	Erstellen eines Protokolls	127;163	PRINT HIST	PRINT HIST	PROTOCOL	(DIA)
3.0.4.	Sortieren der Zielinformation	127;165	PRINT SORT DEFINE SORT	PRINT SØRT DEFINE SORT	SORT	SORT
3.0.5.	Festlegen von Überschrift und Versandadresse		PRINT L	PRINT L		UEB ; ADRESSE
3.1.1.	Nummerierung der Zeilen eines gefundenen Zielinformation				NUMBER	
3.1.2.	Vergleich der angezeigten Inf- mit d. Wörterbuch			SHOW REM	CHECK	
3.1.3.	Übernahme e. Textworts aus der Zielinf.inProfiltabelle			n (in SHOW REM)	SELECT	
3.2.1.1.	Sequentielle Suche in der Textdatei	92 ff	FIND a ST	FIND a ST		TERME; SATZ
3.2.1.2.	Suche mit Indexzahlen bzw. Rollenoperatoren					IND
3.2.2.1.	Löschen von einzelnen Zielinf. in d. Ergebnisdatei				DELETE	
3.2.2.2.	On-line-Korrektur der gefund. Dokumente		( )	(DINUPS)	CORRECT	(GOLOAD)
3.3.1	Verbundrecherche	(29;87)				SICHERN;VERBUND
3.3.2.	Löschen einer Verbundfrage					LOESCH

Tab. 1 : 4 — 5/5

Nr.	Funktion	B/M	CCL	DIRS 3	DOMESTIC 1	GOLEM 3.0.
4.1.1.	Festlegen von Systemparametern		DEFINE	DEFINE		(ja)
4.1.2.	Auskunft über Systemparameter		DEFINE ?	DEFINE ?		SYSK
4.2.1.	Dialogunterstützung allgemein	176-9	?? HELP	?? HELP	HELP	??
4.2.2.	Dialogunterstützung speziell	176-9	?	?		?
4.2.3.	Anfordern von Neuigkeiten über das System		NEWS	NEWS	NEWS	
4.2.4.	Anfordern von sonstigen Informationen		INFO	INFO		
4.2.5.	Information über den Status des Benutzers		INFO STATUS	INFO STATUS	STATUS	
4.3.	Blättern bei der Ausgabe (2.1.;2.2.3.; 3.0.1.)	34;5o; 11o	MORE;BACK	MORE	+;-	+;- ;++;-- ; J/N ; ** ;
4.4.1.	Fortsetzung eines aktuellen Kommandos			CONTINUE		WSEL (bei 3.2.1)
4.4.2.	Abbrechen einer eingel. Operation			(terminalfunkt)	CANCEL	**
4.5.	Zurückschalten in das zugr. lieg. System(Transp.Mode)		OWN	(entfällt)	(entfällt)	OWN

Tabelle 2 : **Common Command Language (EURONET) und**
Common Command Set (GOLEM 3.0.)
- Vergleich der Syntax -

Nr	CCL (EURONET)	CCS (GOLEM 3.0.)
1	BASE	BASE
1.1.	<ohne Parameter>	-
1.2.	?	-
	<name>;<parameter>	<name>;P=schlüssel;<parameter>
1.3.	ED	-
1.4.	NOFIND	-
1.5.	P	P
1.6.	QN	-
1.7.	TL	-
1.8.	THES	-
1.9.	-	user-id
1.1o.	-	QN
2.	FIND	FIND
2.1.1.	<simple operand>	<deskriptor>
2.1.2.	<adjacency operand>	-
2.1.3.	<adjacency pattern>	-
2.1.4.	<string> TO <string>	-
2.1.5.	<string set>	-
2.1.6.	<prefix> <simple operand>	<prefix> <deskriptor>
2.1.7.	<Boolean expression>	<logischer Ausdruck>
2.1.8.	<prefix><Boolean express.>	<prefix><logischer Ausdruck>
2.1.9.	=	=
2.1.1o.	<;<=	<;<=
2.1.11.	>;>=	>;>=
2.1.12.	NT	
2.1.13.	DOWN	REL
2.1.14.	UP	
2.1.15	<open string>	
2.1.16	ALL	*
2.1.17.	<prefix><second.><suffix>	-
2.2.1.	?	?
2.2.2.	-	REL ?
2.3.1.	QN	QN
2.3.2.	SAVE	-
2.3.3.	CHPT	CHPT
2.3.4.	-	NOFIND
2.3.5.	<ohne parameter>	-
2.3.6.	NOFIND	-
3.	DISPLAY	DISPLAY
3.1.	<prefix><searchterm>	<prefix><deskriptor>
3.2.-3.9.	wie 2.1.9.-2.1.16	
3.1o.	-	<Thesaurusaugabecode><deskriptor>
3.11.	-	A
3.12.	-	D
3.13.	-	E
3.14.	-	F
3.15.	-	G
3.16.	-	<deskriptor> TO <deskriptor>
3.17.	-	<aspekt><Geb.deskr.> TO<geb.deskr>
3.18.	-	REL
3.19.	<prefix> <searcht><add.>	-
3.20.	CA	-
3.21.	TYP	-
3.22.	ANN	-
3.23.	REL	-
3.24.	HIS	-
3.25.	SCN	-
3.26.	<open str.>	-

<u>Erläuterungen zu Tabelle 2</u>

1.1	Ausgabe einer Liste der verfügbaren Datenbasen
1.2	Angabe der gerade benutzten Datenbasis
1.3	"Entry Date" = Begrenzung auf ein Segment der Datenbasis
1.4	Aufbau eines Suchprofils ohne Ausführung der Suche (für off-line Verarbeitung, SDI, Profilpflege etc.)
1.5	Spezifisches, bzw. Sub-Password. Bei GOLEM obligatorisch
1.6	"Question Number" = Benutzerspezifische Kennzeichnung der Suchfrage (Vgl. aber 1.10)
1.7	"Thesaurus Language" Wahl der Thesaurussprache
1.8	"Thesaurus Selection" Wahl eines anderen Thesaurus
1.9	Benutzerkennung der Datenbasis
1.10	Automatisches SAVE-Kommando (vgl. aber 1.6 und 9.4)
2.1.1 - 2.1.5	Eingabe von beliebigen Zeichenketten mit/ohne adjacency bzw. Booleschen Operatoren
2.1.6	Qualifizierung von Suchbegriffen durch ein prefix (ein prefix besteht aus Feldkennzeichnung mit Relationsangabe)
2.1.7	Der Boolesche Ausdruck kann bei beiden Systemen auch in verkürzter (= Listen-)Schreibweise eingegeben werden
2.1.8	vgl. 2.1.6
2.1.10 - 2.1.16	Einbeziehen von Deskriptorbereichen bzw. Deskriptorbeziehungen in die Suchfrage
2.1.17	"secondary" = Einfacher Operand oder Boolescher Ausdruck. "suffix" = Qualifizierender Zusatz, etwa durch Angabe von einem oder mehreren Feldkennzeichen
2.2.1	Ausgabe der Deskriptorenliste
2.2.2	Ausgabe der Deskriptorenliste mit den durch "generisches Oder" in die Suchfrage aufgenommenen Deskriptorbeziehungen
2.3	Wiederaufruf eines gespeicherten Suchprofils
2.3.1	Adressierung der gespeicherten Suchfrage durch ihre Nummer (vgl. 1.6 und 1.10)
2.3.2	Adressierung der gespeicherten Suchfrage durch ihren Namen
2.3.3	Starten der SAVE-Datei von einem Unterbrechungspunkt aus
2.3.4	Ausgabe der Namen/Nummern der unter einer Benutzerkennung gespeicherten Suchfragen (vgl. aber 2.3.6 und 4.5)
2.3.5	Ausführen der mit 1.6 bezeichneten Suchfrage
2.3.6	Aufruf der mit 1.6 bezeichneten Suchfrage, ohne sie auszuführen (analog zu 1.4) (vgl. aber 2.3.4)
3.1 - 3.9	vgl. 2.1.8 - 2.1.16
3.11	Ausgabe der Aspekte
3.12	Ausgabe der gebundenen Deskriptoren
3.13	Ausgabe der Aspekte mit ihren gebundenen Deskriptoren
3.14	Ausgabe der freien Deskriptoren
3.15	Ausgabe des gesamten Thesaurus in der Reihenfolge: A,D,F
3.16	Angabe von Bereichen von freien Deskriptoren
3.17	Angabe von Bereichen von gebundenen Deskriptoren
3.18	Einbeziehen von Relationen in die Thesaurusausgabe(analog zu 3.23)
3.19	"Category of the Term"
3.20	Typ des Deskriptors (z.B. Medlars: Major, Minor)
3.21	Annotationen
3.23	Verwandte Begriffe (analog zu 3.18)
3.24	History of the Term
3.25	Scope notes
3.26	Sonstige zusätzliche Hinweise

Tabelle 2 (Fortsetzung)

Nr	CCL(EURONET)	CCS (GOLEM 3.0.)
4.	SAVE	SAVE
4.1.	<ohne parameter>	s
4.2.	<name>	-
4.3.	-	CHPT
4.4.	-	HALT
4.5.	?	-
5.	SHOW	SHOW
5.1.	S	-
5.2.	R	R
5.3.	I	-
5.4.	-	F<aspekt>
5.5.	F<field label><formt.list>	-
6.	PRINT	PRINT
6.1.-6.5.	wie 5.1.-5.5.	
6.6.	L	L
6.7.	SORT	SORT
6.8.	OFFLINE	-
6.9.	REMOTE	-
6.1o.	DISK	-
6.11.	TL	-
6.12.	ED	-
6.13.	HIST	-
6.14.	PN	-
7.	DEFINE	DEFINE
7.1.	<Format Definition>	-
7.2.	TL	-
7.3.	THES	-
7.4.	AI	-
7.5.	RN	-
7.6.	IN	-
7.7.	L	L
7.8.	P	-
7.9.	SORT	-
7.1o.	OS	OS
7.11.	PROMTS	-
7.12.	CHPT	-
8.	DELETE	DELETE
8.1.	ALL	ALL
8.2.	<number> TO <number>	<number> TO <number>
8.3.	<open string>	-
8.4.	-	s<number> TO s<number>
9.	STOP	STOP
9.1.	<ohne parameter>	<ohne parameter>
9.2.	BUT	-
9.3.	QN	-
9.4.	-	QN

Anm.: Das Zeichen "-" bedeutet : Der entsprechende Ausdruck ist entweder in der betr. Sprache nicht definiert, oder er hat eine andere Bedeutung. Die Funktion kann trotzdem auf andere Weise realisiert sein.

4.	vgl. auch 1.1O; 2.3.1 - 2.3.6; u.4; 9.4
4.1	Speichern des aktuellen Suchprofils
4.2	Festlegen eines Namens für die SAVE-Datei
4.3	Setzen eines Unterbrechungspunktes in der SAVE-Datei (entspricht GOLEM-OWN: SAVE ohne Parameter)
4.4	Weitere Abarbeitung der SAVE-Datei wird nicht ausgeführt (entspricht GOLEM-OWN: HSAVE)
4.5	Ausgabe der Namen/Nummern der unter einer Benutzerkennung gespeicherten SAVE-Dateien (vgl. 2.3.4)
5.1	"Search stament Nr."
5.2	"Record Nr." = Auswahl nach Bereichen der Zielinformationsnummer
5.3	"Increment Nr."
5.4	Definition des Ausgabeformats: Es werden nur die gebundenen Deskriptoren der gefundenen Dokumente ausgegeben, die zu dem angegebenen Aspekt gehören (entspricht GOLEM-OWN: AUSG)
5.5	Definition des Ausgabeformats durch Feldkennzeichen bzw. festgelegte Kombinationen von Feldkennzeichen.
6.6	"Label for output": Festlegen der Titelzeile
6.7	Angabe der Sortierkategorie
6.8 - 6.1O	Festlegen des Ausgabemediums
6.11	"Thesaurus Language": Die Deskriptoren sollen in eine andere Sprache übersetzt werden (vgl. 1.7 und 7.2)
6.12	vgl. 1.3
6.13	Abdruck der Suchstrategie ("Search History)
6.14	"Program name" = Festlegen spezieller Output-Arten: Publikation- Präsentation o.ä.
7.2	vgl. 1.7
7.3	vgl. 1.8
7.4	"Additional information": Festlegen von Display-Defaults. Entsprechend 3.2O - 3.26
7.5 - 7.9	Festlegen von SHOW bzw. PRINT - Defaults entsprechend 5.2; 5.3; 6.6; 6.7
7.1O	"Output Size" Festlegen des Ausgabeformats in Zeichen und Zeilen
7.11	Festlegen der Antwortlängen
7.12	Setzen von Checkpoints
8.1	Löschen der gesamten Deskriptorenlisten (beim GOLEM-CCS können nur einzelnen Deskriptoren, nicht aber Frageformulierungen durch DELETE gelöscht werden).Die 8.1 entsprechende GOLEM-OWN-Funktion (= NEU) wird außerdem implizit durch die Funktion 9.4 realisiert
8.2	Löschen eines Deskriptorbereichs
8.4	Löschen von SAVE-Dateien (im StCs durch 8.3)
9.1	Beenden des Dialogs
9.2	Eingeben eines neuen Passwords bei Wechseln der Datenbasis
9.3	Eröffnen eines neuen Dialogs unter einer neuen Nummer
9.4	Eröffnen einer SAVE-Datei unter der angegebenen Nummer (vgl. 1.1O). Die bestehende Deskriptorenliste wird gelöscht (entspricht den GOLEM-OWN-Anweisungen NEU bzw. SAVE name)

Rolf Jansen

Retrievalerfahrungen mit amerikanischen Online-Diensten am Beispiel chemischer Datenbanken

Zusammenfassung

In einer einführenden Darstellung wird die Benutzung amerikanischer Online-Dienste am Beispiel der Marktführer LOCKHEED und SDC behandelt. Aus praktischer Sicht werden technische Voraussetzungen, Bedeutung der Fragevorbereitung, Recherchenablauf, Frage des zweckmäßigen Ausdruckortes (online/offline) und Stand der Literaturbeschaffungsmöglichkeiten betrachtet. Das Angebot der recherchierbaren Datenbanken und Datenkategorien wird am Beispiel des Fachbereiches Chemie und Randgebiete verdeutlicht. Von speziellem Interesse sind die Suchmöglichkeiten in den großen Datenbanken Chemical Abstracts und World Patents Index. Die Bedeutung der Mehrfachrecherche wird besonders hervorgehoben. Schließlich werden Kosten und Gebührenstruktur kritisch beleuchtet.

Auf Grund der Retrievalerfahrungen ergeben sich Vorteile, Probleme und Fehlerquellen sowie Zukunftsaspekte der Dialogrecherche in kommerziellen Datenbanken.

Abstract

As an introduction, the use of American online services is dealt with, taking the market leaders LOCKHEED and SDC as examples. Technical conditions, the importance of question preparation, retrieval handling, the question of suitable printout location (online/offline) and the possibilities of procuring literature are considered from the practical point of view. The range of data bases and data categories which can be searched is illustrated with reference to chemistry and related fields. The search possibilities in the big data bases Chemical Abstracts and World Patents Index are of particular interest. Special emphasis is placed on the significance of multiple searching. Finally costs and charge structure are given critical attention.

Retrieval experience has shown that dialog searching in commercial data bases has adventages, problems, sources of error and future prospects.

1. Einleitung

Der Markt für die Nutzung von Datenbanken im Online-Dialog hat sich zuerst in den USA organisiert. So ist es nicht verwunderlich, daß sich die beiden größten kommerziellen Unternehmen, die computer-lesbare Informationsspeicher für Dialog-Recherchen aufbereiten und weltweit anbieten, in den USA befinden. Es sind dies:

Lockheed Information Systems 3460 Hillview Avenue Palo Alto, California 94304	System Development Corporation SDC Search Service 2500 Colorado Avenue Santa Monica, California 90406

Amerikanischen Benutzern standen die ersten Datenbanken der beiden Unternehmen schon 1972/73 zur Verfügung /1/. Lockheed begann mit 12, SDC mit 8 Datenbanken. Inzwischen bieten die beiden Unternehmen zusammen etwa 150 verschiedene Datenbanken aus allen Wissensgebieten an. Ein Teil der Datenbanken wird von beiden Unternehmen unterhalten, so daß zum Nutzen der Kunden eine echte Wettbewerbssituation entstanden ist. Als dritter Wettbewerber auf dem amerikanischen Markt ist später noch BRS - Bibliographic Retrieval Services, 702 Corporation Park, Scotia, NY 12302 - hinzugekommen, abgesehen von einigen weiteren Datenbankanbietern, die sich auf einzelne Fachgebiete konzentrieren.

Im folgenden sollen Bedingungen und allgemeine Erfahrungen in der Dialogrecherche am Beispiel der beiden größten amerikanischen Datenbankbetreiber erörtert werden. Die Erfahrungen stützen sich vor allem auf die Nutzung chemischer Datenbanken, dürften aber auch auf andere Sachgebiete übertragbar sein.

2. Datenübertragung, Datenverbundnetze

In Europa kann man seit den Jahren 1976/77 auf das amerikanische Angebot zurückgreifen. Zu diesem Zeitpunkt waren von anderen Unternehmen Datenverbundnetze fertiggestellt worden, die es ermöglichen, mit einem Terminal von einem beliebigen Ort aus über eine normale Telefonverbindung mit dem gewünschten Computerzentrum in Verbindung zu treten. Hier sind es wiederum zwei amerikanische Firmen, die weltweite Verbundnetze betreiben, nämlich:

- Tymshare Incorporated - das Netzwerk heißt Tymshare Network, abgekürzt TYMNET - und
- TELENET Communications Corporation

In Europa haben eine Reihe von nationalen Postverwaltungen entsprechend ihrem postalischen Monopol für den öffentlichen Datenverkehr in ihren Ländern eigene Knotenstellen installiert. So betreibt die Deutsche Bundespost in Frankfurt/Main eine Überleiteinrichtung, die über eine Leitung der transatlantischen Telegraphengesellschaft an die Netze von TYMNET und TELENET angeschlossen ist und so den Datenverkehr mit Computerzentren in den USA ermöglicht. Die Knotenstelle der Bundespost kann über Telefon direkt angewählt werden, man gibt eine entsprechende Kennung ein und wird in Sekundenschnelle mit den großen Speichern in Palo Alto oder Santa Monica verbunden. Teilnehmer, die diesen Dienst nutzen wollen, müssen zunächst eine Benutzungsvereinbarung mit dem jeweiligen Datenbankbetreiber, also z.B. mit Lockheed oder SDC abschließen, und erhalten dann eine User Idenfication. Anschließend ist beim Telegrafenamt in Frankfurt eine Benutzerkennung zu beantragen (Adresse: Telegrafenamt, Postfach, 6000 Frankfurt 1).

3. Datenendstation (Terminal)

Die Beantragung einer oder mehrerer Benutzerkennungen ist beim Datenbankbetreiber nicht mit Kosten verbunden. Die Bundespost erhebt für eine Teilnehmerkennung eine Monatsgebühr von 15 DM, für jede weitere Kennung 5 DM. Darüberhinaus entstehen Kosten nur, wenn recherchiert wird. Die einzig notwendige Investition ist die Anschaffung eines Terminals, das je nach Typ und Ausstattung zwischen 3 und 30 Tausend DM kosten kann. Es gibt eine Fülle von Fabrikaten, die für den Dialogverkehr mit den US-Datenbasen geeignet sind. Gemeinsame Merkmale dieser Terminaltypen sind vor allem asynchrone Datenübertragung und eine Übertragungsgeschwindigkeit von 300 oder 1200 Baud (bit/sec) (1).

Ein 1200-Baud-Terminal liegt hinsichtlich der Kosten für die Online-Ausgabe von Recherchenergebnissen etwas günstiger als ein 300-Baud-Terminal. Ansonsten sind bei der Anschaffung eines Terminals vor allem folgende Fragen zu entscheiden:

- Druckendes Terminal oder Bildschirmterminal mit angeschlossenem Drucker?
- Modem der Bundespost oder akustische Kopplung?
- Terminal mit oder ohne Speichermöglichkeit (z.B. mittels Cassetten oder Disketten)?
- Programmierbares Terminal?

Druckende Terminals, die für unser Einsatzgebiet in Betracht kommen, arbeiten meist mit 300 oder 1200 Baud, Bildschirmterminals können noch höhere Geschwindigkeiten übertragen. Allerdings sind für den eigentlichen Dialog zwischen Mensch und Datenbank Geschwindigkeiten über 1200 bit/sec ohne praktische Bedeutung, weil der Mensch einer so schnellen Ausgabe garnicht folgen kann. Ferner ist zu bedenken, daß jeder sorgfältig arbeitende Rechercheur daran interessiert sein muß, den vollen Online-Dialog ausgedruckt zu erhalten, um ihn auf mögliche Fehler kontrollieren zu können. Unter diesen Gesichtspunkten ist jeweils zu prüfen, ob sich der Einsatz des teureren Bildschirmterminals für die speziellen Zwecke der Online-Recherche lohnt.

Ein Postmodem wird man im Regelfall bei stationärem Betrieb des Terminals einsetzen. Die akustische Kopplung macht ein Terminal beweglich. Ein so ausgestattetes Gerät kann im Prinzip an jeden Telefonapparat angeschlossen werden. Um Störungen zu vermeiden, sollten möglichst Fernsprechhauptanschlüsse verwendet werden. Außerdem kann es zweckmäßig sein, die üblichen Kohlemikrofone in den Telefonhörern gegen halbleiterverstärkte Exemplare austauschen zu lassen. Die akustische Kopplung ist in der Anschaffung teurer, dafür entfällt die monatliche Modemgebühr.

Ist ein Terminal mit einer zusätzlichen Speichereinrichtung ausgestattet, so kann man Fragestellungen vor Beginn des Dialogs in fehlerkorrigierter Form speichern und die gespeicherte Frage nach dem Login-Prozeß zeitsparend abrufen, was vor allem bei umfangreicheren Frageprofilen Kosten spart. Mit einem programmierbaren

Terminal kann man z.B. den Login-Prozeß durch ein intern gespeichertes Programm nach Eingabe eines vereinbarten Zeichens automatisch abwickeln lassen. Eine andere Anwendung wäre die elektronische Weiterleitung von online erhaltenen Daten (Terminal als Zwischenstation). Beispielsweise können Identitätsnummern von chemischen Substanzen (z.B. Registry-Nummern bei Chemical Abstracts), die durch Befragung einer Fakt-Datenbank erhalten wurden, in einer per Programm aufbereiteten Form als Suchmerkmale in entsprechende bibliographische Datenbanken übertragen werden.

Weitere Einzelheiten zu den organisatorischen und technischen Voraussetzungen des Online-Retrievals können z.B. einem einführenden Vortrag von LOBECK /2/ und den Schriften der Datenbankbetreiber und der Deutschen Bundespost entnommen werden.

4. Dialogsprache

Zur Verständigung mit den Computerbasen (Hosts) in Palo Alto und Santa Monica ist die Kenntnis der benutzten Dialogsprache erforderlich, die bei Lockheed DIALOG und bei SDC ORBIT heißt.

Alle Datenbanken, die Lockheed oder SDC zur Verfügung stellen, werden jeweils mit der gleichen Dialogsprache recherchiert, also mit DIALOG bei Lockheed und mit ORBIT bei SDC. Die Dialogsprachen sind nicht nur formal unterschiedlich, obwohl sie im großen und ganzen mit den gleichen Möglichkeiten ausgestattet sind. Beträchtliche Unterschiede bestehen besonders in der Ausgestaltung des Volltext-Retrievals (2).

Einzelheiten über die Funktionen der Dialogsprachen können den User Manuals der Datenbankbetreiber /3-4/ und vergleichenden Beitrag von JABBEN /5/ in Band 2 entnommen werden.

Beide Sprachen sind benutzerfreundlich angelegt und relativ leicht erlernbar. Vor allem DIALOG besticht durch klaren, logischen und übersichtlichen Aufbau.

Dennoch, neben dem erforderlichen Fachwissen bedarf es einiger Erfahrung, um den Inhalt einer bestimmten Datenbank voll ausschöpfen zu können. So ist es notwendig, die einzelnen Datenbanken hinsichtlich Umfang, Struktur, Indexierungspraktiken und sonstigen Besonderheiten intensiv zu studieren. Entsprechende Unterlagen werden vom Datenbankbetreiber und/oder Datenbankproduzenten angeboten. Wichtig ist auch, daß Suchstrategie und Frageformulierung v o r der Abwicklung des Dialogs am Terminal gut durchdacht und vorbereitet werden.

5. Datenkategorien

Obwohl die verschiedenen Datenbanken in den Inhalten und in der Strukturierung unterschiedlich angelegt sind, besteht eine vergleichsweise breite Übereinstimmung in den Datenkategorien (Datenelementen), die je Literaturstelle zur Recherche und zur Ausgabe zur Verfügung stehen. Dies sind die üblichen bibliographischen Daten, wie Autoren, Firmen- und Institutionsnamen, Publikationsjahr usw., und sachbezogene Daten, je nach Datenbank in unterschiedlicher Anzahl und Qualität. Letztere können Deskriptoren, Keywords, auch Klassifikations- und Code-Systeme, Fachgebietseinteilungen und ähnliches sein. Bei allen Datenbanken sind die in den Publikationstiteln vorkommenden Termini durch automatische Indexierung (3) in das Vokabular der recherchierbaren Deskriptoren eingereiht worden. Soweit die Datenbanken auch Referate enthalten, sind von wenigen Ausnahmen abgesehen auch die darin vorkommenden Termini recherchierbar.

Sowohl Lockheed wie auch SDC haben sich bemüht, die teils unterschiedliche Terminologie der Datenkategorien in den verschiedenen Datenbanken zu vereinheitlichen und die in der Dialogsprache vorkommenden Abkürzungen für Datenkategorien anzugleichen. Dies erleichtert den Umgang mit den verschiedenen Datenbanken bei ein und demselben Datenbankanbieter.

Suchmerkmale aller Datenkategorien einer Datenbank sind in beliebiger Kombination mit Hilfe der üblichen Booleschen Operatoren OR, AND, NOT anfragbar. Zusätzlich stehen bei Lockheed

Kontext-Operatoren zum Zwecke der Volltextsuche zur Verfügung. Durch entsprechende Variation des Druckbefehls kann man bestimmen, ob alle verfügbaren Angaben je Literaturstelle oder bestimmte Datenkategorien ausgegeben werden sollen. Die Antworten können online, also direkt vom Terminal ausgedruckt, oder offline angefordert werden. Im letzten Fall werden die Recherchenergebnisse in Palo Alto oder Santa Monica ausgedruckt und per Luftpost eingesandt.

Im Bedarfsfall können auch Orginalpublikationen am Terminal bestellt werden. Man kann dabei über Lockheed oder SDC auf eine Anzahl von Datenbankproduzenten bzw. Literaturbeschaffungsdiensten zurückgreifen. Das Problem der Literaturbeschaffung ist damit noch nicht völlig gelöst. Wenn der Datenbankproduzent, in dessen Datenbasis man recherchiert hat, nicht auch die Beschaffung der Originaldokumente selbst anbietet, dann ist nicht ersichtlich, welchen Literaturbeschaffungsdienst man zweckmäßigerweise beauftragt, welcher also über die Originale verfügt und sie auf dem schnellsten Wege liefern kann. Darüberhinaus müßte man eigentlich unterscheiden zwischen amerikanischer Spezialliteratur und Literatur, die in Europa verfügbar ist. Denn es erscheint nicht besonders sinnvoll, letztere im Umweg über Amerika beschaffen zu lassen. Es fehlen vergleichbar leistungsfähige Online-Dienste in Europa. Die Literaturversorgung zweckmäßig zu organisieren erfordert wohl noch einiges Nachdenken und mit Sicherheit eine engere Kooperation zwischen dem amerikanischen und europäischen Markt.

6. Recherchenablauf

Nach dem Anwählen der Knotenstelle und der Kopplung von Telefon und Terminal erfolgt zunächst ein im Ablauf vorgezeichneter Login-Prozeß. Der Benutzer wird vom System aufgefordert, eine Kennzeichnung des Terminaltyps und hintereinander einige Benutzerkennungen einzugeben, durch die Bundespost und Datenbankbetreiber den Benutzer identifizieren können. Das System meldet die erfolgte Verbindung mit dem gewünschten Computerzentrum. Dann gibt der Benutzer durch ein bestimmtes Kommando zu erkennen, mit welcher der verschiedenen Datenbanken er verbunden werden will. Je nach Art der Fragestellung wird er anschließend Einblick in den alphabetisch geordneten Index der recherchierbaren Terms nehmen, oder direkt damit beginnen, die Suchterms einzugeben und die Suchlogik aufzubauen. Das System beantwortet jede Einzelfrage mit der Angabe,wieviel Literaturstellen auf einen Suchterm oder eine Termkombination entfallen.

Nach Eingabe und Optimierung der Frageformulierung steht zur Entscheidung, ob die Antwort online oder offline ausgedruckt werden soll. Beim 300-Baud-Verkehr ist eine offline-Ausgabe in jedem Fall kostengünstiger, sofern man einige oder alle Datenkategorien je Literaturstelle ausdrucken lassen will. Arbeitet man mit 1200 Baud, so kann die Entscheidung über den preisgünstigeren Ausgabeort von mehreren Faktoren abhängen. Von Einfluß ist, ob der Drucker ohne Geschwindigkeitsverzögerung auszudrucken gestattet (Terminal Identifier A), wie umfangreich die Texte der Datenkategorien sind, die je Literaturstelle ausgegeben werden sollen, und wie das Verhältnis Online/Offline-Kosten bei einer bestimmten Datenbank ist. Empfehlenswert ist, sich durch Vergleichsversuche und -berechnungen vorher ein allgemeines Bild über den Einfluß der Ausgabeart auf den Kostenaufwand zu machen. Weitere Gesichtspunkte sind im folgenden Entscheidungsschema (Bild 1) angedeutet.

Die Frage des Ausgabeortes von Recherchenergebnissen könnte mehr zugunsten des technisch sinnvolleren Online-Ausdrucks verschoben sein, wenn der Gebührentarif der Deutschen Bundespost praxisgerechter strukturiert wäre. Hierauf wird im Abschnitt Kosten noch näher eingegangen.

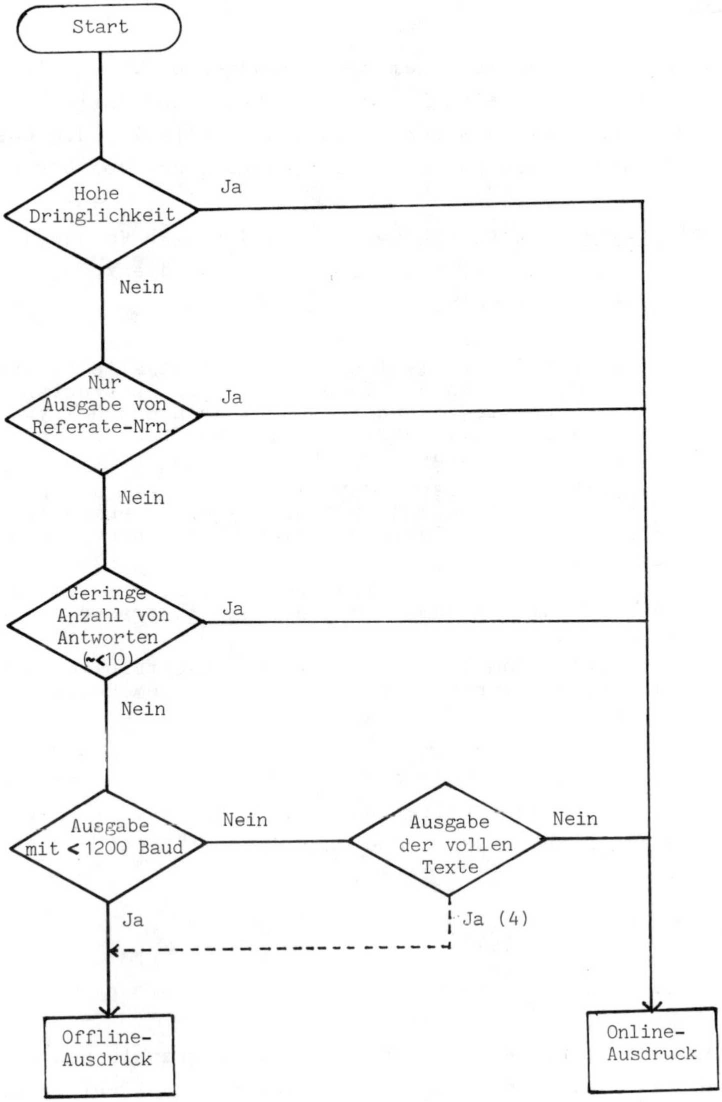

Bild 1 : Mögliches Entscheidungsschema zur Online- oder Offline-Ausgabe von Antworten

7. Datenbanken

Im Dokumentationsbereich Chemie und Randgebiete, der hier als Beispiel dient, sind eine Fülle von Datenbanken online verfügbar. Die wichtigsten und meistbenutzten sind zweifellos die Chemical Abstracts-Datenbanken sowie World Patents Index von Derwent.

Chemical Abstracts wird von Lockheed und SDC ab Volume 66 (1967) angeboten. Ausgangsbasis sind vier Magnetbanddienste von Chemical Abstracts Service:

1. CA Condensates (CAC): Dieser Teil umfaßt alle Literaturstellen, die in den Heften der Chemical Abstracts referiert sind, mit den bibliographischen Daten und den Keywords, die im Registerteil jedes einzelnen Heftes zu finden sind, aber ohne die Referate selbst.
2. CA Subject Index Alert (CASIA): Dieser Teil umfaßt die Eintragungen, die in den Halbjahresregistern erscheinen, zusammen mit den CAS Registry-Nummern chemischer Verbindungen.
3. CA Search: Eine Kombination von 1 und 2, die seit Juli 1978 unter diesem Namen von Chemical Abstracts geliefert wird.
4. CAS Registry Nomenclature File: Ein nichtbibliographischer Speicher, der verschiedene Angaben zu den chemischen Verbindungen enthält.

Diese Dienste sind von Lockheed und SDC für die Zwecke des Online-Retrievals aufbereitet worden. Beide Datenbankanbieter haben die bibliographischen Speicher in drei Zeitabschnitte aufgeteilt:

1. 1967 bis 1971
2. 1972 bis 1976
3. ab 1977

Auf Grund des Inhaltes der genannten bibliographischen Datenbasen sind ab 1967 folgende sachbezogene Daten in beliebiger Kombination recherchierbar: Titelwörter, Keywords der Heftregister, Hauptschlagwörter und Textwörter der Halbjahresregister-Eintragungen, Registry-Nummern und bei Patenten Notationen der internationalen oder einer nationalen Patentklassifikation. Ferner können die CA-Sections und Subsections zur sachlichen Einschränkung einer Recherche herangezogen werden.

Bei der Recherche nach Einzelwörtern dürften bei Lockheed und SDC keine Unterschiede auftreten. Dagegen kann man beim Full-Text Searching (Lockheed) bzw. STRINGSEARCH (SDC) unterschiedliche Recherchenergebnisse erhalten, weil Lockheed und SDC die Keywords der Heftregister und die Eintragungen der Halbjahresregister unterschiedlich aufbereitet haben (Beispiel in Bild 2).

Bei SDC ist (unter dem Datenelement Index Terms) der kontextuelle Zusammenhang der CASIA-Einträge voll erhalten geblieben: Hinter jedem Hauptschlagwort folgen Unterschlagwort (soweit vorhanden) und textliche Erläuterungen (sog. Text modification). Bei Lockheed sind Hauptschlagwort und restliche Eintragung getrennt worden. Alle Hauptschlagwörter einer Literaturstelle befinden sich unter dem Datenelement Descriptors, die übrigen Eintragungen unter Identifiers. Darüberhinaus wird bei der Aufbereitung jedes einzelne Wort darauf geprüft, ob es schon vorgekommen ist, und ggf. weggelassen. So erscheinen alle recherchierbaren Wörter nur einmal je Literaturstelle, dafür ist der kontextuelle Zusammenhang der Registereintragungen verlorengegangen. Bei den Keywords ist es gerade umgekehrt: Diese sind von Lockheed in der vorgegebenen Reihenfolge übernommen worden, während SDC nur solche Keywords aufnimmt (unter Supplementary Terms), die nicht schon vorher unter den Index Terms vorgekommen sind.

Da die kontextuelle Aussagekraft der Halbjahresregister-Eintragungen erheblich höher zu bewerten ist als die der Keywords, kann insgesamt gefolgert werden, daß in den betrachteten CA-Datenbanken Recherchen nach Mehr-Wort-Deskriptoren bei SDC eine höhere Treffsicherheit erwarten lassen. Die Recherche nach Ein-Wort-Deskriptoren ergibt keine Unterschiede.

SDC: File CAS77

```
           -4-
           AN  - CA89-45121(6)
           TI  - Resin powder
           AU  - Sato, Hiroshi; Kato, Kohei; Tomida, Rihei; Kaneko, Kazuo; Masago,
                 Kiichi; Kawabata, Norio; Okuda, Kiyoshi
           OS  - Dainippon Toryo Co., Ltd., Japan
           SO  - Ger. Offen. 2746782, 61 pp., 4/20/78 Pat App/Prty = 76124613 (in
                 Japan.), 10/18/76. PCL C08J-003/14
           DT  - P (Patent)
           CC  - SEC42-2
Volle      IT  - 25038-59-9, prepn; 25068-38-6; 66797-46-4: (electrostatic coating
CASIA-           powders contg. pigments and, manuf. of, by spraying)
Infor-     IT  - Coating materials, powder: (manuf. of, by spraying resin solns.
mation           into water)
           IT  - Powders: (of resins, manuf. of, by spraying solns. into water)
           IT  - Spraying apparatus: (for resin solns. into water, in manuf. of
                 powders)
Gekürzte ← ST  - paint; acrylic; epoxy
Keyword-
Information
```

Lockheed: File 4

```
                  CA08906045121U
                     Resin powder
                     Author: Sato, Hiroshi, Kato, Kohei, Tomida, Rihei, Kaneko,
                  Kazuo, Masago, Kiichi, Kawabata, Norio, Okuda, Kiyoshi
                     Location: Japan
                     Section: CA042002    Publ Class: PAT
                     Journal: Ger. Offen.      Coden: GWXXBX      Publ: 780420
                  Pages: 61 pp.
Volle Keyword-       Identifiers: electrostatic coating powder manuf, paint
Information       electrostatic powder manuf, powder resin manuf spraying,
                  acrylic resin powder manuf, epoxy resin powder manuf
                     Patent No: 2746782    Applic No: 76/124613    Date: 761018
                  Class: C08J3/14    Country: Japan.
                     Assignee: Dainippon Toryo Co., Ltd.

Aufgetrennte      CA08906045121U     P
und gekürzte         Descriptors:   Coating   materials,powder;Powders;Spraying
CASIA-Infor-      apparatus
mation               Identifiers: electrostatic contg pigments manuf polymers
                  resin solns water resins
                     CAS Registry Numbers: 25038-59-9P 25068-38-6 66797-46-4
```

Bild 2: Unterschiedliche Aufbereitung und Präsentation einer Literaturstelle aus Chemical Abstracts durch SDC und Lockheed

Abgeleitet aus dem CAS Registry Nomenclature File sind bei Lockheed und SDC die Datenbanken CHEMNAME, CHEMSIS und CHEMSEARCH (Lockheed) sowie CHEMDEX (SDC) online abfragbar. Diese Datenbanken enthalten die Registry-Nummern chemischer Verbindungen zusammen mit der zugehörigen Summenformel, der systematischen CA-Nomenklatur, den Trivialnamen und weiteren Angaben, auf die hier nicht näher eingegangen werden kann. Hauptanwendung dieser Datenbanken ist, über die Summenformel und/oder den Namen einer chemischen Verbindung deren Registry-Nummer aufzufinden.

Die genannten Lockheed-Datenbanken enthalten alle ab 1972 vorgekommenen Registry-Nummern, aufgeteilt nach Aktualität und Häufigkeit des Vorkommens. CHEMNAME enthält chemische Substanzen, die zwei- oder mehrmals zitiert worden sind, CHEMSIS 72 - 76 und CHEMSIS ab 77 soche Substanzen, die einmal vorgekommen sind. CHEMSEARCH enthält die allerneusten Registry-Nummern, unabhängig von der Häufigkeit des Vorkommens. Insgesamt sind in diesen Datenbanken mehr als 3 Millionen Substanzen registriert. Die Aufteilung auf mehrere Datenbanken erscheint nicht besonders praktisch. CHEMDEX von SDC enthält alle diese Registry-Nummern in einer einzigen Datenbank, allerdings zur Zeit nur bis zur Nummer 57776-56-4 (=1.700.000 Registry-Nummern) (5).

Diese Datenbanken wären noch wertvoller, wenn sie
1. vollständig wären, also auch die von 1967 bis 1971 vorkommenden Registry-Nummern enthielten und wenn
2. die automatische Übertragung von dort aufgefundenen Registry-Nummern auf die bibliographischen Datenbanken möglich wäre.

Insgesamt sind in den CA-Datenbanken über 4,5 Millionen Literaturstellen aufbereitet worden. Chemical Abstracts ist damit das größte online verfügbare Datenbanksystem. Chemical Abstracts ist auch ein Beispiel für Komplexität von Datenbankinhalten und -strukturen. Von Chemical Abstracts Service wird eine verwirrende Fülle von Hilfsmitteln zum Gebrauch der CA-Datenbanken angeboten (6). Es bedarf eines zeitraubenden Studiums, um alle darin enthaltenen Hinweise und Regelungen kennen zu lernen, und zusätzlicher Erfahrung, um dies alles nutzbringend anzuwenden. Wegen des notorischen Zeitmangels in Dokumentationsstellen ist zu vermuten, daß das notwendige Hintergrundwissen oft fehlt, bei den wenigsten Recherchen alle Möglichkeiten ausgeschöpft werden und schon aus diesem Grund unvollständige und/oder ballast-behaftete Ergebnisse resultieren können.

Neben Chemical Abstracts soll World Patents Index (WPI) von Derwent exemplarisch genannt werden. WPI ist als große Datenbank für Patentliteratur von Bedeutung. Sie entspricht den Referateorganen Central Patents Index (CPI) und Electrical Patents Index (EPI) und wird von SDC angeboten. Im einzelnen sind innerhalb WPI folgende Sektionen online verfügbar:

Patente des Pharmagebietes (CPI Section B)	ab 1963
Patente der Agrikulturchemie (CPI Section C)	ab 1965
Patente des Kunststoffgebietes (CPI Section A)	ab 1966
Übrige chemische Patente (CPI Sections D-M)	ab 1970
Technische Patente (CPI Sections P-R, ab 1980 P-Q)	ab 1974
Elektrotechnische Patente (EPI Sections S-X)	ab 1980

Recherchierbar sind neben den bibliographischen Daten Titelwörter, sog. Manual Codes in Sections A-N und neuerdings S-X, Multipunch Codes zur genaueren Beschreibung chemischer Strukturen und darauf bezogener Sachverhalte in den Sections A-C und E, die Derwent-Klassen als gröbere Gebietseinteilung und die internationale Patentklassifikation. Darüberhinaus gibt es noch Additional Words, die wie die Thesaurus-kontrollierten Titelwörter recherchiert werden, Ring Index-Nummern und Plasdoc Key Terms in mehreren Ausgestaltungen.

Die Inhaltserschließung der Patentliteratur durch Manual Codes und Multipunch Codes ist nicht voll befriedigend. Die Recherchenergebnisse sind mitunter stark ballast-behaftet. Eine Verbesserung des Multipunch Code-Systems steht vor der Einführung. Einzelheiten über die Stärken und Schwächen des World Patents Index hinsichtlich der Recherchierbarkeit chemischer Strukturen können einer kritischen Analyse von KABACK /6/ entnommen werden.

Zur Recherche von Wörtern, die in den Titeln vorkommen, dient ein Thesaurus, der fast 20 000 Deskriptoren (Vorzugsbenennungen) enthält und diesen zugeordnet weitere 23 000 Nicht-Deskriptoren (synonyme Benennungen). In einem Text editing-Prozeß werden die Titelwörter mit dem Thesaurus maschinell verglichen. Kommen Synonyme im Titel vor, so werden stattdessen die entsprechenden

Deskriptoren (Index Terms) ins Indexregister gesetzt. Dadurch kann man bei der Frageformulierung auf die Eingabe der synonymen Benennungen verzichten, die im Thesaurus als Nicht-Deskriptoren genannt sind. Man muß beachten, daß der Thesaurus nicht alle Titelwörter erfaßt. Bei seiner Zusammenstellung konnten nur solche Titelwörter berücksichtigt werden, die mindestens zweimal vorgekommen waren. Deshalb können bei einer Fragestellung auch weitere, nicht im Thesaurus registrierte Title Terms von Interesse sein. Ein Nachteil dieses Thesaurus (wie vieler anderer) ist, daß der Wortschatz nur in alphabetischer Ordnung vorliegt, so daß sachlich zusammengehörige Deskriptoren durch eine zusätzliche Analyse des Rechercheurs aufgefunden werden müssen.

Bei aller Einzelkritik darf nicht unerwähnt bleiben, daß keine andere Datenbank Patentliteratur so vollständig erfaßt wie WPI.

Die nachstehende Zusammenstellung (Tabelle 1) zeigt, daß im betrachteten Dokumentationsgebiet neben CA Search und World Patents Index eine Fülle weiterer bibliographischer Datenbanken von Lockheed und SDC angeboten werden. Fakt- und Hilfsdatenbanken einschließlich solcher, die Forschungsprojekte registrieren, sind in der Tabelle nicht berücksichtigt. Eine vollständige Übersicht über die verfügbaren Datenbanken erscheint in regelmäßigen Abständen in der Zeitschrift Online Review /7/. In den Unterlagen der Datenbankbetreiber befinden sich Übersichtsblätter zu jeder Datenbank, auf denen die wichtigsten Informationen einschließlich der recherchierbaren Datenkategorien tabellarisch aufgeführt sind /3;8/.

Aus der tabellarischen Übersicht geht hervor, daß selbst in Spezialgebieten wie Agrarwissenschaften oder Umweltschutz eine große Auswahl von Datenbanken vorhanden ist. Dies führt uns zur Frage nach der Bedeutung der Mehrfachrecherche (multiple searching) und den Erfahrungen mit diesem Recherchentyp.

Tabelle 1: Auswahl von Datenbanken im Dokumentationsbereich Chemie und Randgebiete

	(7)	LIS	SDC
A. Naturwissenschaft und Technik gesamt			
SCISEARCH 1974-1977	J	94	-
SCISEARCH 1978-	J	34	-
NTIS (National Technical Info. Service)	R	6	NTIS
World Patents Index	P	-	WPI
INPADOC (Internat. Patent Documentation Center	P	123	-
CLAIMS/U.S. Patents 1971-1977	P	24	-
CLAIMS/U.S. Patent Abstracts 1978-	P	25	-
CLAIMS/U.S. Patent Abstracts Weekly	P	125	-
B. Chemie			
CA Search 1967-1971	BJRP	2	CAS6771
CA Search 1972-1976	BJRP	3	CAS7276
CA Search 1977-	BJRP	4	CAS77
CLAIMS/CHEM 1950-1970	P	23	-
CLAIMS/CHEM/UNITERM 1950-1970	P	223	-
CLAIMS/CHEM/UNITERM 1971-1977	P	224	-
CLAIMS/CHEM/UNITERM 1978-	P	225	-
CRDS (Chemical Reactions Documentation Service)	J	-	CRDS
C. Chemie-Wirtschaft			
Chemical Industry Notes	J	19	CIN
PTS PROMT	JR	16	PROMT
D. Erdölgebiet			
APILIT (American Petroleum Inst.) (8)	JR	-	APILIT
APIPAT (American Petroleum Inst.) (8)	P	-	APIPAT
TULSA (University of Tulsa)	J P	-	TULSA
P/E News (American Petroleum Inst.)	J	-	P/E NEWS
E. Kunststoffe, Papier, Textil			
RAPRA Abstracts	JR	95	-
Surface Coatings Abstracts	BJRP	115	-
PAPERCHEM	JRP	-	PAPERCHEM
PIRA	BJR	48	-
TITUS	JRP	-	TITUS
World Textiles	BJRP	67	-

Tabelle 1

	(7)	LIS	SDC
F. Biologie, Agrarwissenschaften			
BIOSIS Previews 1969-1973	BJR	55	BIO6973
BIOSIS Previews 1974-	BJR	5	BIOSIS
IRL Life Sciences Collection	BJ	76	-
AGRICOLA 1970-1978	BJ	110	AGRICOLA
AGRICOLA 1979-	BJ	10	
Commonwealth Agricultural Bureaux Abstracts	BJR	50	CAB
PESTDOC	J	-	PESTDOC
Aquatic Science & Fisheries Abstracts	BJR	44	-
AQUACULTURE	BJR	112	-
Oceanic Abstracts	BJR	28	OCEANIC
Food Science and Technology Abstracts	BJ P	51	FSTA
FOODS ADLIBRA	J P	79	-
G. Umweltschutz, Sicherheit			
ENVIROLINE	BJR	40	ENVIROLINE
Pollution Abstracts	BJRP	41	POLLUTION
Environmental Bibliography	J	68	-
APTIC (Air Pollution Tech. Info. Center)	BJR	45	-
AQUALINE	BJR	116	-
Safety Science Abstracts	J	-	SAFETY
H. Pharmazie, Medizin			
International Pharmaceutical Abstracts	J	74	-
RINGDOC	J	-	RINGDOC
Pharmaceutical News Index	J	42	-
Excerpta Medica	J	72	-
Excerpta Medica in Process	J	73	-
NIMH (National Inst. of Mental Health)	BJR	86	-
VETDOC	J	-	VETDOC
I. Physik, Technik, Werkstoffe			
SPIN (Searchable Physics Information Notices)	J	62	-
INSPEC 1969-1977	BJRP	12	INSP6976
INSPEC 1978-	BJRP	13	INSPEC
ELCOM (Electronics & Communications Abstracts)	BJRP	-	ELCOM
ENERGYLINE	BJR	69	ENERGYLINE
COMPENDEX	BJR	8	COMPENDEX
ISMEC (Information Service in Mechanical Eng.)	BJR	14	ISMEC
METADEX (Metals Abstr./Alloys Index)	BJR	32	-
Non-Ferrous Metals Abstracts	BJRP	118	-
World Aluminum Abstracts	BJRP	33	-
WELDASEARCH	BJRP	99	-

8. Mehrfachrecherche

Die Online-Technik eröffnet eine elegante Möglichkeit, die gleiche Recherche ohne allzugroßen Mehraufwand hintereinander in verschieden Datenbanken desselben Datenbankbetreibers auszuführen. Der Dialog wird bei der Mehrfachrecherche dadurch erleichtert, daß es nicht notwendig ist, Frageformulierungen und Suchlogik in jeder Datenbank zu wiederholen. Man kann eine bestimmte Abfolge von Fragen speichern lassen und dann in anderen Datenbanken wieder aufrufen (SAVE-Technik). Diese Technik ist besonders von Lockheed in einer systematischen und praktischen Weise ausgebaut worden und läßt kaum noch Wünsche offen.

Die Abbildung auf der folgenden Seite (Bild 3) zeigt, wie ein Dialog-Protokoll unter Anwendung der SAVE-Technik bei Lockheed aussieht. Im vorliegenden Fall wurde in Chemical Abstracts nach Literatur über die Verwendung von Mono-, Di- und Triethanolamin in Shampoos und Haarpflegemitteln gesucht.(9). Die drei chemischen Verbindungen wurden mittels der Registry-Nummern ('RN=') angefragt. Um Kosten zu sparen, wurde die Fragestellung im preisgünstigeren File 1 eingegeben, durch END/SAVETEMP für einen Tag gespeichert und durch .EXECUTE STEPS in File 4 (CA ab 1977) wieder aufgerufen. Anschließend hätte man die Frage in weitere Files, z.B. in File 2 (CA 1967-1971) und File 3 (CA 1972-1976) übertragen können. Die Befehle wurden wie üblich in abgekürzter Form eingegeben (B = BEGIN, S = SELECT, .EXS = EXECUTE STEPS, T = TYPE). Für den Ausdruck wurde das verkürzte Format 6 (Titel + bibliographische Quelle) gewählt. Von den 39 Antworten wurden für dieses Beispiel nur die ersten vier ausgegeben. Zur besseren Lesbarkeit sind vom Rechercheur eingegebene Zeichenketten in der Abbildung unterstrichen worden.

Die Möglichkeit, Frageformulierungen zu speichern, kann übrigens auch zur Aufgabe von SDI-Recherchen benutzt werden. In diesem Fall erhält man die Recherchen-Ergebnisse nach jeder Fortschreibung der betreffenden Datenbank automatisch zugesandt. Allerdings sind an den SDI-Dienst sowohl bei Lockheed als auch bei SDC nur ein Teil der Datenbanken angeschlossen.

Bild 3

```
? B1
        7AUG80 3:46:27 USER6274
  $0.15  0.006 HRS FILE1*
FILE1*:ERIC 66-80/JUN
        SET ITEMS DESCRIPTION (+=OR;*=AND;-=NOT)
        --- ----- ------------------------------
? S RN=141-43-5 OR RN=111-42-2 OR RN=102-71-6
                   0 RN=141-43-5
                   0 RN=111-42-2
                   0 RN=102-71-6
          1      0  RN=141-43-5 OR RN=111-42-2 OR RN=102-71-6
? S S1 OR ETHANOL(W)AMINE
                   0 ETHANOL(W)AMINE
          2      0  S1 OR ETHANOL(W)AMINE
? S S2 AND (SHAMPOO? OR HAIR?);END/SAVETEMP
                  16 SHAMPOO?
                 134 HAIR?
          3      0  S2 AND (SHAMPOO? OR HAIR?)
SERIAL#T1VA
        7AUG80 3:49:05 USER6274
  $1.13  0.045 HRS FILE1* 4 DESCRIPTORS
? B4
        7AUG80 3:49:22 USER6274
  $0.15  0.006 HRS FILE1*
FILE4:CA SEARCH 77-80/VOL 93(04)
(COPR. AM. CHEM. SOC.)
        SET ITEMS DESCRIPTION (+=OR;*=AND;-=NOT)
        --- ----- ------------------------------
? .EXS T1VA
               1606 RN=141-43-5
                892 RN=111-42-2
               1106 RN=102-71-6
          1  3080  RN=141-43-5 OR RN=111-42-2 OR RN=102-71-6
               2621 ETHANOL(W)AMINE
          2  4321  S1 OR ETHANOL(W)AMINE
                318 SHAMPOO?
               1707 HAIR?
          3    39  S2 AND (SHAMPOO? OR HAIR?)
? T3/6/1-4
3/6/1
92185701   CA09222185701V   JOURNAL: SOAPS, DETERG. TOILETRIES REV.
PUBL: 79    SERIES: 9    ISSUE: 8    PAGES: 21-2
  MONOETHANOLAMINE IN PERMANENT WAVES

3/6/2
92165630   CA09220165630T   JOURNAL: CAN.     PUBL:  791225    PAGES:
19 PP.
  TERTIARY AMIDE AMPHOTERIC ACTIVE AGENTS
  PATENT NO: 1068720

3/6/3
92152888   CA09218152888H   JOURNAL: JPN.  KOKAI TOKKYO KOHO   PUBL:
791019   PAGES: 4 PP.   LANGUAGE: JAPAN
  SHAMPOO COMPOSITIONS
  PATENT NO: 79134712

3/6/4
92152887   CA09218152887G   JOURNAL: JPN.  KOKAI TOKKYO KOHO   PUBL:
791022   PAGES: 7 PP.   LANGUAGE: JAPAN
  SHAMPOO COMPOSITION
  PATENT NO: 79135805

? LOGOFF HOLD
        7AUG80 3:52:13 USER6274
  $3.43  0.049 HRS FILE4 7 DESCRIPTORS

LOGOFF  3:52:17
```

Neben der Technik der Fragespeicherung betreiben Lockheed und SDC als weitere Hilfe zur Mehrfachrecherche eine besondere Datenbank, in der die in den übrigen Datenbanken abfragbaren Terms zu einem Gesamtregister kumuliert sind. Bei SDC heißt dieser File Data Base Index (DBI) und enthält alle sachbezogenen Ein-und Mehrwort-Terms, soweit sie in drei oder mehr Literaturstellen einer Datenbank vorkommen /10/. DIALINDEX, die entsprechende Datenbank von Lockheed, ist ein kumuliertes Alphabet aller Indexregister der vorhandenen Datenbanken und kann mit fast allen Techniken befragt werden, die auch in einer einzelnen Datenbank üblich sind /11/. Als Antwort erhält man die Information, in welchen Datenbanken und wie oft ein Term oder eine Termkombination vorkommen. Die Benutzung einer solchen Datenbank empfielt sich immer dann, wenn man nicht sicher ist, in welcher bzw. welchen Datenbanken man Literatur zu einem bestimmten Suchbegriff erwarten kann; vor allem also bei der Suche nach seltenen Begriffen oder nach Begriffen, die in Überschneidungsgebieten angesiedelt sind.

Bei der Mehrfachrecherche zeigt sich immer wieder, daß die Überschneidungen in den verschiedenen Datenbanken weitaus geringer sind als zunächst vermutet oder befürchtet wird. Diese Erfahrung hat sich auch in benachbarten Dokumentationsgebieten bestätigt /12/. Die Ursache ist, daß jede einzelne Datenbank isoliert betrachtet unvollständig ist und eine gewisse Menge an Fehlern enthält. Nach unserern Erfahrungen ist es bedeutend erfolgversprechender, möglichst viele Datenbanken zu befragen, als eine Frage in einer einzigen Datenbank möglichst breit zu stellen. Durch die Summierung von Datenbanken werden Lücken und Fehler ausgeglichen und vollständigere Recherchenergebnisse erhalten. Darin liegt die praktische Bedeutung der Mehrfachrecherche, die durch die Initiative der Datenbankanbieter ermöglicht worden ist, die möglichst viele Datenbanken mit der gleichen Dialogsprache aufgeschlossen haben.

Natürlich bleiben auch hier noch Wünsche offen. So wäre es zweckmäßig, Mehrfachnachweise aus verschiedenen Datenbanken automatisch auffindbar zu machen und entsprechend zu kennzeichnen. Dieses Ziel ist aber nur zu erreichen, wenn entweder

- eine strikte Normung des Formats der bibliographischen Daten bis in die kleinsten Einzelheiten durchgesetzt und angewendet würde - sicher ein utopisches Ziel - oder
- die vorhandenen formalen Unterschiede durch intelligente Programme aufgespürt würden (sehr schwierig und aufwendig) oder
- jeder Publikation möglichst schon von den Verlagen eine eindeutige Identitätsnummer - analog der ISBN, der Internationalen Standardbuchnummer, und der ISSN, der Internationalen Standardnummer für fortlaufende Sammelwerke - mitgegeben würde.

Der letzte Vorschlag erscheint im Prinzip am einfachsten realisierbar zu sein, doch ist auch hier nicht mit schnellen Lösungen zu rechnen. Als Basis für eine solche Identitätsnummer könnte die ISSN dienen, die nach einheitlichen Regeln entsprechend ergänzt werden müßte. Um eine Regelung in dieser Richtung bemüht sich der internationale Norm-Entwurf ISO/DIS 30 /13/, wobei allerdings zweifelhaft bleibt, ob Dringlichkeit und Bedeutung dieses Projektes für die Zukunft des Online-Retrievals voll erkannt worden sind. Ob ein solches Projekt Erfolg hat, wird im übrigen von der Einsicht und Aufgeschlossenheit der Verleger abhängen.

Bei der vergleichenden Auswertung der Ergebnisse von Mehrfachrecherchen lernt man als Nebenprodukt den Erfassungsumfang und die Indexierungsqualität von Datenbanken besser abschätzen. Eine Erkenntnis ist, daß Spezialdatenbanken, z.B. des Umweltschutzgebietes, auf einschlägige Fragen oft weniger Antworten liefern als eine übergreifende Datenbank, in diesem Fall Chemical Abstracts. Literaturstellen mögen in Spezialdatenbanken zwar sachkundiger und tiefer erschlossen sein, der Umfang der erfaßten Literatur ist jedoch geringer. Das liegt offenbar daran, daß besonders in Querschnittsgebieten nicht immer voraussehbar ist, in welchen Zeitschriften einschlägige Publikationen erwartet werden können. Dagegen erfaßt eine breit gefächerte Datenbank wie Chemical Abstracts auch Literaturstellen, die im Sinne eines Spezialgebietes als versteckte Literatur anzusehen sind.

9. Kosten

Die Kosten einer Dialogrecherche setzen sich zusammen aus:

- Kosten für die Datenübertragung und
- Kosten für die Benutzung der betreffenden Datenbank.

Die Kosten für die Datenübertragung werden an die Deutsche Bundespost entrichtet und betragen 1,15 DM je Minute plus 1,35 DM je 1000 übertragene Zeichen, und zwar unabhängig von welchem Ort der Bundesrepublik man die Frankfurter Knotenstelle anwählt.

Die Kosten für die Benutzung der Datenbanken unterscheiden sich je nach Datenbankanbieter und Art der Datenbank. Der Datenbank-Tarif ist in Einzelfällen noch gesplittet nach Subskribenten und Nichtsubskribenten der entsprechenden gedruckten Referateorgane. Je Stunde Verbindungszeit liegen die Preise zur Zeit zwischen 25 und 130 $, abgesehen von einem Sonderfall (300 $/Stunde). Beim Offline-Ausdruck von Antworten wird je Literaturzitat zwischen 0,05 und 0,50 $ berechnet.

Nach unseren Erfahrungen ergeben sich im Durchschnitt Gesamtkosten zwischen 50 und 100 DM je Recherche, wenn im Durchschnitt 4 Recherchen in der Stunde abgewickelt werden. Dabei erscheint der Anteil der Datenübertragungskosten mit etwa 50% und mehr überproportional hoch, sowohl im Vergleich zu den Gebühren in USA (5 bzw. 8 $/Stunde) als auch innerhalb EURONET, dem Netz der europäischen Datenbankbetreiber.

	US-Datennetze	EURONET
Zeitgebühr: je Minute	1,15	0,50
Volumengebühr: je 1000 Zeichen	1,35	~0,07

Tabelle 2: Gebührenstruktur der Deutschen Bundespost für Datenübertragung über öffentliche Datennetze

Wie Tabelle 2 zeigt, beträgt die Zeitgebühr der Bundespost für die Übertragung zu den USA-Datennetzen das 2,3 fache und die Volumengebühr das 19 (!) fache der Gebühren für das europäische Netz. Eine so hohe Differenz zwischen US- und EURONET-Gebühren kann nach Überzeugung des Autors keine organisatorisch-technische Begründung finden. Es ist vielmehr offenkundig und auch in der Werbung für EURONET entsprechend herausgestellt worden, daß hier bewußt ein Preisvorteil zu Gunsten von EURONET installiert worden ist.

Der Autor hält die Errichtung einer Preisbarriere im Zugang zu den US-Datennetzen allerdings für fortschrittshemmend, widersinnig und kurzsichtig: Fortschrittshemmend, weil wegen der hohen Volumengebühr der Anreiz zur Ausrüstung mit höheren Übertragungsgeschwindigkeiten gehemmt wird. Technisch widersinnig, weil die Benutzer - besonders wegen der hohen Volumengebühr - veranlaßt werden, Recherchenergebnisse in Amerika offline ausdrucken, anstatt sie direkt online ausgeben zu lassen (vgl. Abschnitt 6 und Bild 1), wodurch übrigens der Deutschen Bundespost Einnahmen in nennenswerter Höhe entgehen dürften. Kurzsichtig und gefährlich, weil unser wirtschaftliches Wohlergehen auf den freien Weltmarkt, ohne Handels- und Preisbarrieren, angewiesen ist. Dies gilt auch für den zukunftsträchtigen Informationsmarkt und besonders für den amerikanischen Markt. In den USA ist schon Unmut über die Preispolitik der europäischen Postverwaltungen laut geworden - Stichwort information war /14-15/. Es ist zu hoffen, daß die hier geübte Kritik bald überholt ist, und die Gebühren für den Zugang zu den US-Datennetzen gesenkt und in ein angemessenes Verhältnis zu den EURONET-Gebühren gesetzt werden.

10. Vorteile und Probleme der Dialogrecherche

Einige der Vorteile der Dialogrecherche seien im folgenden noch einmal zusammengestellt:

- Schnelligkeit der Recherchen-Abwicklung am Terminal: Zwar erfordert die Vorbereitung einer Online-Recherche nicht weniger Zeit als die einer entsprechenden Batch-Recherche, aber die Ergebnisse liegen schneller vor
- Alle im Speicher verfügbaren Datenkategorien sind in beliebiger Kombination recherchierbar: Vorteil gegenüber einer gleichschnellen Recherche in einer gut organisierten Handkartei
- Zu jeder Frageformulierung erscheint sofort die Zahl der Antworten
- Während des Dialogs kann die Frageformulierung abgeändert und optimiert werden (z.B. in direkter Reaktion auf die Anzahl der Antworten)
- Fragestellungen können gespeichert und bei Bedarf wieder aufgerufen werden (SAVE-Technik)
- Mehrere Datenbanken desselben Datenbankbetreibers können hintereinander befragt werden
- Man kann auswählen, welche Datenkategorien einer Literaturstelle ausgedruckt werden sollen
- Innerhalb eines Online-Dienstes gilt für alle verfügbaren Datenbanken die gleiche Dialogsprache
- Die Datenbanken werden laufend fortgeschrieben und besitzen den höchstmöglichen Grad an Aktualität (den Grad, der vom Datenbankproduzenten vorgegeben ist)
- Die Menge der ständig verfügbaren Datenbanken hat sich durch die Online-Fernrecherche beträchtlich vergrößert: Man kann nun in Datenbanken recherchieren, die man wegen ihrer relativ seltenen Benutzung niemals im eigenen Hause unterhalten würde
- Preisgünstigkeit, mindestens im Vergleich zu den Kosten, den eine eigene Literaturerschließung verursachen würde, meist auch in Relation zu käuflichen Magnetbanddiensten.

Andererseits ist die Dialogrecherche in den kommerziell verfügbaren Datenbanken nicht immer in der Lage, alle herkömmlichen Recherchiermethoden ersetzen zu können. Die recherchierbare Zeitspanne beginnt meistens erst um 1970. In der Chemie verfügt die Dialogtechnik bisher bei der Recherche nach Stoffklassen, Partialstrukturen und chemischen Reaktionen noch nicht über die gleichen Fragemöglichkeiten wie sie durch leistungsfähige Methoden der Strukturcodierung, insbesondere der topologischen Codierung zur Verfügung stehen. In den Datenbanken von Chemical Abstracts kann nach Stoffklassen und Partialstrukturen bisher nur über die Nomenklatur bzw. über Nomenklaturbestandteile online gefragt werden.

Diese Fragetechnik setzt eine genaue Kenntnis der umfangreichen CA-Nomenklaturregeln und eine große Erfahrung voraus, ohne daß die Leistungsfähigkeit von Strukturcodierungssystemen erreicht werden könnte. Bei der Recherche nach Einzelverbidungen ist dagegen die Online-Technik überlegen.

Ein allgemeines Problem der Dokumentation verdient bei der Dialogrecherche besondere Beachtung: Das Problem des Dokumentars, den erlittenen Verlust nicht erkennen und abmessen zu können. Die Schnelligkeit und Eleganz der Abwicklung der Dialogrecherche am Terminal und die direkte Ausgabe der Antworten vermitteln ein Erfolgserlebnis und mögen die kritische Frage nach Fehlerquellen im Dialog oder in der Frageformulierung allzuleicht verdecken. Dabei gibt es eine Fülle von Fehlerquellen, von denen wir nur die systematischen nennen:

- Unzureichende Kenntnis der Möglichkeiten und Feinheiten der Dialogsprache
- Unzureichende Kenntnis der verschiedenen Datenkategorien, der Struktur und der Indexierungs- bzw. Codierungsregeln einer bestimmten Datenbank
- Unzureichende Nutzung von Hilfsmitteln zur Frageformulierung

Hilfsmittel zur Frageformulierung sind unverzichtbar, weil die in einer Datenbank enthaltenen einschlägigen Literaturstellen nur dann aufgefunden werden können, wenn es gelingt, alle synonymen Bezeichnungsweisen des oder der Suchbegriffe u n d ihre darunterfallenden Spezifizierungen zusammenzustellen und anzufragen. Hier macht es sich nachteilig bemerkbar, daß bei vielen Datenbanken die potentiellen Suchtermini nur in einem alphabetisch geordneten Index nachschlagbar sind.

Der erfahrene Rechercheur, der sich dieser Fehlerquelle bewußt ist, kann dem Problem durch eine sorgfältige Vorbereitung der Fragestellung begegnen. Bei jeder Frageformulierung müssen alle vorhandenen Hilfsmittel zu Rate gezogen weden, sowohl die Datenbankspezifischen Unterlagen wie allgemeine Nachschlagewerke. Allgemeine Nachschlagewerke wie Sprachwörterbücher oder einschlägige Thesauri sind deshalb von Interesse, weil über die automatische Indexierung von Publikationstiteln oder von Referaten auch die allgemeine fachsprachliche Terminologie in Frage kommt.

An den spezifischen Unterlagen, die von Datenbankproduzenten erhältlich sind, kann man übrigens die Qualität von Datenbanken erkennen. Eine gute Datenbank sollte über einen Thesaurus verfügen, in dem synonyme Bezeichnungsweisen zusammengeführt sind, der Beziehungen (auch hierarchische) zwischen den Begriffen aufzeigt, der neben einem alphabetischen einen systematischen Zugang besitzt und der Angaben zur Indexierungspolitik enthält.

Zum Thema Probleme und Fehlerquellen gehört auch die oft diskutierte Frage, ob durch die Online-Technik Aussichten bestehen, den Endverbraucher ans Terminal zu führen und damit die Dokumentation von Dialogrecherchen in bibliographischen Datenbanken zu entlasten. Im Gegensatz zu vielen Voraussagen lautet eine realistische Antwort: Nein, von Ausnahmefällen abgesehen.

Natürlich ist es "technisch" möglich, für den Endbenutzer ein Terminal bereitzustellen. Effektive Dialogrecherchen verlangen aber, wie schon ausgeführt, eine sehr genaue Kenntnis der Möglichkeiten der Dialogsprache einerseits und der Struktur der betreffenden Datenbanken andererseits. Kenntnisse, die nur bei hohen Recherchenfrequenzen zu erlangen und zu festigen sind. Die Aneignung des notwendigen Wissens und der notwendigen Fertigkeiten lohnt sich nur für Benutzer, die regelmäßig und häufig genug Recherchen ausführen. Durchschnittlich zwei Recherchen je Woche und Datenbank dürften die Minimalbedingung für den effektiven Online-Dialog sein. Im Regelfall ist es zweckmäßig, die Dialorecherche an einen geübten Fachdokumentar zu delegieren.

Es soll nicht verschwiegen werden, daß es aus den eben erwähnten Gründen auch innerhalb der Dokumentationsstellen lohnenswert ist, über die zweckmäßigste Organisationsform nachzudenken. Wegen der verschiedenen Datenbankbetreiber und Dialogsprachen, von denen wir nur zwei behandelt haben, und der Fülle der angebotenen Datenbanken auch innerhalb e i n e s Dokumentationsgebietes, ist es auch für den Fachdokumentar unmöglich, alle in Frage kommenden Systeme voll zu beherrschen. Es ist deshalb zweckmäßig, neben der bewährten Organisation nach Sachgebieten die nach Dokumentationsmethoden und -systemen stärker zu berücksichtigen. Das Ziel muß sein, für jeden Mitarbeiter eine ausreichende Recherchenfrequenz innerhalb eines Dokumentationssystems sicherzustellen. Beispielsweise kann nicht erwartet werden, daß ein Dokumentar mehr als zwei Dialogsprachen voll beherrscht. Auch ist die Zahl der Datenbanken begrenzt, in denen man effektiv recherchieren kann. Die Zeit, in der ein Dokumentar alle auf seinem Fachgebiet verfügbaren Dokumentationssysteme bedienen kann, ist wohl vorbei. Die organisatorische Konsequenz kann sein, Sachgebietsaufteilungen vergröbern zu müssen, um der dokumentationsmethodischen Komponente mehr Raum geben zu können. Eine praktische Konsequenz kann sein, eine Fragestellung eines Kunden bei Bedarf von mehreren Mitarbeitern bearbeiten zu lassen - jeder Spezialist in einem anderen Dokumentationssystem.

Trotz oder gerade wegen der zunehmenden Spezialisierung rückt auch der Endverbraucher wieder näher ins Blickfeld des Online-Dialogs. Denn bei der Dialogrecherche bietet sich an, daß der Fragesteller anwesend ist und aus seiner Fachkenntnis und Interessenlage dem ausführenden Dokumentar zur Optimierung der Fragestellung Hinweise gibt. Die Idealvorstellung einer effektiven Kommunikation zwischen Fragesteller und Dokumentar - durch die Online-Dialogtechnik wird sie immerhin ermöglicht und nahegelegt.

11. Bewertung und Ausblick

Die Dialogrecherche in kommerziellen Datenbanken hat sich in relativ kurzer Zeit einen festen Platz in der Palette der Recherchiermöglichkeiten erobert und ist mindestens als eine willkommene Ergänzung herkömmlicher Dokumentationsmethoden anzusehen. Für viele kleinere Dokumentationsstellen dürfte sie die Methode der Wahl sein, schon wegen der relativen Preisgünstigkeit.

Ohne Zweifel haben die amerikanischen Marktführer in der Entwicklung des Online-Retrievals Maßstäbe gesetzt. Die Präsenz der angebotenen Dienste läßt keine Wünsche offen: Im Normalfall sind alle Datenbanken online zugänglich und zwar vollständig und rund um die Uhr.Für die Praxis ist bedeutsam, daß möglichst viele Datenbanken von ein- und demselben Datenbankbetreiber angeboten werden und dies mit einer ausreichend leistungsfähigen und zugleich benutzerfreundlichen Dialogsprache. Lockheed hält in seinen 112 Datenbanken über 35 Millionen Literaturnachweise bereit (10).

Die Mehrfachrecherche wird weiter an Bedeutung gewinnen. Ob EURONET/DIANE im Wettbewerb mit den amerikanischen Datenbankbetreibern Erfolg haben kann, wird deshalb nicht zuletzt davon abhängen, ob es in der künftigen europäischen Entwicklung gelingen wird, alle Hosts und Datenbanken mit e i n e m Login-Prozeß, e i n e r Benutzerkennung und e i n e r Dialogsprache zugänglich zu machen. Wegen der Aufteilung der Datenbanken auf verschiedene Hosts und wegen der unvermeidlichen Fachgebietsüberschneidungen genügt es bei EURONET/DIANE nicht, die Speicherung von Frageprofilen (SAVE-Technik) nur innerhalb eines Hosts zu realisieren.

Sorge bereitet auch die Vielzahl der Dialogsprachen. Aus Benutzersicht wären die Europäer gut beraten gewesen, wenn sie eine der etablierten amerikanischen Dialogsprachen übernommen hätten. Da dies nicht geschehen ist, sollte wenigstens versucht werden, durch internationale Kooperation an einer Vereinheitlichung der verschiedenen Dialogsprachen zu arbeiten. Zumal die Leistungsfähigkeit des Online-Retrievals viel stärker von Qualitätsunterschieden in den Datenbanken abhängt als von Differenzen in den Dialogsprachen.

Sind die amerikanischen Online-Dienste, wie hin und wieder behauptet wird, mehr auf "quick and dirty"-Recherchen angelegt? Diese These kann von der Erfahrung nicht bestätigt werden. Richtig ist, daß es in der Qualität der angebotenen Speicher große Unterschiede gibt, von hervorragenden Datenbanken bis zu bloßen Abfallprodukten bei der Herstellung gedruckter Dienste. Die Qualität der Datenbanken wird im wesentlichen von den P r o d u z e n t e n bestimmt und - wie man hoffen möchte - am Ende von den Regularien des Marktes. Sicher bleiben noch manche Wünsche offen und dies nicht nur bei amerikanischen Produkten: Bei vielen Datenbanken fehlen strukturierte Thesauri und klare Aussagen über die Indexierungspraxis. Je umfangreicher Datenbanken werden und je höher die Zuwachsraten, desto stärker werden sich mangelnde Indexierungstiefe und das Fehlen syntaktischer Fragemöglichkeiten in Form von zu hohen Ballastquoten bemerkbar machen. Dies sind zwar generelle Probleme, die jedes Dokumentationssystem betreffen können. Aber von der Lösung dieser Probleme wird auch die Zukunft der Dialogrecherche abhängen.

Für die weitere Entwicklung des Online-Retrievals sollte im übrigen das Prinzip des freien Wettbewerbs oberstes Gebot sein, weil sich nur so Qualität und ein vernünftiges Preis/Leistungsverhältnis durchsetzen können. Also ist zu fordern, daß jeder Datenbankbetreiber und jeder Benutzer freien Zugang zum Markt hat, ohne offene oder versteckte Handels- oder Preisbarrieren.

Anmerkungen

(1) In dieser Darstellung werden bit/sec und Baud synonym verwendet, obwohl dies streng genommem nicht richtig ist. Im vorliegenden Fall kann man die beiden Größen gleichsetzen.

(2) Die Bezeichnung Volltext bezieht sich auf die Daten, die im Druckfile der betreffenden Datenbank zur Verfügung stehen. Bei Lockheed heißt die Suchmethode Full-Text Searching, bei SDC STRINGSEARCH.

(3) Die automatische Indexierung besteht hier aus Extraktion und Invertierung der Termini, ohne zusätzliche Anwendung mathematisch-statistischer Methoden.

(4) Abhängig von weiteren Faktoren (siehe Text S. 350).

(5) Stand: 1. August 1980

(6) Vor allem sind zu nennen: Index Guide (mit diversen Anhängen); CAS Printed Access Tools; Subject Coverage and Arrangement of Abstracts by Sections; Natural Language Term List; Rotated Title Phrase List; CA General Subject Index Headings List; CA Plant and Animal Subject Index Headings List; 9 Coll. Index Substructure Searching via Nomenclature Manual and Search Aids; 8 CI Substructure Searching via Nomenclature Manual and Searching Aids.
Einzelheiten siehe Chemical Abstracts Service Katalog 1980. Weinheim: Verlag Chemie.

(7) In dieser Spalte der Tabelle sind die verfügbaren Dokumentarten genannt: B = Bücher; J = Zeitschriften-Literatur; R = Report-Literatur; P = Patente.

(8) Nur für Subskribenten frei zugänglich.

(9) Das Recherchenbeispiel stammt aus /9/, wurde aber entsprechend den verbesserten Möglichkeiten von DIALOG abgeändert.

(10) Stand: Juli 1980

Literatur

/1/ Bellomy, F.O.: Die Privatwirtschaftliche Informationsversorgungszene (information brokerage) in den USA
Nachr.Dok. 30 (1979), 1, S. 17-20

/2/ Lobeck, M.: Online-Recherchen in der Patentdokumentation. Berichte der 20. Jahrestagung des Ausschusses für Patentdokumentation.
DGD-Schrift (APD-7) 10/78, S. 119-140

/3/ Guide to DIALOG Searching.
Palo Alto: Lockheed DIALOG Information Retrieval Service, Nov. 1979

/4/ ORBIT User Manual.
Santa Monica: SDC Search Service, Oct. 1979

/5/ Jabben, R.: Ein Vergleich der Dialogfunktionen von DIRS2 mit ORBIT (SDC) und DIALOG (Lockheed).
Datenbasen, Datenbanken, Netzwerke. Band 2, S. 329-346
München: Saur, 1979

/6/ Kaback, S. M.: Chemical Structure Searching in Derwent's World Patents Index.
J.Chem.Inf.Comput.Sci. 1980, 20, S. 1-6

/7/ Databases online.
Online Review 4 (1980), 1, S. 101-115

/8/ ORBIT Quick-Reference Guide.
Santa Monica: SDC Search Service

/9/ Guide to DIALOG Databases, Volume I, Files 1-25.
Palo Alto: Lockheed Information Systems, 1977

/10/ DBI improved.
SDC Search Service News 8 (1980), 4, S. 2-3

/11/ DIALINDEX.
Chronolog 8 (1980), 7, S. 1-3 und Anhang

/12/ Bechtel, H.: Eine Datenbasis ist nicht genug.
Erstes deutsches Online-Informationstreffen Köln, 5.-8. Mai 1980, Tagungsreferateband S. 29-45

/13/ Draft International Standard ISO/DIS 30:
Documentation - Bibliographic identification (biblid) of serial publications.

/14/ Brenner, E. H.:
Opinion Paper: EURONET and its effects on the U.S. information market.
J.Am.Soc.Information Science 1979, 1, S. 5-8

/15/ Ettel, W.: Der "Informationskrieg" und seine Hintergründe.
Nachr.Dok. 30 (1979), 2, S. 63-68

Register

Das Register ist - von wenigen Ausnahmen abgesehen - ein Stichwortregister. Die Einträge sind durchgehend invertiert. In das Register wurden auch Eigennamen, zitierte Verfasser und Herausgeber, Institutionen, Abkürzungen und Programmsysteme aufgenommen. Das Register bezieht sich lediglich auf Band 3.

Autorenverzeichnis

Dr. Nandakishore Banerjee
SIEMENS AG
Abt. D AP GE KIT
Otto-Hahn-Ring 6
8000 München 83

Dr. Hans Bauer
Gesellschaft für Information
und Dokumentation mbH (GID)
Sektion für Technik (SfT)
Herriotstraße 5
6000 Frankfurt/Main 71

Dr. Peter Bollmann
TU Berlin, KU-A1
Kurfürstendamm 202, V
1000 Berlin 15

Prof. Dr. V. S. Cherniavsky
TU Braunschweig
Informatik C
Gaußstraße 11
3300 Braunschweig

Dipl.-Ing. Walter Claassen
Fachinformationszentrum
Technik e.V.
Zentralabt. Datenverarbeitung
Ostbahnhofstraße 13
6000 Frankfurt/Main 1

Heinz Habermann
Institut für Bibliothekaraus-
bildung der FU Berlin
Hohenzollerndamm 56
1000 Berlin 33

Prof. Dr. Norbert Henrichs
Wiss. Geschäftsführer der
Gesellschaft für Information
und Dokumentation mbH (GID)
Lyoner Straße 44-48
(Arabella-Center)
6000 Frankfurt/Main 71

Dipl.-Chem. Dr. Rolf Jansen
Dokumentation der BASF AG
Wolframstraße 8
6700 Ludwigshafen

Dr. Jürgen Krause
Universität Regensburg
FB Sprach- und Lit.-Wiss.
Abt. Nichtnumerische DV
Universitätsstraße 31
8400 Regensburg

Dipl.-Psych. Yrla M. Labouvie
Zentralstelle für Psychologische
Information und Dokumentation
an der Universität Trier
Schneidershof
5500 Trier

Dipl.-Soz. Ernst Lukas
Institut für Sozialforschung
Senckenberganlage 26
6000 Frankfurt/Main

Dr. Malte Möhr
Gesellschaft für Information
und Dokumentation mbH (GID)
Sektion für Systementwicklung (SfS)
Bergstraße 52
6900 Heidelberg 1

Ing. (grad.) Manfred Roesler
DIN Deutsches Institut für
Normung e.V.
Deutsches Informationszentrum für
technische Regeln (DITR)
Postfach 11 07
1000 Berlin 30

Klaus Sailer
Deutsches Bibliotheksinstitut
Bundesallee 184/185
1000 Berlin 31

Dr. Udo Schützsack
Joint Managing Director
Lyoner Straße 44-48
(Arabella-Center)
6000 Frankfurt/Main 71

Dr. Thomas Seeger, M.A.,Dipl.-Bibl.
Lehrinstitut für Dokumentation
Westendstraße 19
6000 Frankfurt/Main 1

Dietmar Strauch, M.A.
PROGRIS Projektgruppe
Informationssysteme GmbH
Kurfürstendamm 202
1000 Berlin 15